・書系緣起・

早在二千多年前,中國的道家大師莊子已看穿知識的奧祕。
莊子在《齊物論》中道出態度的大道理:莫若以明。

**莫若以明是對知識的態度,而小小的態度往往成就天淵之別
的結果。**

「樞始得其環中,以應無窮。是亦一無窮,非亦一無窮也。
故曰:莫若以明。」

是誰或是什麼誤導我們中國人的教育傳統成為閉塞一族。答
案已不重要,現在,大家只需著眼未來。

共勉之。

Symmetry, Cells and
How We Become Human

蕭秀姍　譯

審定｜曹順成　國立臺灣大學通識教育組兼任副教授
導讀｜丁照棣　國立臺灣大學生命科學系教授

The Dance
of Life 生命之舞

Magdalena Zernicka-Goetz

2023年小川－山中幹細胞獎得主
瑪格達萊娜・澤尼克－格茨

合著

Roger Highfield

科學博物館集團科學部主任
羅傑・海菲爾德

頂尖發育生物學家論對稱性、細胞，
以及單一細胞如何變成一個人

獻給若無生命之舞的科學知識就無法活在當下的數百萬人。

獻給試圖開啟新生命之舞的另外數百萬人。

獻給我們的父母——沒有你們的支持與DNA，我們就無法
　完成這本書。

也獻給我們所愛的人。你們怎麼受得了我們？

各界好評

「這本關於人類發育、科學、生命、愛與母性的卓越著作，不但感人且極具見解。輕鬆寫意地交織融合了振奮人心的科學與感人的個人故事。」──英國皇家生物學會院士　愛麗絲‧羅伯茨教授（Professor Alice Roberts）

「這是瑪格達萊娜‧澤尼克－格茨發自內心所撰寫的一本回憶錄。它美好地重現了在追求科學真理過程中因勝敗得失所帶來的起起伏伏。這個引人入勝的故事，充滿了這位有天賦的女性科學家在斟酌個人抱負與科學志向之界線所面臨的挑戰，而她對此也駕馭良好。」──哥倫比亞大學遺傳學與發育學退休名譽教授　維吉尼亞（金妮）‧帕帕約安努（Virginia [Ginny] E. Papaioannou）

「性交後產生的那個不起眼的小點是如何變成一個漂亮的孩子，這長期以來都是人們極感興趣的問題。海菲爾德與澤尼克－格茨以充滿科學見解、人性情感與深層反思的愉悅文句，來闡明這個顯而易見的奇蹟。」──科斯達傳記獎（Costa Prize）得主（得獎作品《最奇怪的人》〔*The Strangest Man*〕）及史蒂

芬・霍金官方傳記作者　葛拉漢・法梅洛（Graham Farmelo）

「本書是對於科學人生的詳實且觸動人心的描繪。書中文句精采，並提醒我們科學家也是人，他們的人性對自身研究的方方面面皆有影響。」——暢銷書《劣種》（*Inferior*）與《高級人種》（*Superior*）作者　安琪拉・賽尼（Angela Saini）

「在所有生物科學中，發育生物學可能是最複雜的一門，然而瑪格達萊娜・澤尼克－格茨在本書中竟能讓它變得淺顯易懂。這位出色的研究者在這個領域中的發現，確確實實改寫了教科書的內容，對於人類如何從兩個細胞的結合中成形，她提供了豐富且詳實的研究。在男性主導的胚胎學與發育生物學領域中，身為女性的澤尼克－格茨從容地引領著讀者循著她的心路歷程，去了解細胞在建構人類胚胎時所舞動的極複雜生命之舞。」——《有教養的父母》（*The Informed Parent*）共同作者艾蜜莉・威靈漢（Emily Willingham）

「一個受精卵如何知道要以什麼樣方式發育成幾十兆個不同的細胞，再成為一個人呢？本書帶給讀者的不只是答案，它還是一本極佳的故事書。讓澤尼克－格茨透過海菲爾德的筆觸帶領著我們進入她的人生，一場交織了個人在前瞻研究發現上的愉悅旅程以及21世紀生物學活躍領域的科學人生。」——獲頒大英帝國官佐勳章且屢獲科學傳播獎項的電視廣播主持人　吉姆・艾爾－卡利里教授（Professor Jim Al-Khalili）

「單一細胞如何成長為一個完整的人，一直以來都是生命的極大奧秘之一。本書良好闡述了這個驚人且複雜的過程，並且融入了澤尼克－格茨的專業研究觀點與引人入勝的清楚描述，這也是海菲爾德科學著作向來的品質保證。」──諾貝爾化學獎得主、皇家學會會長　文卡・拉馬克里希南（Venki Ramakrishnan）

「《生命之舞》一書中有部分內容是回憶錄，還有部分談到作者在了解生命創造上的使命。對於『細胞分裂以孕育出人類生命』這個最偉大的微觀科學奧秘之一，書中進行了公正且引人入勝的努力探索。」──BBC廣播主持人　薩米拉・艾哈邁德（Samira Ahmed）

「少有書籍能像本書一樣掌握住快速發展科學中的這樣一個複雜領域，並將其轉變成為一篇動人的故事。能以如此貼近個人生活的角度來描述科學發現實屬難得。」──BBC廣播主持人　伊凡・戴維斯（Evan Davis）

「相當富有啟發性……澤尼克－格茨與海菲爾德詳實且專業的回憶錄，深深打動了讀者。」──《出版者周刊》（*Publishers Weekly*）

「一場貫穿胚胎研究學者世界的深度之旅……這個故事充滿回憶氛圍，特別是當澤尼克－格茨提到她的人生插曲時。但她從未偏離科學這個主題……內容豐富且耐人尋味。」──《克科斯書評》（*Kirkus*）

生命之舞

〈審定序〉
發育生物學家的日常生活研究

國立臺灣大學通識教育組兼任副教授　曹順成

　　生命現象和生物多樣性一直以來都是生物學中最奧妙的兩個問題。生物都是從一個受精卵開始分化，經過一系列非常細微、複雜的變化，最後發育成為有代謝、會生長、能運動、可感應和具有生殖能力的一個完整的新個體。再經過三十多億年的演化之後，形成現在我們所看到的地球上各式各樣的生物。地球上為什麼有這麼多種的生物？同一個生物體為什麼有不同的器官？這些器官是何時、如何產生的？各種器官形成的時間有早有晚，通過器官發生階段，各種器官經過形態發生和組織分化，逐漸獲得了特定的形態並執行一定的生理功能。科學家對生命的好奇已經有非常長久的歷史，早期對多細胞生物的發育歷程大多是研究各種容易觀察的蛋（胚胎），所以長久以來的教科書和課程都稱為「胚胎學」，胚胎發育的觀察與研究讓我們了解生物從受精卵到多細胞成體的過程。傳統的胚胎學研究始於 17 世紀，著重在描述、探討如何正確形成個體和完整型態的各個步驟，當時認為胚胎的各部分是一開始就存在的。

　　現代發育生物學的濫觴可以從和遺傳學的結合談起，1970

年代中期二位年輕的科學家將遺傳分析和胚胎發育研究結合，他們篩選造成果蠅發胎發育問題的突變，並且有系統地分析基因之間的關聯性，這一系列的研究結果不但讓我們了解果蠅的早期胚胎發育的分子機制，也結合分子生物學的方法讓科學家有機會了解早期胚胎發育的分子機制。更令大家吃驚的是，分子機制在演化上的保守性，許多果蠅中發現的胚胎發育相關的基因，在你我的細胞裡也有同源基因，這些同源基因在我們的胚胎發育過程中也扮演著相似的角色，例如：Hox 基因決定身體沿著體軸各部位的構造。不意外的是，果蠅胚胎發育的遺傳分析讓二位科學家 —— 克里斯汀·紐斯林－沃爾哈德（Christiane Nüsslein-Volhard）和艾瑞克·威斯喬斯（Eric F. Wieschaus）獲得 1995 年諾貝爾生理醫學獎，同一年獲獎的科學家還有艾德華·路易斯（Edward B. Lewis），他研究雙胸果蠅的遺傳機制，奠定了我們對節肢動物體節特化的認識。這些 20 世紀後期的遺傳學家與分子生物學家開啟了發育生物學全新的面貌，也將傳統胚胎學課程轉型為發育生物學。

　　近年來隨著胚胎幹細胞的研究和再生醫學時代的來臨，讓發育生物學這一門研究生物體生長和發育過程、著重於分子和細胞生物學的科學越來越受到重視。細胞自我更新（Self-renewal）也是發育生物學中非常重要的研究領域，因為幹細胞是未充分分化的細胞，且有潛力能分化成幾乎所有細胞類型的未特化細胞。由於這種特殊性質以及近代幹細胞研究相關技術的成熟，讓許多來自不同領域的科學家們紛紛加入研究的行列。無論是在幹細胞的基礎研究上、還是針對基因調控與幹細胞分化機制的研究、用來治療遺傳性疾病和癌症；或是將幹細胞培育成組織及器官應用在對抗衰老與延長壽命上，都讓我們燃起一線希望。

我的研究背景其實是分類學與演化生物學，從大學開始以昆蟲為研究主題已經超過40個年頭，回首碩士研究期間因為楊仲圖老師發現了罕見的飛蝨若蟲，請我馬上訂機票飛澎湖進行野外工作，好像還是昨天的事。昆蟲多樣性與昆蟲發育也是我在研究過程中一直遇見的課題，現在在教學的現場，我也常和學生們分享昆蟲世界的多樣性和他們在研究上的貢獻，昆蟲的發育也是我經常採用的教材。

我雖然沒有懷孕生子的經驗，但是和內子一起陪伴三個孩子的成長，對作者的經驗談也心有戚戚焉，閱讀《生命之舞》一書時，每一個章節都觸動我在研究路上的點點滴滴。我和作者最大的共同點就是「日常生活研究、研究日常生活」。我們只要多花一點心思觀察生活周遭，便能啟動靈感，處處是科學。我們未必有作者的學識來對生命現象做細膩的觀察和適當的註解。但是大千世界裡的形形色色、生物的多樣是大自然賜給我們的最佳感官體驗，讓我們一起好好珍惜吧。

〈導讀〉
交織人生悲喜和胚胎可塑性研究的科學傳記

國立臺灣大學生命科學系教授　丁照棣

　　《生命之舞》以第一人稱敘述瑪格達萊納・澤尼克－格茨在胚胎研究的歷程，書的第一章以接到一通產前檢查的電話揭開序幕，當作者得知「……四分之一的細胞出現異常，醫生發現第二號染色體有三條……」，身為胚胎研究的科學家的她在那一瞬間和所有得知胎兒異常的父母一樣震驚，但是同一時間她也以專業的胚胎學者思考「胚胎有驚人的可塑性……」，這個震撼為整本書的呈現埋下了伏筆，在不知道這個電話最後的結果下，二位作者以接下來的篇章描繪澤尼克－格茨如何以小鼠胚胎研究發育最早期的細胞命運。

　　第二章快速地描述了澤尼克－格茨在出生地波蘭的成長與開始接觸小鼠早期胚胎發育的機會，這個章節主要是呈現主角的從幼年到進入研究領域，但是主軸是可塑性，以成長經歷談可塑性，對讀者能引起更大的共鳴。澤尼克－格茨在得到索羅斯獎學金的資助後，進入牛津大學進行雜交胚胎的研究工作，雖然只有一年的時間，這段時間的研究經歷，對她的研究生涯的影響深遠，她持續有機會和巴黎的學者交流，無論是學術研究或是生活，澤尼克－格茨已經慢慢脫離華沙的束縛。她在研究上第一次發現胚胎在一開始細胞就有不同的傾向是一個全新的看法，而實驗的結果一直推動她持續的以新的技術或儀器見證細胞如何打破對稱性、極性。她也因為追求真理的驅動，申請EMBO獎助到劍橋進行綠色螢光蛋白標定的工作。第三章作者以簡潔的筆觸描述螢光蛋白的發現與應用，在日以繼夜、同時執行二個研究計畫的時光中，澤尼克－格茨成功地發表綠螢光蛋白標定小鼠早期胚胎的工作，但是她對胚胎最初二個細胞與四個細胞時期就已經呈現些許不同的結果還需要更多的實驗證據。

　　第四章詳細地闡述了澤尼克－格茨和卡羅琳娜利用帶有綠螢光蛋白的小珠標定精子進入卵子的位置，他們不斷重複觀察受精後第一次分裂的過程，並且以大量的數據呈現二個細胞時期的胚胎已經具有不對稱性，然而重要的發現卻引來更大的質疑，因為長久以來大家都深信小鼠早期胚胎的數個細胞時期具有完全相同命運。實驗更多的進展是在方法學上的改變，從綠色螢光小珠到以油性染劑標定細胞膜，他們再次驗證二個細胞中一個細胞偏好成為胚胎本體，另一個細胞則偏好成為胚胎外的支持結構。一般人可能認為科學研究是嘗試說服他人的一個過程，但是其實最重要的是說服自己，在說服自己研究團隊之後還需要說服論文審查者和編輯，當然這些研究成果還要能經得起其他學者直接或間接的驗證。

　　第五章以古希臘神話中的嵌合體揭開序幕，作者先介紹了各種胚胎嵌合體研究的先驅，引導出以四個細胞時期嵌合胚胎實驗設計，作者以切割足球作為比喻，描述受精後第一次分裂和第二次分裂的現象，並進一步描述如何在早期的細胞標定進行觀察和不對成性所造成的結果，當然人工的觀察耗時又無法精確的呈現，研究團隊需要以攝影紀錄來呈現早期胚胎的樣貌與追蹤細胞的譜系。研究的進展也讓澤尼克－格茨開始基因活化在早期胚胎的重要性，以降低或增加單一基因在細胞的濃度觀察細胞的命運。由於精細實驗的設計與大量的觀察，再加上其他研究團隊也有相同的結果，胚胎早期細胞具有不同的偏好，胚胎在第一次分裂就產生二個不同命運的細胞已經可以被大家慢慢接受了。

　　第六章研究成果一再的推進新的研究計畫，澤尼克－格茨開始尋找體外胚胎著床的環境，這個實驗條件讓他們可以記錄並觀察著床後的胚胎變化，並且從小鼠胚胎進展到任意的胚胎，團隊成功的在體外培養人的胚胎到第十二天，這是在體外培養人類胚胎的新紀錄，但是也衝擊培養不能超過14天的規範。因為同時觀察小鼠和人的胚胎，他們也發現小鼠和人的胚胎在發育過程中有相同之處，也有許多不同，越來越多的新發現讓團隊將重心放在人的胚胎發育上。第七章就延續著人類胚胎研究的規範議題延伸，澤尼克－格茨明確地提出可以延長到

15

21天，讓我們對胚胎的早期發育更清楚。

第八章作者筆鋒一轉回到第一章的電話訊息，澤尼克－格茨在知道胎兒有部分細胞染色體異常之後，除了依照醫師的安排又做了一次羊膜穿刺的採樣，這次細胞都是正常的，當然當他的兒子出生後也是個健康的寶寶。但是這個染色體異常的插曲，讓澤尼克－格茨開啟了另一個鑲嵌體胚胎的研究，這個研究的假說建築在當胚胎中有染色體數目異常的細胞時，這些細胞會被清除。要研究這個主題，他們首先要穩定的產生染色體數目異常的細胞，再將這些細胞標定放入正常的胚胎中建立嵌合體，然後觀察這些細胞的變化。結果非常令人雀躍，如同假說預測，在胚胎發育的過程中，染色體異常的細胞數目下降，逐漸被清除。

第九章由於人類胚胎研究的限制，合成胚胎是成為一個替代的方案，當然合成胚胎的成功是建築在幹細胞的研究之上，研究團隊將二種細胞混合培養，讓細胞自由結合成為合成胚胎，之後又進一步用三種細胞製成合成胚胎，這三種細胞分別發育為三個胚層。這個合成胚胎的研究是胚胎研究上的新里程碑，這意味著科學家可以用合成胚胎取代有道德爭議的人類胚胎進行各項精細的研究。第十章持續合成這個主題，從誘導幹細胞到再生醫學，再加上基因編輯技術的應用，作者用實際的科學證據與臨床實例說明合成生物學在我們的未來將扮演重要的角色。第十一章作為終曲，作者回到自身為女性、一位母親和一個對胚胎研究有狂熱的科學家，澤尼克－格茨反思她的時間分配與她的選擇，因為身為女性，更會注意在我們身邊存在的偏見。本書的末章卻是澤尼克－格茨的另一個起點。有更多關於胚胎的新發現將在新大陸展開。

閱讀《生命之舞》我一路感同身受，同樣是女性、妻子、母親、和喜歡實驗工作的我，在忙碌的研究工作中除了研究夥伴的鼓勵之外，家庭一直是我最佳的後盾，從父母、弟妹、夫婿到我的小孩們，沒有他們的支持我應該很難一直很順利的在學校學習、教書、做研究。《生命之舞》是一個科學家自述的研究歷程，難能可貴的是她時時以簡單的比喻解釋複雜的胚胎發育現象或機制，發育並不是一個容易解釋的生命現象，作者深入淺出的手法值得致敬。另外，在每一章節中作者都引用科學文獻的證據，可以引導讀者進入閱讀科學文獻，對胚胎發育有興趣的讀者應該會有入寶山不能空手回的讚嘆。

〈推薦專文〉

由單細胞受精卵開始的奧妙生命之舞

中央研究院細胞與個體生物學研究所研究員　蘇怡璇

　　拾起這本書的你，以皮膚細胞接觸了紙張，神經細胞傳遞了書本的觸感，肌肉與骨骼的協調讓你翻開了書頁，視網膜的感光細胞接收到了印在書本上的文字，大腦中神經細胞的相互溝通讓你理解文字的意義。一個簡單的動作，仰賴著我們身體眾多細胞的通力合作。這個由幾十兆個細胞構成的複雜身體，源自於一個看起來簡單，卻又令人難以完全理解的受精卵。

　　《生命之舞》由國際知名的發育生物學家瑪格達萊娜・澤尼克－格茨與科學作家羅傑・海菲爾德所共同撰寫。在此書中，澤尼克－格茨描述了自己從共產波蘭成長蛻變成世界知名女科學家的人生歷程，這個歷程宛如胚胎由單細胞受精卵發育成多細胞個體的過程 — 有命定之處，也有極高的可塑性。在胚胎發育的過程中，受精卵必須先分裂成多個細胞，眾多的細胞持續分裂成更多的細胞，並在胚胎著床後經由細胞的移動和分裂形塑出胚胎的新樣貌。在這個早期發育的過程中，胚胎細胞有如千變萬化的舞者，隨著音樂舞出編舞家精心安排的生命之舞。兩位作者也帶領讀者進入科學家的實驗室，領略科學家所面對的難題、解決問題的勇氣、以及突破人類知識界線的喜悅。

在第一位試管嬰兒於 1978 年出生之後，國際上對體外培養的人類胚胎設下了十四天的限制。基於人類胚胎在七天左右著床於子宮，培養出不需母體的體外胚胎是極大的挑戰。2016 年澤尼克－格茨和其他科學家成功的培養出接近十四天大的人類胚胎，這個非凡的成就未來將能使我們對人類胚胎著床後的發育和流產的問題有更深的了解。然而，這個劃時代的研究也促使各界正視十四天規範鬆綁的可能性及後續衍伸的倫理問題。除了人類胚胎體外培養技術的重大突破，近年來澤尼克－格茨和其他科學家也利用人類胚胎幹細胞組合成類似胚胎結構的「類胚胎」，以避免使用人類胚胎從事研究。利用培養的幹細胞，科學家能大量的製作出類胚胎，並且不受十四天規範的限制，以供了解真胚胎可能的發育過程。類胚胎的研究發展一日千里，在 2023 年 6 月，澤尼克－格茨的團隊和耶魯大學的一個研究團隊，成功的培養出近似著床後人類胚胎的類胚胎。這個突破性的研究再次引發學術界深刻討論胚胎的定義與類胚胎研究的規範。

身為一位女科學家，澤尼克－格茨極具前瞻性的研究引發了不少的議論。儘管如此，藉由《生命之舞》，讀者得以透過她的視角，一起理解研究人類胚胎發育的挑戰與成果。科技持續進展，科學家的故事也仍在進行中。閱讀此書可讓幾十兆個細胞建構出的你，窺見自己生命源起的神秘過程。

一顆胚胎發育成人之旅

國立清華大學院分子與細胞生物研究所副教授　黃貞祥

　　一個新生兒，可能有超過兩千億顆細胞，到了成年人，可能會有超過40兆顆細胞。這些細胞組成了各種組織，再組成內臟器官，形成各大器官系統，讓我們身而為人。

　　我們目前對於人體器官，還有大量的未知有待探索，但無論它們有多複雜，很肯定的是，它們都源自一顆受精卵透過細胞分裂分化和發育而成的一個完整胚胎。這個發育的過程，我們目前所知有限。想到一顆受精卵能精準地分裂並調控子細胞的基因表現而發育成各種組織和器官，我經常都不禁有些小激動。

　　這本發育生物學家瑪格達萊娜・澤尼克－格茨（Magdalena Zernicka-Goetz）與科學作家羅傑・海菲爾德（Roger Highfield）所著的好書《生命之舞：頂尖發育生物學家論對稱性、細胞，以及單一細胞如何變成一個人》中，以淺顯易懂的語言解釋了人類從一個單細胞發展到一個完整生物體的過程，並為我們展示了這一過程中的科學奧秘。

　　澤尼克－格茨是一位優異的發育生物學家，也是一位母親，在書中融合了自己的科學研究經歷和私人生活包括婚姻和育兒經驗，讓本書既具有科學深度，又充滿了人文情感。她原籍波蘭，在華沙大學獲得碩士和博士學位，並在英國牛津大學訪問了一年。她從資源落後許多的祖國，到人才濟濟的英國做研究，求學心路歷程中的矛盾、焦慮和掙扎，在書中表露無遺。

澤尼克－格茨現在同時是英國劍橋大學和美國加州理工學院的教授，在兩所頂尖大學有各自的研究團隊。她的研究讓我們能夠深入理解人類發育的基本機制，揭示了早期胚胎發育的關鍵步驟和決定因素，例如囊胚形成過程中細胞命運的關鍵決定因素，並成功地在實驗室內用人類幹細胞創建了一種類似於早期人類胚胎的結構，在發育生物學、幹細胞科學和再生醫學領域有著深遠的影響。她全心投入研究工作中，早期一些新發現因為太顛覆了，被學界大佬強力質疑，她不懈地追求更高品質的研究資料，轉移了哺乳動物早期發育的典範。每當她寫到那些重大突破時，她的興奮和熱情，都躍然紙上。

人類胚胎的研究也涉及了許多關於生物倫理和社會影響的問題，因此澤尼克－格茨的研究，特別是有關人類胚胎模型的工作，也引起了關於科學、倫理和法律的重要討論。她的工作挑戰了我們對人類生命、人權和科學責任的理解，並激發了對這些問題深入思考和社會對話的需要，這也是這本書值得所有生物醫學研究人員一讀之處！

〈推薦專文〉

一支於你我生命中盡情跳躍的豐盈之舞

央廣〈名偵探科普男〉節目主持人　冬陽

　　二十六年前的夏天，我在一張紙卡上劃下我的決定。

　　吸引我選填生命科學系的原因，直到現在還是很難向別人說明，最常回應的方式是往夜晚的天空一指：「我對浩瀚無垠的宇宙感到萬分好奇，可是我選擇比較近的那一個，想了解我之所以存在的生命宇宙是什麼模樣。」雖然大學四年加上服完兵役後，我選擇投身的職場是出版產業、做的是類型小說，學弟妹與師長曾打趣地說：「如果要辦『念生科還有哪些出路』的校友座談，一定找你回來講。」沒想到幾年後真的收到邀約，教我哭笑不得。

　　事實上，我從來沒離開這個領域。

　　七年前在出版社策畫科普路線，書系名叫「Life and Science」；三年前受電台邀約，製播的節目名稱是「名偵探科普男」。我始終記得大一入學翻開厚重的精裝原文書，全寢室四個人平均分頁數、奮力查字典，預習好三十多頁的篇章，老師卻在三小時內教了六十幾頁，外加許多課堂上手寫投影的補充資料。有了進實驗室的經驗之後，才清楚教科書上扼要的一段機制描述、簡潔的一張圖表示意，可能是數個團隊花費十來年的研究成果，而且這本書大概每五年就要更換新的版次。

讀到這裡，你也許會問：「既然如此，對發育生物學、胚胎與生殖研究一知半解的我，怎麼可能讀懂這本《生命之舞》？」

若你是對生命科學領域「感興趣」，這便是個好起點。《生命之舞》是當今活躍於發育生物學第一線、頂尖研究者瑪格達萊娜・澤尼克－格茨的科學回憶錄，她從年輕至今的探索歷程就是對非專業人士的最好引導，遭遇挫折與另闢蹊徑的峰迴路轉記錄下科學創新的精采時刻，然而為過去束手無策的難題帶來解決曙光的新興技術，卻也可能引發意想不到的法律和道德爭議。

作者用極其生活化的感性口吻，描述一個好奇的心靈探究看似簡單實則複雜的問題：你我如何從一顆受精卵變成如此複雜的個體？這不是魔術，更不是神蹟，當科學家對生命運作的理解進入分子層次之後，終於得以見識到一場隨著時間推進愈顯波瀾壯闊的華麗舞蹈，其銜接之精細、呈現之多樣，遠遠超出獲取知識所得到的滿足，而晉升至難以言喻的美感與哲思——

這是在課堂、教科書與實驗室中鮮少感受的，也不是大多數以知識導向的科普書寫中優先彰顯的，我有幸結合過去所學以及推廣科學的熱情，邀請閱讀這篇文章的您一同欣賞這支於生命中盡情跳躍的豐盈之舞。

目錄

前言：源起

　　我們全靠自己打造出自己的身體與心智，生命中有多少事物會比這件事更耐人尋味呢？新生命的起源與發育是生物學中最偉大的謎團之一，然而這也是我們所有人都經歷過的歷程。

　　我們都知道這個故事是如何開始：受精卵這個單一細胞分裂成相似且緊密聚合的細胞群。但是當我們從基因與細胞的角度來檢視時，會發現接下來有許多發育路徑可以依循，然而矛盾的是，隨著創造出形式與複雜度皆快速提升的組織與器官之際，我們在試著理解人類生命起源的同時，也會發現自己注視著看似無路可走的未來。

　　我們人類光要排定在周末夜晚與朋友碰面的行程就會覺得頭大，所以從人類的角度來檢視這則生命創造的故事，就會覺得沒有大腦且只有單一細胞的胚胎，可以分裂成長為我們所知最為複雜的情感生物，這是多麼非凡的成就。

　　與我們日常生活中的熟悉事物相比，人類胚胎的發育顯然要來得奇怪許多。日常生活事物似乎是由簡單且固定不變的元件所組成，像是樂高積木、微晶片與其他元素及化合物。我們可以靈活運用這些各式各樣的基本元件，像是木頭就有木板、木釘與木門等形式，而金屬也有釘子、鉸鏈與螺絲等形式。然而比起單純擁有一組基本的各式元件，我們的身體還要更進一步。身體的基本元件也具有可塑性。它們可以轉換特性，能從母細胞（也就是所謂的幹細胞）中分化成為骨骼、肌肉、大腦與其他各種不同的細胞。

　　建構成人體所需的細胞數量大約是37.2兆個，這是我們銀河系總星球數量的三百倍。我們也曾經認為，從神經細胞到皮膚細胞等等大約有兩百種基本細胞類型。[1]所有的細胞都包含有相同的DNA密碼，但每種細胞所表現的基因密碼部分不同，而這又會決定哪些蛋白質會被製造出來以建立與運作細胞，所以就會產生不同的細胞。依據在基因組上演奏的特定「旋律」，你最終會擁有不同的蛋白質組合以及不同種類的細胞。

　　在大腦細胞「演奏」著一組有著兩萬個基因的特別基因群的同時，腸道則會運用偉大基因中的另一組基因群，其它部位皆可如此類推。感謝新興技術讓我們得以讀取單一細胞的基因

1. Eva Bianconi, Allison Piovesan, Federica Facchin, Alina Beraudi, Raffaella Casadei, Flavia Frabetti, Lorenza Vitale, Maria Chiara Pelleri, Simone Tassani, Francesco Piva, Soledad Perez-Amodio, Pierluigi Strippoli, and Silvia Canaider, "An Estimation of the Number of Cells in the Human Body," *Annals of Human Biology* 40, no. 6 (2013): 463–471, doi:10.3109/03014460.2013.807878; Elizabeth Howell, "How Many Stars Are in the Milky Way?," *Space.com*, March 30, 2018, www.space.com/25959-how-many-stars-are-in-the-milky-way.html.

密碼，我們現在知道，人體細胞實際上有好幾**百**種。[2] 令人驚訝的是，所有不同種類的細胞皆來自明顯一模一樣的數個細胞。為了要說明人類的起源是多麼的驚人，並闡述胚胎進行自我建構的非凡過程，讓我們想像以身體建構自身同樣的方式來建造房子。

首先，身體在進行建構時並沒有計畫，也沒有藍圖、建物草圖或設計圖，存在的只有指示。但若是按照兩萬個基因建構身體的同樣方式，也就是只依指示來蓋房子，你就會發現指示與房子的最終模樣根本沒有任何關聯性，就像食譜與做出來的蛋糕外型也沒有任何關聯性。

沒有專案經理也沒有工頭來監督整個建構專案。沒有任何工人，也絲毫沒有出現槌子、鏟子或油漆刷。因為這間房子是自建的，所以它的所有組件都肩負起自我建造的責任。

若是所有組件一起肩負起自我建造責任的這種情況還不夠奇怪的話，那麼就來看看以建構身體同樣方式來建造房子會是什麼樣的情況。一開始只能使用磚頭這種建材，接續隨著房子進行自我建造，磚頭會轉變成為其他各種類型的建材，從木頭、釘子到玻璃及灰漿皆有之。

這個自我建構的過程，需時不多不少，只要九個月。雖然時機與協調很重要，然而我們卻看不到任何時鐘或計時裝置。

---

2. Human Cell Atlas, accessed April 4, 2019, www.humancellatlas.org/.

在最初的七天結束時，隨著分子結構以不同的方式自我建構，原先的那一種建材會轉變成為三種基本類型。一週後，這個胚胎建物會開始鑽入地下（其實就是子宮壁），打下自己的地基，並將自己依地基而建。

在這個階段，胚胎建物看起來一點也不像建物。有些種類的建材會自我毀滅，這或許是因為它們已經完成了自身的使命。在此同時，其他建材則會轉變成許多不同種類的建材。這就像是一套複雜的自動摺紙系統，元件會根據自己的情況進行自我塑造及安排。胚胎不太像真正的建物，它的整個結構從開始到結束的建構過程中，一直都處於動工狀態，換句話說，它一直都在活動中。

簡而言之，身體建構自我的方式既奇特又古怪，而且還非常異類。

我的科學

我想要去了解自身起源的本質，但我並不聚焦在我們的演化歷史，而是著重於個體生命，也就是從卵子受精成為受精卵並開始進行分裂的這個時候開始。多年來，我夢想著可以追蹤活體胚胎每個細胞的路徑，從細胞誕生開始，貫穿細胞在生命過程中的所有複雜細節，直到細胞的命運底定或是死亡，有些細胞會死亡，好讓出空間給其他細胞生存。

　　我實驗室的研究著重在生命的開始上。我們觀測卵子如何受精以及卵子如何分裂創造出一整群的細胞，這些細胞可以改變形狀、進行分裂、移動到新的目的地，並運用化學或機械訊號相互溝通。要了解每個細胞的旅程，以及細胞如何與周遭細胞協調以建造身體與創造生命，我們就得要使用特殊的技術來揭開肉眼看不見的胚胎世界。

　　我們現在已經可以拍攝胚胎發育的過程，但在這種技術尚未成熟的過往年代，我們要先想辦法用特殊染料來為細胞「上色」，或是以微粒來標記細胞，讓細胞成為有顏色的小點，方便我們區分某個細胞與其他細胞，並追蹤細胞形成胚胎的過程。今日我們還可以使用分子標記來標記細胞，並仔細研究細胞到基因、蛋白質與其他分子組成的那個層級是如何運作的。我們想要確認胚胎會自我建構到什麼樣的程度，這樣或許有一天我們能夠了解人體與器官是如何建構的，還有天生缺陷是如何產生的，最終讓我們可以採取導正措施來恢復正常功能。

　　在胚胎發育的第一階段，這一小群細胞會從相似元件構成的球體，轉變成為具有明確前後上下定位的結構。雖然這只是生命的開始，但這個運作過程非常重要。我們已經可以看到，所有將會形塑身體與心智發育的機制皆在運作中。

　　我自己團隊的研究是聚焦在新生命這篇故事的首幾章，另外還有許多其他的研究學者在研究新生命的後續章節。舉例來說，心臟在不到兩個月的時間中就形成了它具有特色的四個房室。[3] 在大約五個月時，整組細胞會開始移動。在懷孕的最後三個月，大腦皮質經歷了驚人的表面擴張與折疊。[4] 在第七個月時，胎兒就可以處理像聲音這類的知覺資訊。[5] 在九個月時，這整組細胞已經長出了各式各樣的細胞，而這群碩大又錯綜複雜的細胞在進入一個充滿不熟悉聲音、光亮與強烈感覺的世界後，就會開始呼吸。

人類在成人時期大約擁有幾十兆個細胞，每個細胞的直徑約為0.001公分。[6] 如果每個細胞都像人這麼大，那麼一個成人的身體從頭到腳量起來就會有幾百公里那麼高。從受精卵這個可以說是最重要的單一細胞的角度來看，促成這個龐大且錯綜複雜細胞群的編舞實為驚人。所有這些沒有大腦的細胞是如何協調行動以創造出具有知覺的人類呢？

3. Eleftheria Pervolaraki, James Dachtler, Richard A. Anderson, and Arun V. Holden, "Ventricular Myocardium Development and the Role of Connexins in the Human Fetal Heart," *Scientific Reports* 7 (2017), article 12272, doi:10.1038/s41598-017-11129-9.
4. K. E. Garcia, E. C. Robinson, D. Alexopoulos, D. L. Dierker, M. F. Glasser, T. S. Coalson, C. M. Ortinau, D. Rueckert, L. A. Taber, D. C. Van Essen, C. E. Rogers, C. D. Smyser, and P. V. Bayly, "Dynamic Patterns of Cortical Expansion During Folding of the Preterm Human Brain," *Proceedings of the National Academy of Sciences* 115, no. 12 (2018): 3156–3161, doi:10.1073/pnas.1715451115.
5. A. J. DeCasper and W. P. Fifer, "Of Human Bonding: Newborns Prefer Their Mothers' Voices," *Science* 208, no. 4448 (1980): 1174–1176, doi:10.1126/science.7375928; S. Zoia, L. Blason, G. D'Ottavio, M. Bulgheroni, E. Pezzetta, A. Scabar, and U. Castiello, "Evidence of Early Development of Action Planning in the Human Fetus: A Kinematic Study," *Experimental Brain Research* 176 (2006): 217–226, doi:10.1007/s00221-006-0607-3; Martin Witt and Klaus Reutter, "Embryonic and Early Fetal Development of Human Taste Buds: A Transmission Electron Microscopical Study," *Anatomical Record* 246 (1996): 507–523, doi:10.1007/s004180050228.6. Elefthe
6. Eva Bianconi, et al., "An Estimation of the Number of Cells in the Human Body," 463–471.

我辛苦研究細胞發育過程的主要動機，純粹就是任何典型科學家會有的那份好奇心，熱切想要了解我們如何來到世上以及我們建構自己的非凡方式。不過因為這份知識也能用於發展新式檢測與治療，解決影響人類生命的實際問題，所以這也成為我的一部分動機。我認為能夠定義我們自己的不應該是性別，而是我們留在世上的印記。不過，身為一個同時具有母親角色的女性科學家，我親身體驗到為何我們對於人類發育的細節需要有更深、更廣的認識。

創造的邊緣

截至目前為止，我們已經從人類的角度來檢視新生命的創造，像我這樣的科學家盡力解析發育胚胎中的細胞行為，讓臨床醫師可以協助不孕症夫婦擁有小孩，也讓醫師可以深入了解多種疾病，並為其中一些疾病設計治療方法。

但生命之舞其實存在於更廣大的脈絡下，我們在其中可以運用最基本的項目來檢視生物的編舞：生命之舞存在的空間與時間、建構生命之舞的物質元件、生命之舞對於資訊傳承到後續世代的因應方式，以及建立形式所需之對稱性的創造與喪失。

就我們當前所知，若將生命之舞置於最大的脈絡下，那創造身體所需的時間與空間大約就是從138億年前的大霹靂所開始。隨著宇宙冷卻，環境變得剛好適合孕育生命所需的物質，也適合孕育出能夠建構我們人類的材料。

你我與其他人之所以會存在，是因為創造的那一瞬間是不對稱的。隨著宇宙冷卻，粒子與反粒子會成對地被殲滅，但物質與反物質之間存在的某種不對稱性，即表示有小部分的物質（大約十億個粒子中有一個）會設法存留下來。在幾近創造的那一瞬間，若是沒有違反對稱性的情況發生，宇宙就不會留下能量以外的任何東西。

但是要開始一個新生命，就需要特別種類的物質。人體的每個細胞中有100兆個原子，從大霹靂後出現的輕元素到恆星核心所產生的重元素（因中子星撞擊與其他劇烈宇宙事件所造成）皆有之。[7] 為了讓我們的身體可以運作，我們從宇宙承接而

7. S. J. Smartt, T.-W. Chen, A. Jerkstrand, M. Coughlin, E. Kankare, S. Sim, M. Fraser, C. Inserra, K. Maguire, K. C. Chambers, M. E. Huber, T. Krühler, G. Leloudas, M. Magee, L. J. Shingles, K. W. Smith, D. R. Young, J. Tonry, R. Kotak, A. Gal-Yam, J. D. Lyman, D. S. Homan, C. Agliozzo, J. P. Anderson, C. R. Angus, C. Ashall, C. Barbarino, F. E. Bauer, M. Berton, M. T. Botticella, M. Bulla, J. Bulger, G. Cannizzaro, Z. Cano, R. Cartier, A. Cikota, P. Clark, A. De Cia, M. Della Valle, L. Denneau, M. Dennefeld, L. Dessart, G. Dimitriadis, N. Elias-Rosa, R. E. Firth, H. Flewelling, A. Flörs, A. Franckowiak, C. Frohmaier, L. Galbany, S. González-Gaitán, J. Greiner, M. Gromadzki, A. N. Guelbenzu, C. P. Gutiérrez, A. Hamanowicz, L. Hanlon, J. Harmanen, K. E. Heintz, A. Heinze, M. Hernandez, S. T. Hodgkin, I. M. Hook, L. Izzo, P. A. James, P. G. Jonker, W. E. Kerzendorf, S. Klose, Z. Kostrzewa- Rutkowska, M. Kowalski, M. Kromer, H. Kuncarayakti, A. Lawrence, T. B. Lowe, E. A. Magnier, I. Manulis, A. Martin-Carrillo, S. Mattila, O. McBrien, A. Müller, J. Nordin, D. O'Neill, F. Onori, J. T. Palmerio, A. Pastorello, F. Patat, G. Pignata, P. Podsiadlowski, M. L. Pumo, S. J. Prentice, A. Rau, A. Razza, A. Rest, T. Reynolds, R. Roy, A. J. Ruiter, K. A. Rybicki, L. Salmon, P. Schady, A. S. B. Schultz, T. Schweyer, I. R. Seitenzahl, M. Smith, J. Sollerman, B. Stalder, C. W. Stubbs, M. Sullivan, H. Szegedi, F. Taddia, S. Taubenberger, G. Terreran, B. van Soelen, J. Vos, R. Wainscoat, N. A. Walton, C. Waters, H. Weiland, M. Willman, P. Wiseman, D. E. Wright, . Wyrzykowski, and O. Yaron, "A Kilonova as the Electromagnetic Counterpart to a Gravitational-Wave Source," *Nature* 551 (2017): 75–79, doi.org/10.1038/nature24303.

來的原子必須要有正確的數量，也要是正確的類型，還要以正確的方式排列。換句話說，要創造生命，我們也需要建構身體的資訊。

人們早期對生命指示的見解來自物理學家埃爾溫・薛丁格（Erwin Schrödinger）。他在1943年就推測身體帶有「密碼本」，可以決定個體未來發育的整個結構。這份密碼不是藍圖，雖然它提供了原子靜態排列的建議，但用來創造生物體的遺傳資訊是動態且錯綜複雜的。

薛丁格在著作《生命是什麼？活體細胞的物理面向》（*What Is Life? The Physical Aspect of the Living Cell*）中概括了他的想法。[8] 有些科學家質疑這本書的重要性，認為書中內容太過天馬行空，不具科學性。但他的想法啟發了許多科學家，其中包括了弗朗西斯・克里克（Francis Crick）與詹姆斯・華生（Jim Watson），他們於1953年以羅莎琳・富蘭克林（Rosalind Franklin）與莫里斯・威爾金斯（Maurice Wilkins）在倫敦的DNA關鍵X光研究為基礎，在劍橋大學的實驗室中發現了密碼本的分子結構。[9] 在曲折的雙螺旋中蘊含了許多遺傳秘密，尤其是掌控發育的基因。

---

8. Philip Ball, "Schrödinger's Cat Among Biology's Pigeons: 75 Years of What Is Life?" *Nature* 560 (2018): 548–550, www.nature.com/articles/d41586-018-06034-8；關於馬克斯・佩魯茨（Max Perutz）的質疑，請參考 Max Perutz, "'What Is Life?' Fiction, Not Science," *The Scientist*, April 6, 1987, www.the-scientist.com/books-etc-/what-is-life-fiction-not-science-63885.

9. 參考自詹姆斯・華生在2018年1月與羅傑・海菲爾德的會談內容。

雙螺旋可以從中間分開，每一股都可以做為另一股的模板，好讓DNA的資訊可以傳遞至下個世代。當製造DNA所需的元素在恆星爆炸後出現時，基因密碼的字母序列就融合形成了可以從祖先傳承世代的指示，這表示我們也可以將指示傳承給我們的孩子。

地球上所有的生物近來都因為一串複製DNA分子的編碼資訊而有了連結，這個DNA分子大約於40億年前就在地球上進行複製了。第一個生命所進行的第一次複製，可能是在胺基酸（來自海洋地殼）的支援下，於深海熱泉噴口所進行的。[10]雖然目前有許多理論，但這終究是生命偉大故事的另一個模糊邊緣：自我複製的DNA是如何出現並將指示蘊含其中，這一切仍是個謎團。這些指示演化出地球上眾多的生物，先是不具形式的單細胞生物，到後來就是我們周遭豐富的多細胞生物了。

生命還存在有另一個面向。我們遺傳給孩子的DNA結構並不像建築藍圖那樣帶有精準的計畫，而是一份給予食材本身以具有一致性的驚人方式來進行自我組合的食譜。這些指示在頭幾天就會起作用，展開受精卵分裂與變化的過程，這個過程變化的程度大到讓胚胎早期生命階段擁有不同的名稱：受精卵、

---

10. Nick Lane and William F. Martin, "The Origin of Membrane Bioenergetics," *Cell* 151 (2012): 1406–1416, https://doi.org/10.1016/j.cell.2012.11.050; Bénédicte Ménez, Céline Pisapia, Muriel Andreani, Frédéric Jamme, Quentin P. Vanbellingen, Alain Brunelle, Laurent Richard, Paul Dumas, and Matthieu Réfrégiers, "Abiotic Synthesis of Amino Acids in the Recesses of the Oceanic Lithosphere," *Nature* 564 (2018): 59–63, www.nature.com/articles/s41586-018-0684-z.

桑椹胚（morula）、囊胚（blastocyst），以及最終的胚胎本身。

　　跟宇宙一樣，我們的生命也受到對稱性與不對稱性的形塑，從個體細胞的微小偏好到置於胚胎組織細胞群中的軸線。最終，打破對稱性這件事形塑了整個身體，從頭與腳趾的位置到器官的位置，從肺與腎的對稱位置到心臟偏左的位置。所有這一切皆源自於分子微觀層級中的不對稱性。

　　打破對稱性對於形塑許多我們發育最劇烈的階段至關重要。對稱性被打破，我們就會產生變化，於是圓形的受精卵在五天後會發育成約兩百個細胞的中空結構，此結構的直徑約為0.01或0.02公分。胚胎在這個時候就準備好在子宮壁著床。一個生命的邊界在這裡與另一個生命融合了。身為詩人與哲學家的賽繆爾·泰勒·柯勒律治（Samuel Taylor Coleridge）曾表示，出生前的那九個月「可能會比接下來的70年更加的有趣……」[11] 我想發育的前九天也是一樣的。

　　在達到我們稱為身體的這個精美物質形態的每一步驟中，仍存在許多謎團。由於人類可能比我們稱為宇宙的這個集光明與黑暗於一身的巨大結構還要來得複雜許多，所以這或許一點也不會讓人感到驚訝。[12]

　　早期胚胎細胞如何產生、它們是如何開始辨認其他細胞並

11. Samuel Taylor Coleridge, *The Complete Works of Samuel Taylor Coleridge: Poems, Plays, Lectures, Autobiography & Personal Letters* (Musaicum Books, 2017), sec. 39.
12. 皇家天文學家馬林·約翰·里斯（Marin John Rees，勒德洛的里斯勳爵）於2019年1月28日寫給羅傑·海菲爾德的電子郵件。

與其互動、它們如何以驚人的精準度一步步建構成我們人類、它們如何引導自己的發育、它們如何感測到這個過程出了問題，以及我們要如何偵測並解讀這個過程。前述這些問題就是我在這個科學旅程的故事中想要去了解的。

這裡面必定存在有某種時鐘，可以讓發育中的重要事件在正確的時序上準時發生，但這個分子計時裝置是如何運作的呢？換句話說，就是胚胎是運用什麼樣的機制來標記經歷過的時間與天數呢？為何在兩天半後所有的細胞會發育出不同的端點（ends），也就是所謂的內部與外部極性（polarity）？為什麼懷孕需要費時九個月而不是五個月或一年？在發育的胚胎中，做為生命最基本單位的細胞會以精心編排空間與時間的方式來進行複製與變化。我們有辦法了解最驚人、最錯綜複雜也最具有壓倒性優勢的這支生命之舞嗎？

在當前科學理解範圍中所進行的研究提出了一些問題，這些都是非常耐人尋味的問題。雖然我與許多科學家都盡了最大的努力，但我們目前所能解答的部分實為有限。不過即使這樣，我們這個領域在近幾年來也出現了驚人的進展。

1

白袍

　　我接到電話時，正站在自己位於劍橋大學辦公室的書桌前，看著唐寧學院（Downing College）的花園。當我受困於看似無法解決的問題時，我就會望向對街的唐寧學院，那裡有廣闊開放的草地與樹林，松鼠在枝頭間跳躍，還有騎著自行車趕下一堂課的學生會從我窗戶下方經過。這樣沉澱一兩分鐘，可以讓我的思緒變得更為清晰，有時還會想出解決辦法。

　　此時正是春夏轉換之際，樹葉與穿透葉間的陽光以綠色與金色綴滿了整棵樹。我穿著無袖的棉製印度白袍，這是一件我從學生時代就有的衣服。我對此印象鮮明，因為當我穿著這件衣服時，沒有人會注意到我懷孕了。我那時也還不想讓別人知道。

　　電話中的聲音語帶關心。她問我是不是單獨一個人，並請我坐下來。

　　她解釋說，我的妊娠檢測顯示採樣的細胞中有四分之一出現基因異常。醫生發現 2 號染色體，也就是人體細胞中第二大的DNA群，出現了三條而不是正常的兩條。雖然這個檢測採樣的是我胎盤中的細胞，但也代表我的胎兒可能出現異常。電話那頭的聲音表示，我必須回到醫院討論接下來該怎麼做。

我那時並未料想到我的人生與工作將會綁在一起。這段經歷對我的個人與專業生涯皆造成影響。它將改變我的研究方向，引導我接續好幾年所進行的實驗。就連我在寫下這段文字的當下，我團隊正進行的研究也有一部分受到這天衝擊的影響。

在接到電話那時，我已經研究過許多跟正在我體內發育一樣的胚胎，我對它們瞭若指掌。身為科學家，我花費了數十年的時間試著去了解生命的開始與本質，以及生命出現問題時會發生的情況。

我對於個別胚胎細胞從誕生那一刻起的旅程一直深感興趣，想要去了解它們的行為，從它們個別的行為方式到它們互助合作的方式，還有最重要的是，它們的最終命運是怎麼決定的。我還想要找出它們行為與命運的基礎，甚至是從細微的分子差異開始進行。這份差異就是所謂的偏好，其會促進細胞建立或改變發育的方向。

我在成長過程中，對心智如何運作、心智的決策能力與學習能力的可塑性感到興趣。所以我原本打算要攻讀醫學或心理學。但今日，我則是從發育與幹細胞生物學家的角度來看待決策與可塑性。從胚胎到成人的這條漫長路程上，細胞如何進行決策？細胞沒有心智，但它們卻可以做出選擇，而且常常是複雜的選擇，這些選擇不是永遠不變的，有些還可以反轉。

即使我對於胚胎學的許多細節都很熟悉，我接到那通電話所受的衝擊跟任何準媽媽一樣，那是件讓人無法輕易面對的消息，真的難以面對。不過……我還是抱持著希望，因為我知道胚胎擁有驚人的可塑性，讓它們可以在發育中因應環境，就像我們會因應與適應環境的變化一樣。我在自己的科學生涯中研究這份可塑性，但現在這份可塑性也意外地與我私人事務有所牽連。

我的檢測

接到電話的那一天，跟我在實驗室的平常日子沒什麼兩樣，也是忙碌於許多同時進行的研究計畫。不過從那天起，檢測結果一直縈繞在我心頭，因為我在想這確切代表什麼意思。

我在這裡要特別強調，醫師都會提供諮詢，解釋他們對於檢測結果所做的解讀都有不確定性。身為研究胚胎多年的發育生物學家，我可以評估出造成這個基因異常的幾個不同途徑。無論我自己是否有意識到，我都嘗試著要詳細列出我腹中胎兒的發育情況，以更為了解檢測結果，也幫助我保持心態平衡。

在一開始胚胎具有少量且能快速分裂的細胞那時，胚胎是很有彈性的。舉例來說，我們若移除其中一個細胞，剩下的細胞通常還是會繼續成長，發育成一個完整的個體。當我首次來到劍橋進行博士後研究時，我所進行的就是小鼠胚胎的實驗。我想要揭開這份可塑性的限制以及它的運作方式。由於所有哺乳類在生命早期的發育過程都相當類似，所以我們通常預期同樣的結果也適用在人類胚胎上。

胎兒與胚盤起初是一體的，和生命初期時一樣，最初的細胞可以成長為胎兒本身或是支撐胎兒發育的組織。隨著胚胎成長為一球細胞群，只有球體內部的一小群細胞會持續形成胚胎本體，再長成胎兒。在此同時，外層細胞會持續深入子宮壁，形成胎盤。

檢測所採樣的細胞來自胎盤，胎盤將我與未出生的胎兒連結在一起，所以這個異常有可能只出現在胎盤細胞中，並且是在這些細胞與將變成胎兒的那些細胞分離**之後**才產生的。這會是最讓人開心的結果，因為這代表我的孩子有極高機率會是正常的。當然，我當時並不能確定。

另一方面，異常有可能發生在細胞分離形成胎盤與胎兒**之前**，在這樣的情況下，胎兒就有異常的風險了。我當時認為第二種可能性的機率似乎比較大：檢測顯示**許多**胎盤細胞都出現同樣的異常，這似乎表示在發育的極早期可能就已經出了差錯。情況並不樂觀。

不過……我一直認為情況不是那麼絕望。異常必定發生在發育的過程當中，而不是在未受精的卵子中。我會這樣推論是因為許多細胞都擁有正常的染色體數目。發生在卵子形成時的異常，會讓胚胎中的所有細胞都具有異常的染色體數目。這很嚴重，會造成早期流產。

　　不過這裡還有一個因素要考慮。我從許多同事與自己實驗室的研究得知，小鼠胚胎具有在創傷後重新調整的能力，人類胚胎應該也是這樣。實際上，是我們塑造出了自己。我們會自我引導自身的發育。當我想到我腹中胚胎的命運時，我希望即使這個異常來自發育的非常早期，它還是能夠自我導正，去終結或消滅這些基因異常的細胞。這很驚人，但胚胎發育**本來就**很驚人。這就是我的研究出現新方向的那一天。我決定在實驗室中驗證我的想法。

　　後續的重點是有關胚胎生命、我個人生活與工作在這方面的故事，這些都是由我的想法、質疑與選擇所架構而出。這故事關乎我對自身胎兒與許多顯然「不完美」人類胚胎的命運，也關乎其他面對同樣困境的父母如何驅動我去研究這個有關胚胎發育的特殊謎團，雖然在這一路上總是有其他的問題需要處理與解決。

　　這個故事有關於我的決定，也有關於我為了更深入了解某些事件所進行的研究，這些事件開啟了一個承受這些選擇的生命。這個故事描述了我為自身科學發聲的歷程，以及我深入探討生命如何開始與演化的方式。這個故事也有關於強烈情緒的處理，不只是我的情緒，還有我親近之人的感受。

　　在我的研究生涯中，我周遭圍繞著許多才華洋溢的人們，我也很重視他們的科學知識。但當我在劍橋建立我的胚胎與幹細胞研究團隊時，我同樣看重的是去創造一個環境，讓這些生物學家可以擁有強大的共同價值觀與友誼、解決問題的熱情與奉獻，以及享受日常簡單事物的能力。

我們的數個研究結果挑戰了當時盛行的教條，那時認為打破哺乳類胚胎對稱性的根源發生在發育相對晚期。我不是太勇敢就是太莽撞，因為我當時還是堅持繼續追尋這些不受青睞的發現與概念。但跟其他所有人一樣，我對此並不是沒有懷疑。在我的科學與個人生涯中，我在各方面所面對的失敗多過成功。這讓我陷入艱難處境，但也開啟了通往意外發現的道路。

新穎的想法會成為事業與聲譽的基礎。但是去對抗現有思維一向不會太順利，而且由女性來進行這項挑戰可能又難上加難。我相信科學的進展取決於創新，以及質疑公認知識的大無畏態度與先見之明，但你要有證據可以證明這項公認知識是錯誤的，而且你對此不只要經過深思熟慮，也要以謙卑的態度來面對。若有更多女性投入，那麼這就會蓬勃發展了。

我的故事就是一個不放棄自我夢想與發現的例子，哪怕這些未必見容於當下，我緊緊抓住希望，也享受著追求深入了解的過程。雖然我的研究團隊與全球數百位生物學家都很盡心努力，但我們若想要了解人類生命的完整故事，就還有許多的謎團等待我們去解答。

不過在新興科技、精巧的實驗設計、才華洋溢的同儕與同

事（無論男女）以及優秀學生（他們認真看待科學，也從中找
到樂趣）的協助下，我們至少可以勾勒出生命之舞的基礎。
我將揭露的生命之舞既錯綜複雜又出人意表，但它確實也非
常壯觀。

2 機會與命運

　　我們都很熟悉，一個隨機的事件、邂逅或意外會改變一個生命或是創造出一個生命，甚至還會終止一個生命。生命之舞也是一樣。

　　若是我們的命運都由上帝決定，那麼生活就會簡單許多。當我們面對生活中變化莫測的事情並要決定依循哪條路徑而行時，機會就會在塑造我們的命運上扮演著極為吃重的角色。但塑造命運的不只是機會。我在偶然中發現了機會與命運（秩序與混亂）之間的創造性張力（creative tension）不只圍繞在我們四周，也在我們的身體之中。

　　我總是會被可塑性的概念所吸引，首先是大腦的可塑性，接下來是細胞的可塑性，我也被細胞命運是如何選擇確認的這件事所吸引。這是個耐人尋味的問題，因為在顯微鏡下，早期胚胎就像是一球細胞群，其中的細胞似乎都一模一樣。我們可以利用螢光蛋白將細胞上色以進行追蹤，來了解機會與細胞起源歷史影響其生命的程度。

追蹤細胞所得到的圖樣就像是偉大的藝術品。這些圖樣不只漂亮，也訴說著複雜且微妙的故事。雖然每個胚胎所產生的色彩繽紛圖樣幾乎都不一樣，但它們似乎都訴說著同樣一件事：細胞鮮少全靠機率來決定它們的命運，某種偏好會推動它們走上特定的命運之路。這種偏好打哪兒來？

我在這裡要特別強調一件重要的事情，那就是偏好與決定論是不一樣的。偏好讓細胞在發育的過程中會**傾向於**走上某一條路而非另一條。然而，若細胞被放置在胚胎中的不同地方，這個偏好可能就會被否決。換句話說，細胞有偏好的發育路徑，但這不是**事前就決定好的**，所以細胞可能會為了因應不同的訊號而「改變心意」。這表示，細胞具有某些可塑性，可以讓它因應環境變化而不是只能依循死板的既定路徑。

這些偏好揭露了完全沒有人體設計藍圖的兩萬多個基因如何在一段特定期間中組織合作以建造出人體。即使精子與卵子最初的邂逅是隨機的，即使發育中胚胎所呈現出的圖樣在細節上常有差異，但「偏好」解釋了為何整體圖樣依然保持不變：機會與偏好兩者一起主宰了生命之舞。

機會與命運

我會成為科學家是命中註定嗎？我的第一個家不是一般房子或公寓，而是波蘭華沙能斯基研究所（Nencki Institute）中的

一間實驗室。我父親在這裡建立了他的研究團隊，他那時是位
年輕的醫生。我的外祖父也是醫生，還是位名醫，我母親跟隨
著她父親的腳步，也攻讀醫學，她專精牙醫。她父親認為牙醫
是更適合女性的專業，但她的哥哥就可以成為醫生。當時我們
沒錢買公寓，所以住在研究所中。我的家人因為在二戰中失去
了一切，所以只能從頭開始為生活打拚。

　　二戰開始那時，我父親7歲，某天晚上，他的家人被架出
位於特魯斯卡維茨（Truskawiec）的房子，還被迫放棄所有財
產，並徒步好幾天走到480多公里外靠近華沙的難民營。他們
從此再也沒有見過自己的家園。

　　我父親是個優秀的人：思想開明但有原則，聰明、溫暖且
充滿活力。他很會鼓勵人及帶給人們期待，期待每天都能發現
到特別且重要的事物。他也很受歡迎，所以當我們住在研究所
時，我是由他的一群朋友一起帶大的，這些朋友恰巧也是科學
家。即使我們後來搬離研究所，住到一間公寓，還是會有川流
不息的科學家來拜訪，這主要是因為我父親興致一來就會臨時
邀人來吃晚餐。我的母親與祖母就會叫我用麵粉及白乳酪（這
是我們可以從街角商店穩定取得的少數食材）做成懶人水
餃（lenive pierogi），來餵飽臨時的訪客。

　　當時我一定覺得這樣的生活很正常，到處都是科學家，每
個人都住在實驗室。我想可以公平的這樣說，雖然我在波蘭社
會主義之下的外在日常生活是灰色的，但我的內在生命是有趣

的，而且處處都可以發現美好事物。我是那種會在意想不到的時刻倒立的小女孩。生命是無法預測的。

因此，雖然我從未明確思考過要成為科學家，但圍繞我童年的是穿著白色實驗袍的人們，還有我父母的朋友、同事、學生以及從世界各地而來的訪客。我覺得科學家是那種情緒非常容易高昂而且相當坦率的人。這或許影響了我未來的選擇。

當我回想過去，我相信我的父親與祖母都承受著戰爭所帶來的心靈創傷，但這是無形的，而且他們也從未說出口。相反地，他們著重在生命的美麗之處。他們清楚地讓我知道，生命可以激勵人心，然而我們對於生命旅途上所出現的問題，並無法隨心所欲地找出解決方法。他們教導我，物質生活不是那麼重要，因為它們可能瞬間就會失去，真正重要的是我要誠實面對自己，並為正確的事物發聲。這很不容易。

我小時候就發現對我而言，運用藝術來表現自己會比透過書寫來得簡單許多。我的寫作能力並非與生俱來，我會漏掉一些字母，好似這些字母遺落在我心中與紙頁之間的某個地方。最讓人困窘的是，我有時在寫作與說話時會把字混在一起，造成混亂。有些不知道我有讀寫障礙的人，還以為我是在開玩笑，但其實我不是。

在我小時候波蘭的醫療照顧是免費的，就跟其他的共產國家一樣，不過醫療設施都太過老舊，因為最好的醫療設施都留給共產黨的高官顯要。感覺起來，好像加入共產黨，生活會過得好一點。但我的父母沒有意願成為精英黨員。當我們的醫療體系發現我有讀寫障礙時，我已經17歲了。那時校方也已經發現，雖然我進行寫作與閱讀時需要花費較長的時間，但我在數學上表現出色，也擅長將自己的想法與感受以任何形式的藝術表現出來。

談到科學，我丈夫認為我可能真的因為讀寫障礙而有了觸類旁通的水平思考。不過，我不太確定。我認為我的讀寫障礙會讓我產生自我懷疑，雖然這有時對我本身有幫助，但並非向來如此。我母親還記得，我小時候發現到自己做成了什麼事時都會很驚訝。

即使是現在，當事情出了問題時，我就會創造某些新東西或是重新改造原有的東西來因應。我會因為驚人的事件（開心或很不安的事件都會）而修改一幅畫作好幾次，如果我將每個事件的體驗都畫成圖，那我就可以創作出一部關於我人生的電影了。

在我青少年時期，藝術對我而言並不只是藝術本身而已。藝術是在共產政權之下表現個體自由的方式，也是逃離到一個色彩、光線與形式都極為複雜且具有可能性世界的方式。

在那些商店物資缺乏且原料劣質的日子裡，學校制服是由合成纖維製成，統一就是時尚，我們全都穿著幾乎一模一樣的衣服。我們全都要學俄語，也都要向列寧的肖像致敬。

我發現要大家看起來都一個樣很不自然，我也做不太到。

生命之舞

我父親的母親，也就是我祖母，極具創造力，可以像施了魔法那般憑空變出超級美味的食物與漂亮的衣服。她為了在我父母工作時照顧我，就辭去工作。從那時起，我就開始自己設計並編織縫製自己的衣服，也會用珠子、皮革與彩色細線為自己打造首飾。這些色彩為我的人生注入活力。當時的華沙不像今日那樣充滿活力，就只是由水泥公寓樓房構成的單調大都市。

每天的生活物資都會短缺，人們害怕到常會花時間去排隊購買。由於我的父母整天都在工作，所以我會花時間去排隊購買家裡需要的食物，有時要花上幾個小時。我常常跟女生朋友一起去，這樣感覺等待時間過起來會快一點。我還聽說幫別人排隊也可以賺錢。

當時的政權壓迫人民，在蘇聯成員國第一個獨立勞工聯盟「團結工聯」（Solidarity）出現之前，每個人都得要去參加波蘭統一工人黨的遊行。在學校上美術課時，我們會在一根棒子上別上紅花，然後帶在身上。不過我不記得自己的家人參加過遊行。我喜歡自己裝飾的這根棒子，但它一直放在我房間裡。當遊行隊伍經過時，我會從窗口觀賞。

1981年12月13日那天，我起床時發現天色比平常灰暗，我房間窗戶外面出現了士兵。我看到四處都貼有告示宣布波蘭戒嚴，這是為了壓制反對派人士。坦克開進華沙。邊境封鎖、機場關閉，道路交通也受到管制。我那時剛滿18歲，正要準備大學入學考。那時的氛圍很緊張，至今我對於那天發生的每件事情仍然歷歷在目。那天早晨，數萬名團結工聯的支持者在睡夢中被拖下床後就被逮捕了。據說許多人都被殺害。那時還頒佈了宵禁，所以我們晚上無法外出。民主派的團結工聯也被禁止運作，但是他們還是持續在地下蓬勃發展。戒嚴的壓迫讓反對聲浪與罷工情況更為加劇。一年半之後，戒嚴解除。

可塑性

　　我的人生就像發育胚胎中的細胞，在其他環境中可能就會走上不一樣的路徑。舉例來說，我父親與眾不同的教養方式之一就是告訴我不要花太多心思在功課上，並在我 7 歲時讓我報名參加歷基亞（Legia）這個主辦華沙網球公開賽的專業網球俱樂部。當我的朋友放學後在遊樂場玩耍時，我要坐一個小時的車到位於華沙另一邊的俱樂部球場參加訓練（一開始祖母會陪同），也常常因為要參加比賽而缺席學校課程。我就這樣通車了 9 年。最終我愛上了網球，它也成為我生命的一部分，但我 15 歲時，我的背受傷了，得花一年的時間進行物理治療。最後，我帶著教練與父親的遺憾，在 17 歲時退出了網球比賽。

　　雖然算不上完美，但我的專注力可能就是源自於嚴格的網球訓練。我學到重要的是要專注在當下的那顆球上，不要去想比賽輸贏，要將自己所有精力都放在當下。我在網球時代的好友伊娃・加耶夫斯卡（Ewa Gajewska，婚後改姓萊瓦諾維奇〔

Lewanowicz〕），現在還是我最好的朋友之一。我們的友誼很不尋常地是在華沙網球錦標賽的對打上建立起來的。我們的比賽老是進入搶七的局面，而現在我們都不記得最後的贏家是誰。

心靈與身體一樣都會受到命運的影響。在1980年代中期的某個夏末，我到波羅的海沿岸渡過了短暫的假期。期間我參加了當地的演唱會後，我遇見了身為鼓手的瓦爾德克・米佐爾（Waldek Miszczor），他為當時高居排行榜的另類樂團祖布先生（Mr. Zoob）寫了一首帶有政治意味的時事歌曲。我們一見鍾情。米佐爾在波蘭的波茲南大學（University of Poznan）主修文化，而我則在波蘭的華沙大學攻讀生物學。即使我們分隔兩地，他還是成了我的未婚夫。我們共渡了一段特別且迷人的時光，但三年後我與他解除了婚約。我的未來隨即走向新的旅程，雖然還是挺曲折的。

將我帶大的祖母突然間過世了。那真是悲痛欲絕，我失魂落魄，只能暫停學業，讓我自己喘口氣。就在這個脆弱的當下，在加納（Ghana）待了三年的克利斯・格茨（Krzys Goetz）回到了我身邊，我第一次見到他是在17歲時。他後來成為了我的丈夫。

意外與環境可以改變人生的歷程，同樣地，胚胎發育的過程也會因為隨機影響而改變，像是胚胎細胞內部分子的雜音。

教育對我具有關鍵影響力，不過不是學校教育，而是我與父親及他朋友的談話以及我成長在實驗室中的這些部分，讓我對生物學抱有持久的熱情，並深受大腦所吸引，特別是大腦可塑性的部分。

　　大腦可塑性是我們為何擁有學習新技巧、處理複雜事物與適應新環境的驚人能力的原因。但身為一個 1980 年代華沙大學的學生，我則被另一種可塑性所吸引，那就是胚胎發育過程中的可塑性。我還確切記得為什麼會對此產生興趣，這都要感謝安傑伊・塔科夫斯基（Andrzej Tarkowski）教授，就是他的某堂課激發了我對發育生物學的熱愛。今日他被視為在分子生物學興起以及我們具有讀取與編輯基因能力之前的經典實驗哺乳動物胚胎學之父。

　　在波蘭共產制度下的 1960 年代，從事研究相當艱難，那時的科學物資與現代設備都短缺。雖然如此，塔科夫斯基還是取得許多重要進展。他是最先做出嵌合體（chimeras）的人士，嵌合體就是將兩個不同胚胎的細胞混合，讓其能以單一個體的形式發育，這部分我在後面會提到。他也喜歡找樂子，而且跟我一樣愛開發新事物，他以拍攝大自然的形式來呈現。

　　我仍然記得我發現自己想要去了解胚胎是如何發育的那一刻。塔科夫斯基在一課堂中提到了他在數十年前就進行的開創性實驗，他想出證實小鼠胚胎可塑性的極佳方式。

　　小鼠胚胎在非常初期時只含有兩個細胞，塔科夫斯基會移除其中一個細胞，然後他發現剩下的那一個細胞仍然可以長成一隻完整的小鼠。剩下的細胞跟兩個細胞時一樣都能夠發育成完整的個體，科學家稱這樣的能力為「全能」（totipotent）。
他在1959年將這項重大發現發表在世界知名期刊之一《自
然》（*Nature*）上。[1]

　　我那時還不知道他的實驗會在接下來的幾年中佔據我心
頭，因為我的研究團隊所搜集到的證據對此有所質疑，不過我
們質疑的不是塔科夫斯基的實驗，而是從60年代起人們對這個
實驗結果的解讀方式。這一切在未來都會現形。

　　就像塔科夫斯基改變了細胞的命運一樣，我與他的相遇
也改變了我的命運。他將我對大腦功能與心理學的興趣，重新
導引至胚胎學的魅力之下。我成功申請到他實驗室攻讀碩士學
位，以完成我在華沙大學的學業，於是我來到位於學校某棟歷
史建築頂樓的塔科夫斯基實驗室。胚胎學系隸屬於坐落在克立
科夫郊區街（Krakowskie Przedmiescie）的生物學院，這個地方
是華沙最美的街道之一，而且很不可思議地躲過戰火波及，幾
乎毫髮無傷。

　　在共產主義的統治下，有數十年的時間對這方面都沒有
什麼投資。但我感覺不出有什麼差別。塔科夫斯基的實驗室具
有各式特色，研究也很吸引人，特別是著重在早期小鼠胚胎學
與複製上，而我的同事也變成了我最好的朋友。這或許也不令
人意外，因為我們在許多漫長日子裡一起學習基本知識，也一

---

1. Andrzej K. Tarkowski, "Experiments on the Development of Isolated Blastomeres of Mouse Eggs," *Nature* 184 (1959): 1286–1287, www.nature.com/articles/1841286a0.

起探索可能是最困難的一堂課：大多數的實驗第一次都不會成功。實驗的野心愈大，失敗的可能性愈高。在科學領域中，若要成功，就必須要有強大的熱情與決心去克服無數的困難。無論是研究的細節還是大架構，都要給予同等的重視。

在當時的波蘭要從事科學研究還要絞盡腦汁想方設法。當我們需要在些許二氧化碳（含量為5%）的氣體中培育小鼠胚胎時，我們不像西方世界會用附了氣瓶的恆溫器，而是使用我們人體呼出的氣體：比起吸氣，從人體吐出的氣體中，氧氣的含量比較少且二氧化碳的含量比較多，所以我們會吹氣到內有胚胎的密封箱中。這是個簡單又實用的方法。

在實驗室中，我們的書不只是拿來讀的，也是進行實驗的關鍵用品，因為當我們要對小鼠卵子進行精細的顯微手術時，我們需要有東西來支撐手肘。

常常需要絞盡腦汁想方設法可能會讓人覺得備感壓力，但我認為這也給了我們信心，只要擁有足夠的技巧與熟練度，我們甚至可以應付最具挑戰性的實驗。即使今日，我們有時也會運用想像力以創意方式來解決問題。

我對胚胎學的讚賞程度與對塔科夫斯基的尊敬程度極高，所以他一問我可否接手另一個困難的研究計畫，去進行小鼠與河堤田鼠間的雜交胚胎實驗時，我毫不猶豫地就答應了。其中一種實驗方式是從兩個物種上取出精子與卵子，然後試著交叉受精，這是件違反自然的事。另一個方式是，運用融合田鼠細胞與小鼠胚胎的方式，將含有DNA的田鼠細胞核植入小鼠卵子中。取得雜交胚胎的方法有很多種，我全都試過一遍。

這個實驗計畫其中一個特別之處在於，河堤田鼠得在靠近俄國邊界的比亞沃韋扎森林（Bialowieza Forest）捕捉，這裡是很久以前橫跨整個歐洲平原的巨大原始森林所殘存下來的最大一部分之一。每兩個星期，河堤田鼠會經由火車運送到我們位於華沙的實驗室。牠們有著紅栗色的毛皮與並非純白的腹部。但牠們很有野性，看到什麼就咬什麼。我就是在為牠們注射刺激胚胎發育的賀爾蒙針劑時發現這件事的。還好我在實驗室中最好的朋友伊娃・博蘇克（Ewa Borsuk）有個聰明的辦法，她建議我在將牠們從籠子中取出時戴上厚手套，這樣牠們的牙齒就會陷在皮革手套中咬不到我，然後我就可以把牠們拖出來打針。這就好像在釣魚，而且多數時候都很受用！

我的小鼠－田鼠雜交胚胎只會發育到四個或八個細胞的階段就停止了。似乎存在有一種根本性的障礙會防止製造出雜交物種。一邊是含有某物種基因組的細胞核，另一邊則是在細胞質中來自其他物種且可以開關基因的分子機器（molecular machinery）。我們那時認為，可能是有某種東西造成細胞核與分子機器之間無法建立正常的分子「對話」。

在我用手套釣老鼠做實驗的幾個月後，我才敢問塔科夫斯基我是否可以改用另一種大鼠（rat）來進行雜交的計畫。大鼠比較容易取得。在他的首肯下，我繼續探索當時還不甚了解的大鼠胚胎細節，並希望我有一天能成功製造出小鼠與大鼠的雜交。然後一個重大的好運就降臨了。

就在聖誕假期的前一天，塔科夫斯基很罕見地叫我到他的辦公室去，他告訴我一個意外的消息。由匈牙利移民的美國慈善家索羅斯所創立的索羅斯基金會（the Soros Foundation），首次決定要提供獎學金給不同領域的波蘭博士學生到牛津大學進修一年。塔科夫斯基知道這對我的研究是絕佳的機會，因為在我還沒有與他一起工作前，他就曾在牛津研究過一陣子，他在那裡遇見了克里斯・葛拉漢（Chris Graham）與理查・加德納（Richard Gardner）這兩位傑出的科學家，他們也將成為我自身故事中的重要角色。

塔科夫斯基建議我去申請獎學金，但也強調，若是申請成功，我之後必須回到他的實驗室。於是我將自己的科學想法寫進實驗計畫並申請獎學金。幾個月後，我進入到面試名單中，並接受一群牛津學者的面試。讓人欣喜的是，我最後拿到了索羅斯獎學金。

我在那時已經與工程師克利斯・格茨結婚了。我第一次遇見格茨是在17歲去滑雪時，他是個滑雪高手。格茨開朗、敏捷且富有幽默感，他是那種一進門就能帶動派對氣氛的人，也是我人生中的第一個真愛。即使我們對於要分隔兩地感到不捨，但我們都知道，有鑑於波蘭當時的政治與經濟局勢，能到牛津大學進修是多麼具有吸引力的一件事。

就我所記得，我們共有9個人榮獲到牛津進修的機會。我們是各色各樣的一群人，雖然我們分散在不同的學院，還是會定期在傍晚見面，主要是參加派對。我們的導師是具有代表性的波蘭哲學家暨作家萊塞克・科拉科夫斯基（Leszek Kolakowski），他是團結工聯運動的關鍵啟發之一，也因政治因素必須離開波蘭。從那時起，他大半的職業生涯都在牛津的萬靈學院（All Souls College）中度過。我在牛津的記憶與我在艾希特學院（Exeter College）所度過的時光緊緊相連。這棟學院可以追溯到中世紀，我感覺自己像是走進了歷史著作的書頁中。

我的進修結束時，科拉科夫斯基給我一樣幸運物做為餞別禮物，那是一隻玻璃製的鳥，我至今還保存著，而他也會寫信鼓勵我，我們一直都保持連絡。不過，雖然科拉科夫斯基會很鼓勵人，我們大多時候討論的也是哲學，但我本身的研究還是著重在實驗胚胎學這個領域中。

牛津大學的複製研究

在我牛津的新實驗室裡，我開始與另一位哺乳動物實驗胚胎學之父克里斯・葛拉漢一起工作。克里斯是約翰・格登（John Gurdon）的第一位學生，而約翰・格登在我的人生中具有重大影響。那時我還不知道克里斯師承何人，或者老實說，我對約翰‧格登的所知也不多。但不久之後，我終於知道約翰是開創青蛙實驗的第一人，這個實驗是要探討縈繞在細胞生物學家心中數十年的基本問題：成年生物個體的細胞與衍生出這些細胞的受精卵，是否擁有一樣的基因？

克里斯‧葛拉漢受到約翰在60年代複製青蛙成功的啟發，便以亨利‧哈里斯（Henry Harris）在牛津的研究為基礎，嘗試不同版本的類似實驗。亨利‧哈里斯運用病毒將人類與小鼠細胞融合形成「異核體」（heterokaryons），異核體中帶有來自兩個物種的基因物質。病毒提供了一種方式，可以在沒有注射針頭傷害的情況下，輕鬆將包含基因指示的某個細胞核置入一個卵子之中。1969年，克里斯以一篇他自己都覺得離譜的論文造成轟動，他的這篇論文認為成功移植哺乳動物的細胞核（克隆〔cloning〕）的日子即將到來。在我來到牛津的1990年，克里斯‧葛拉漢已不再研究基因複製，改研究基因體銘印（imprinting），這是指來自其中一位親代的基因選擇性地被關閉並閒置的情況。

牛津大學與華沙在各方面都不一樣。我在牛津得以在設備良好的西方實驗室中工作，這很棒，但我離家人、丈夫與朋友都很遠，這讓我感覺不好。雖然如此，我還是對所有事情都覺得很新奇，而且有種靈魂出竅的感覺，好像我正在看一部自己也出現在其中的電影。

我很幸運，克里斯對我友善且具有耐心。當時我的英文不太好，要跟我溝通一定很困難，再加上克里斯幾乎在說每句話時都很喜歡開玩笑，更是雪上加霜。我常常得要猜猜他在說什麼，並且禮貌性地跟著一起笑。嗯⋯⋯

他將我分配到實驗動物飼養房附近的空間進行我自己的實驗，所以我白天時常常獨自一人，因為分子生物學家的實驗室在兩層樓之上。不過雖然我在克里斯的實驗室只待了一年，那裡卻對我有著深遠的影響，不只是就我的科學生涯以及我在那裡所遇到的那些好人而言，也是因為這讓我能體驗到共產世界之外的生活。

支撐我在實驗室中長期進行研究的是想要了解基因組活化的企圖心，這是生命最關鍵的首要事件之一，受精卵本身的DNA指示開始運作，就會取代了RNA與蛋白質等遺傳物質從精子與卵子所帶來的基因指示。我想要找出大鼠胚胎的DNA被活化後如何引導胚胎的後續發育。

我只有在牛津這裡才得以著手探討這個問題，因為那時的波蘭還沒有這樣的技術。我們認為，大鼠與小鼠的雜交胚胎之所以無法產生，是因為牠們的基因組在發育的不同時期活化，我在牛津這裡可以直接對這個想法進行測試。我們知道小鼠胚胎基因組在胚胎只有一個細胞時就會開始活化，而當胚胎分裂成兩個細胞時，大部分的基因都會活化。我必須找出在大鼠胚胎中，這些關鍵時刻在什麼時候會發生。

我發現大鼠基因組活化的時間要來得晚一點，約是在兩個細胞階段要結束之際。[2] 這有可能是大鼠基因組無法在小鼠卵子中適當活化的一項原因。但我從未有機會去探究這是否就是造成大鼠與小鼠無法雜交的原因。我在牛津的獎學金與進修結束，於是我回到塔科夫斯基的實驗室。

我在牛津進修的那一年，我丈夫在米哈洛維采（Michalowice）為我們蓋了棟房子。這是靠近華沙的一個村落，我丈夫的家人住在那兒，而他身為建築師的祖父也在那裡設計了許多房子。這是我第一次擁有自己的房子，甚至還有足夠的空間蓋間工作室讓我可以多從事繪畫，或許這樣也可以讓我忘記我的科學研究。那種感覺就好像置身在天堂那般。我喜歡那間房子，住在這樣與世隔絕的家庭天堂中，很讓人動心。

矛盾的是，我那時的人生竟然因為一場意外而轉往好的方向發展。1993年，我（莫名其妙）穿著一雙鞋底光滑的馬靴，在冬季初雪意外降臨時摔了一跤，摔斷了我的右臂。我被打上了厚重的老式石膏，所以無法開車到實驗室進行我的實驗。我在突然之間得為漫漫長日與時間找些有趣的事情做。右手不能用，要畫畫著實有困難，但我還可以寫字。我開始寫詩，不過我寫得太爛，所以我很高興地告訴你們，我把這些詩全都毀了。然後我發現了自己可以運用這段時間來寫寫我博士論文中

2. Magdalena Zernicka-Goetz, "Activation of Embryonic Genes During Preimplantation Rat Development," *Molecular Reproduction and Development* 38, no. 1 (1994): 30–35, doi:10.1002/mrd.1080380106.

的實驗，我問塔科夫斯基，他也同意了。大約相隔一年，我就拿到了博士學位。

我的人生並沒有因為拿到博士就開始大幅改變。我在塔科夫斯基實驗室有個終身職位，所以我也持續我的研究與教學工作。波蘭共產政權於1989年終止，共產主義終於離我們而去的這項利多，讓我的丈夫得以開始經營一家名為鮑姆（Bauma）的公司，將原先在社會主義下灰暗又破碎的人行道，改鋪成色彩繽紛的人行道。有趣的是，他是在我們於維也納度蜜月時想到這個主意的。最後，他的工作開始佔據他的時間，就跟我的研究佔據我的時間一樣。

格茨可以忍受我的科學生活。但他對我花那麼多時間在實驗室，其實不太開心。我也對自己出國工作這件事感覺很愧疚。格茨不曾阻擋我，但顯然科學佔據我時間的這件事，成了家庭聚會時我們會避免提起的話題。在此同時，塔科夫斯基告訴我，他希望我在國外的工作經驗已經滿足了我的好奇心。他想要我留在他的實驗室，這當然是份榮耀。朋友也覺得我應該要留在波蘭。但我的人生有其他想法。我被一步步地帶離波蘭。

塔科夫斯基喜歡就近照顧他的子弟兵，但亞采克‧庫比亞克（Jacek Kubiak）卻設法逃跑了。亞采克向亞克‧莫諾研究所（Institut Jacques Monod）的伯納德‧馬羅實驗室（Bernhard Maro's Laboratory）申請博士後研究，這是一間位於巴黎的主要生物學研究中心。當亞采克在那裡安頓下來後，他得知馬羅積極想要知道團隊在小鼠胚胎上的研究成果是否可以應用到大鼠身上。而我在當時是相對稀少的大鼠胚胎專家，所以亞采克勸說馬羅邀請我加入他們的團隊。於是在接下來的三年中，我一到不用負責華沙大學教學義務的暑假時就會前往巴黎，而法國國家科學研究中心（Centre national de la recherche scientifique, CNRS）也會資助我暑假到巴黎的經費。

　　我們很驚人地在每個暑假都設法寫出一篇論文。那些不是什麼偉大發現，卻是了解大鼠胚胎學這個相對未知世界的小積木。這也是我第一次使用共軛焦顯微鏡，這種顯微鏡在過去20年間掀起生醫界的革命。這驚人的三維彩色影像科技讓我更加意識到，視覺化在研究中的力量以及科學藝術所帶來的啟示。

　　我喜歡在巴黎的生活，喜歡從我租的套房到實驗室之間約一個小時的步行旅程、喜歡市區中的建築、喜歡美術館、喜歡蘋果派，也喜歡有機會可以看到我在成長過程中被禁止或無法觀看的所有電影，我想我看了約翰‧卡薩維蒂（John Cassavetes）所有的作品以及其他許多電影。幸運地，我丈夫的表妹阿格涅斯卡‧韋格拉斯卡（Agnieszka Weglarska，婚後改姓狄魯哈克〔de Roulhac〕）剛好住在巴黎，她充實了我在這裡的社交生活。美麗大方且具有極佳幽默感的她，會安排我的社交生活，像是在盧森堡公園來場網球比賽，以及在瑪黑區享受咖啡文化並逛逛古董衣物店。而當我偶爾需要為隔天實驗準備大鼠時，就會招待她晚上來動物房一趟。每當我想起巴黎，我在實驗室的研究工作與我跟阿格涅斯卡的冒險有著同等份量。

我有機會在巴黎繼續進行博士後研究。但我心裡不再像以前那樣覺得什麼都好，因為我開始喜歡牛津的學術氛圍與傳統以及它的大學生活。但我接下來去的卻不是牛津，而是劍橋。不過這當然不是刻意為之，而是機會到臨。我曾到劍橋拜訪兩天，那時我遇到了在我人生中最能激勵我的科學家之一：馬丁．埃文斯（Martin Evans）。他在1981年分離出可以發育成身體內其他所有不同類型細胞的胚胎幹細胞。他在2007年因這方面的研究而榮獲諾貝爾獎，我在第十章探討再生醫學時會再提到。

我當時對於幹細胞的研究結果感到興奮，不過真正引起我興趣的則是馬丁團隊中比爾．卡利居（Bill Colledge）所進行的研究。他研究一個名為c-mos的基因，以及其在卵子成熟上的作用。若馬丁沒有邀請我參加他的團隊，我沒有獲得歐洲分子生物學組織（EMBO）兩年的獎助金，我或許還留在華沙。

要離開華沙兩年，不是件容易的事，我帶著混雜的情緒離開。我在1995年夏末來到劍橋，沉浸在我曾以為不會屬於我的科學與學術生活方式中。科學壓過一切，我想我的人生已經沒有什麼空間可以去做其他事情了。

我的運氣真的很好，與我一同在劍橋進行研究的卓越人士不是一個而是兩位，他們兩人不管是在個人或專業上都很出色。其中一個當然是馬丁，另一位也是科學家，他對我的人生及科學的影響甚至更大，他就是約翰．格登本人。他們能夠激

勵人心，而且對象不只我，因為約翰在幾年後也因為重大發現
而榮獲諾貝爾獎，他發現像皮膚這類成熟細胞還可再次轉化成
胚胎細胞。

　　我在劍橋與馬丁一起工作的前幾年，很充實但也很迷
惑（我想不出其他更好的形容詞）。我在這段期間找到胚胎細
胞如何步上命定之路的最初線索。即使這個見解與公認的知
識（由我的導師塔科夫斯基所貢獻的知識）不同，我的研究結
果顯示，細胞的命運比我們所想的還要更早就能預測到。這項
發現很驚人，大家都不敢相信，起初我也不相信。

人類不一樣嗎？

　　眾所皆知，像青蛙、果蠅、線蟲這些在實驗室中被研究的
多數「較簡單」生物，他們的生命計畫是這樣開始的：簡單來
說，這些生物的卵子有方法確定個別細胞的命運。這是因為卵
子具有極性，它會出現不同的「端點」，如果它分裂成兩個細
胞，兩個細胞就會繼承母細胞的不同端點，因此而擁有不同的
資訊，這些資訊就是一份具體說明細胞命運的「住址」。在這
類生物中，失去一個細胞會造成原本要從此細胞衍生出的身體
結構消失，這樣的發展被稱為「鑲嵌」（mosaic）。另一方面，
若剩餘細胞的後代仍然可以長出失去的那個細胞原來會發育成
的結構，那這樣的胚胎就稱為「調節」（regulative）胚胎。

極性卵子有許多例子。例如，果蠅的卵子帶有**雙尾基因**（Bicoid）與**駝背基因**（Hunchback）所產生的蛋白質梯度，這有助於創造出果蠅胚胎頭胸部的結構，而**納諾斯基因**（Nanos）與**尾部基因**（Caudal）則會形成胚胎末端。如名所示，**駝背基因**在果蠅身軀（胸部）的發育上扮演著特別重要的角色。克里斯汀・紐斯林－沃爾哈德（Christiane〔Janni〕Nusslein-Volhard）與艾瑞克・威斯喬斯（Eric Wieschaus）的一流研究，揭開了基因如何經由控制果蠅身體軸與身體部位的結構來佈署身體體制。他們因為這項研究而與加州理工學院的艾德華・路易斯（Ed Lewis）一同榮獲了1995年的諾貝爾獎。路易斯花費數十年的時間研究果蠅的基因突變，這些突變可以將果蠅維持身體平衡的器官轉變成另一對翅膀。令人吃驚的是，目前人類體內也仍高度保留著這些負責變態作用的基因，差別在於哺乳動物的發育是具有彈性的，而在昆蟲身上則是固定不變的。果蠅的卵子在受精之前就具有決定未來位置正確發育的極性，而人類的卵子則沒有這麼固定的決定因素。

精子在規劃身體體制上也扮演著重要角色。青蛙與線蟲的精子進入卵子的位置會決定卵子發育的走向。[3]線蟲卵子受精時會造成PAR蛋白分布不均。這接續會將註定要變成線蟲前端的細胞與那些較不受重視的細胞劃分開來。[4]這些PAR蛋白是許

---

3. Scott F. Gilbert, "Rearrangement of the Egg Cytoplasm," in *Developmental Biology*, 6th ed. (Sunderland, MA: Sinauer Associates, 2000).

多不同動物在各種不同情境下用來調節細胞極性的物質，而如同我們即將看到的，這些動物也包括哺乳動物。因為這種蛋白極為普遍，所以這表示它們源自某種古老的結構機制。

馬丁・強森（Martin Johnson）與他在劍橋的團隊發現，當小鼠胚胎具有八個細胞時，所有的細胞都會發育出「內部－外部」極性。這奠定了兩個細胞世系的基礎，因為繼承母細胞外部的子細胞所發育出的後代細胞會形成滋養層（trophectoderm），而滋養層後續就會形成胎盤；另一方面，繼承母細胞內部的子細胞所發育出的後代細胞會形成上胚層（epiblast），也就是之後會形成生物體的祖細胞（progenitor cells）。[5] 我在劍橋的早期，我們就發現到極性也是因為 PAR 蛋白質分布不均所造成。[6]

在 1950 年代末期曾經有段時間出現了一種說法，認為哺乳動物也是從具有極性的卵子開始的。[7]但這個說法不受青睞，所以就被湮沒並遺忘。其中一個理由是，與青蛙卵子比較起來，小鼠與人類的卵子看起來非常相似。但主要的理由是它們展現

4. Daniel J. Marston and Bob Goldstein, "Symmetry Breaking in C. *elegans*: Another Gift from the Sperm," *Developmental Cell* 11, no. 3 (2006): 273–274, doi:10.1016/j.devcel.2006.08.007.
5. Martin H. Johnson and Carol Ann Ziomek, "The Foundation of Two Distinct Cell Lineages Within the Mouse Morula," *Cell* 24, no. 1 (1981): 71–80, doi.org/10.1016/0092-8674(81)90502-X.
6. Berenika Plusa, Stephen Frankenberg, Andrew Chalmers, Anna-Katerina Hadjantonakis, Catherine A. Moore, Nancy Papalopulu, Virginia E. Papaioannou, David M. Glover, Magdalena Zernicka-Goetz, "Downregulation of Par3 and aPKC Function Directs Cells Toward the ICM in the Preimplantation Mouse Embryo," *Journal of Cell Science* 118 (2005): 505–515, doi:10.1242/jcs.01666.
7. A. M. Dalcq, *Introduction to General Embryology* (London: Oxford University Press, 1957).

了發育上的可塑性。這個可塑性賦予哺乳類胚胎在發育上具有調節性及彈性，這就是我之前有提過的那種調節性及彈性發育，這與無彈性的鑲嵌發育完全不同。人們認為，這種可塑性就是源自於所有細胞都是一樣的，所以沒有任何會往某一方向而不往另一方向發育的傾向。

因此，當我在1990年代末期偶然發現到小鼠胚胎細胞之間並不一樣時，我嚇了一大跳。起初我無法接受自己的發現，但我覺得自己不應該忘記這件事，即使這與當時的認知相抵觸。若沒有這個意外發現，我的人生就不會如此不同了。

細胞上色

我在1980年代末期的早年學習生涯中，得知胚胎細胞的命運無法預測，這引發了我的興趣。我之所會如此好奇是因為，（以某種擬人的修辭法來表示的話就是）大自然將生命的開始交由機率來決定，讓關鍵的發育事件不會往特定方向發展的風險。有鑑於胚胎發育的特定步驟必須要在懷孕的特定階段完成，那麼個別細胞的路徑怎麼能夠如此無法預測呢？

在我早期的研究中，我想要找到某種方式來了解發育的可塑性是打哪來的。我想要揭露自我建構的這些非凡細節。我的好奇並沒有什麼特別的原因，就只是一股熱情，想要去了解與這些細胞選擇有關的因素。我覺得要開始的最佳方法就是實際去追蹤所有個別細胞的命運,從細胞誕生,經過分裂階段,到它們變成胚胎本體(胎兒)的一部分,或是變成胎盤的一部分或者就是在過程中消失了'。對於目前仍隱藏在黑暗中的生命之舞,我想要發展一種特殊染料,來標記出它那些令人振奮的細節。

3 細胞上色

　　要了解發育胚胎中的每個細胞，就要請到生活在北美西海岸冷水域的水母來幫忙解釋了。雖然這種水母的直徑不到10公分，但牠是全球海洋中最有影響力的發光生物。

　　這種水母受到打擾時，牠的傘狀邊緣會出現閃光。一開始閃爍的是電光藍，這是由會發光的水母蛋白所產生的。但我們看不到這些藍光點，因為在水母體內，這種發光水母蛋白會進入位於發色團（chromophore）這個小結構中心處的蛋白質中。發色團會吸收藍光形成受激態（excited state），接續再衰減放出綠光。這種蛋白質就是所謂的綠色螢光蛋白（GFP），是由普林斯頓的下村脩（Osamu Shimomura）於1960年代所萃取分離出的。[1] 因為這個發現對於廣泛的基礎研究都具有重要性，所以下村脩也因此與其他科學家共同榮獲2008年的諾貝爾獎。

　　今日，這種螢光蛋白的用途廣泛，從追蹤體內病毒感染

1. O. Shimomura, "The Discovery of Aequorin and Green Fluorescent Protein," *Journal of Microscopy* 217, no. 1 (2005): 3–15, doi: 10.1111/j.0022-2720.2005.01441.x.

的擴散到檢視蠑螈（一種兩棲動物）受傷組織如何再生，再到揭開小鼠大腦的詳細連線等等。利用基因技術與螢光蛋白，我們現在可以運用數十種不同的顏色組合來為數百個神經細胞上色，創造出以繽紛色彩綻放出來的「腦虹」（brainbow）。[2]

我們可使用一系列的螢光標記，以明亮的藍、粉紅、綠與其他色彩所形成的變形鑲嵌藝術來展示生命早期。這類研究結果不只具有意義，也很美麗。

但下村脩最初分離出的水母蛋白，無法在溫血動物中作用。而我想要製造出強大的螢光標記，可以在活體哺乳動物胚胎發育的期間，追蹤細胞內的基因何時活化，或是追蹤細胞何時誕生以及細胞的個別命運是在何時決定的。

運用綠色螢光蛋白做為標記的故事可以追溯到1994年，那時紐約哥倫比亞大學的馬丁・查爾菲（Martin Chalfie）發表了一個可以運用綠色螢光蛋白來顯示某個基因是開啟的方式，他也因此與下村脩共同榮獲了諾貝爾獎。[3]

我也想用這種螢光綠來上色。1994年正是我與馬丁・埃文斯申請EMBO獎助金將我帶到劍橋的那一年，這讓我可以發展

2. Jean Livet, Tamily A. Weissman, Hyuno Kang, Ryan W. Draft, Ju Lu, Robyn A. Bennis, Joshua R. Sanes, and Jeff W. Lichtman, "Transgenic Strategies for Combinatorial Expression of Fluorescent Proteins in the Nervous System," *Nature* 450 (2007): 56–62, doi:10.1038/nature06293.

3. Martin Chalfie, Yuan Tu, Ghia Euskirchen, William W. Ward, and Douglas C. Prasher, "Green Fluorescent Protein as a Marker for Gene Expression," *Science* 263, no. 5148 (1994): 802–805, doi:10.1126/science.8303295.

適用的綠色螢光蛋白，以監測基因在活體哺乳動物胚胎與幹細胞中被運用的方式。綠色螢光蛋白的基因可以併入哺乳動物的DNA中，並以螢光標記出某種蛋白質。多虧有綠色螢光蛋白，若一個細胞中的某個基因開始指示製造那種蛋白質時，那個細胞在紫外光的照射下就會發出綠色螢光。

　　當時我對打破對稱性、極性與胚胎的圖樣結構深感興趣。因此我全神貫注在自我建構的想法以及偉大圖靈的數學上。艾倫‧圖靈（Alan Turing）是英國數學家，他在1936年發明了現代計算理論，並在二次大戰時破解了納粹的恩尼格瑪密碼（恩尼格瑪是一種用來加密的機器）。[4] 圖靈對大自然的圖樣結構有興趣：他想要打破只有上帝能夠創造大自然奇蹟的想法。大自然的圖樣結構不仰賴超自然力量，這樣的理念我喜歡。

　　當我們談到小鼠與人類胚胎細胞最終會發育成哪些類型的細胞時，我知道這些胚胎細胞會展現出可塑性。我想要了解其中的基本機制，好去看看這些機制是否在某些方面能夠對應到別種可以創造出圖樣的機制，而且這種機制所創造的圖樣是要圖靈數學能夠預測出的。

　　若想這麼做，我就需要一個可以標記胚胎細胞的方法，讓我可以在發育中的活體小鼠胚胎中追蹤胚胎細胞以及它們的後

---

4. Alan M. Turing, "On Computable Numbers, with an Application to the Entscheidungsproblem," *Proceedings of the London Mathematical Society* 2–42, no. 1 (1937): 230–265, doi.org/10.1112/plms/s2-42.1.230.

代細胞好幾天。我們之前都無法達成這個目標，而綠色螢光蛋白似乎非常適合執行這個任務。但首先也是最重要的是，我得先讓綠色螢光蛋白能在哺乳動物胚胎中作用。當時還沒有人試過這項驚人之舉，所以沒有任何方法可以依循。第一次嘗試做某件事的結果通常都以失敗收場，我也不例外。

那時也差不多是約翰．格登注意到我研究的時候。我在英國惠康基金會細胞生物學與癌症研究所（the Wellcome Trust/Cancer Research UK Institute for Cell Biology and Cancer）進行研究時，約翰是研究所所長（此研究所為紀念他，於2004年改名為格登研究所）。約翰在伊頓公學讀中學時，師長認為他生物念得很吃力。不過他卻於1950年代在牛津大學開始他的生物學研究，去探討最基本的問題之一：身體內各式各樣的細胞，是否都具有同樣的基因組合？[5] 約翰在1966年發表的研究中表示，當他將幼蛙細胞核中的DNA植入去除細胞核的青蛙卵子中後，卵子還是可以長成青蛙。他後續寫道：「這可能是我們做過的實驗中最重要的一個了，因為它證明了細胞可以在經過特化（specialization）後……仍保有長成具有性別之完全成熟個體所需的所有基因物質……運用分化（甚至是成熟）後的細胞進行複製至少在理論上可行。」[6]

---

5. John B. Gurdon, "The Egg and the Nucleus: A Battle for Supremacy," Nobel Lecture, December 7, 2012, www.nobelprize.org/prizes/medicine/2012/gurdon/lecture/.
6. Ian Wilmut and Roger Highfield, *After Dolly: The Uses and Misuses of Human Cloning* (New York: Norton, 2006), 67.

　　我相信這是 20 世紀發育生物學最重要的實驗之一，因為這個實驗證實了細胞分化可以被逆轉。這有許多科學上的涵義，但當然也代表了約翰是細胞複製的先驅。由於約翰位屬高層，而我在所內超過兩百個科學家所組的團隊中則屬於低階的一員，所以我們幾乎沒有機會碰到面，更不用說交談了。

　　有一天我正要離開講堂時，約翰客氣地問我正在進行什麼樣的研究。我提到我想取得能在小鼠上作用的綠色螢光蛋白，這樣就能研究細胞中哪些基因會活化，並可以追蹤哪個細胞會變成小鼠胚胎的哪一部分，不過目前遇上困難。

　　約翰對此表現出興趣。他喜歡這個問題，也認同這很重要。他也已經發展出一種馬上就可以從青蛙身上取得基因產物的方式，他的方式不是經由植入基因，而是將合成信使 RNA（mRNA，細胞機器用來製造蛋白質的基因轉錄本）注射至細胞中。植入的 RNA 可以在數小時內發揮作用。這個短短的意外邂逅，成了我研究生涯的轉捩點。

　　隔天早上，我在位於馬丁實驗室的座位上發現了一張便條。那是約翰所留下的，他邀請我見個面喝杯茶，聊聊綠色螢光蛋白。看看我們是否也可以試試讓綠色螢光蛋白在他的青蛙胚胎中作用。於是我們開始在繁重的日常工作中一起進行研究，這常常讓我從早忙到晚。

　　我的生活被切成兩半，白天在馬丁・埃文斯的實驗室研究小鼠細胞及胚胎，晚上在約翰・格登的實驗室研究青蛙細胞

生命之舞

及胚胎。兩個研究計畫有個一致的目標：找出為細胞上色的方法，而且此方法不能阻礙胚胎正常發育，還要具有標記作用，能夠揭開這些細胞所分裂後代的命運，以及胚胎細胞如何分裂成各種細胞的方式。

我很幸運地可以在劍橋與許多優秀的科學家一同進行研究。我遇見喬納森‧派因斯（Jon Pines）與吉姆‧哈斯洛夫（Jim Haseloff），他們正試著經由引發綠色螢光蛋白基因某區的突變（已知此區會影響螢光消退的速度），來讓此蛋白的作用更具有彈性。我記得自己在喬納森的實驗室中，花費許多時間討論如何克服最近遇到的挫折，以及向他學習如何剪下及拼接DNA。我們最後終於弄出了一個可以在哺乳動物較高溫體內運作的綠色螢光蛋白。當我把這種綠色螢光蛋白注入小鼠胚胎細胞時，它們發出綠色螢光。喬納森以我的名字將此蛋白命名為瑪格達修飾綠色螢光蛋白（Magda-modified GFP），在論文中簡稱為MmGFP。其實這應該要命名為吉姆與喬納森修飾綠色螢光蛋白（Jim-and-Jon-modified GFP），簡稱JJmGFP。

在我做完馬丁實驗室的小鼠胚胎實驗工作後，我大部分的同事都已經回家去，而我則會下樓到約翰的實驗室，分析他親自注入各種綠色螢光蛋白版本的青蛙胚胎（我們正在進行測試）。約翰那時是劍橋莫德林學院（Magdalene College）的院長，所以他會在晚上六點半離開實驗室，去主持高桌*晚宴。

當約翰坐下來與學院同事進行正式晚宴時，我就會使用共軛焦顯微鏡來分析他的青蛙胚胎。共軛焦顯微鏡可在特定焦平面收集來自樣本的光線，以強化解析度。這是我們研究所擁有的第一台這類顯微鏡，使用者絡繹不絕，所以我會預約晚上的使用時間，因為晚上的使用需求會下降。當約翰在晚宴後回到實驗室時，他會到共軛焦顯微鏡研究室來看看我的成果。他有時會身穿紅色長袍並繫上黑領帶，有時則是繫上大大的紅領結。由於他有一頭紅髮，這樣的衣著讓他看起來像是來自其他星球的外星人。

　　我們像這樣合作好幾個月。我們相處愉快，即使我們過去的人生經歷非常不同。約翰出身高貴，曾就讀於伊頓公學，而我雖然出身波蘭貴族家庭，但我的家人在二戰中失去一切，我也只在共產國家中的公立學校受教育，在那裡每個人都被一視同仁，沒有財富也沒有任何特權。約翰不僅友善且思慮周密，作風也大膽。有天早上，他開著紅色跑車帶我去看英格蘭的春日美景，然後我發現自己就走在植物園中由迷人風信子所鋪成的地毯上。有一次則是我說服他去看一部我前一晚看得非常享受的電影。我想他為了釋出善意，就去看了那部電影。他後來也承認這是他生平第一次到電影院去看電影。我們都覺得好笑，這只是我們之間有多麼不同的其中一個例子而已。但我們對彼此的生活都覺得有趣，也變成了朋友。當我回想起那些年，我明白是約翰在引導我。他就像是個父親，在某些情況下

---

* 譯註：High Table，指提供給學院的院士及其客人使用的飯桌。這些桌子通常放置在高出地板的台子上，位於正餐大廳的盡頭。

會跳出來阻止我，避免我犯錯，也會幫助我做出困難的決定，無論是科學上還是個人生活中的決定。我個人相當感性，就如俗諺說的：「要征服波蘭人，靠的不是威脅而是衷心。」而約翰則非常理性。[7]我們之間的討論有時會停不下來，因為我們都在試著了解對方。

雖然我白天的工作是使用綠色螢光蛋白來研究小鼠的發育，但我在劍橋初次有確切的進展卻是在夜晚面對青蛙胚胎時發生的。這算是不同於日常工作內容的特別安排，約翰會在青蛙細胞中注入相關基因的合成訊息，以此向我展示要如何植入綠色螢光蛋白。他的個人指導對我的幫助極大。研究胚胎學需要大量的技術與技巧。親眼看見如何（在較大的青蛙細胞中）執行技巧，比從枯燥的學術論文中推敲出過程要來得好上許多，因為論文中往往缺少了重要的細節。

我們最終取得了可以運作的綠色螢光標記，並用其來揭開青蛙的肌肉是如何發育的。約翰對此很感興趣，並（在他於大學禮拜堂服務的期間）用鉛筆隨手寫下關於我們研究結果的詳細大綱，而這項成果也為後續在哺乳動物體中成功使用修飾綠色螢光蛋白鋪路。

這似乎是個適合我們揭開複製青蛙這項奇蹟的背景，這項奇蹟充滿了詳細且新穎的發育資訊。由於我習慣了波蘭人撰寫科學

---

7. Stefan Wyszyński, Polish prelate of the Roman Catholic Church, September 26, 1982, https://en.wikiquote.org/wiki/Poland.

成果的悠閒步調，所以對於約翰想要趕在他人之前送出論文的要求深感困擾。如同他對我說：「說到科學發現，人們眼裡只有第一篇論文，沒有第二篇。」就像拿到一份季節禮物那般，我們的論文最終於 1996 年聖誕節在《發育》期刊（*Development*）上發表。[8]這也代表我們的實驗合作就此劃上句點，不過我們的友誼依然持續著。

接著就是我們成功將同樣的綠色螢光蛋白標記運用到我的小鼠胚胎上，不過我並不知道，那時已經有人完成了在哺乳動物細胞中使用綠色螢光蛋白的這項壯舉。[9]不過他們並沒有用在卵子或胚胎上，這或許是馬丁與我都不曉得有這項研究的原因。

喬納森・派因斯是第一個教我如何改進科學論文寫作的人。我們共同撰寫的首篇論文提到我們如何運用 MmGFP 追蹤小鼠活體細胞的方法，這篇論文發表於 1997 年的《發育》，這也是刊登我與約翰・格登青蛙胚胎研究論文的同一本期刊。[10]所以一點也不意外地，《發育》成了我最愛的期刊。

8. M. Zernicka-Goetz, J. Pines, K. Ryan, K. R. Siemering, J. Haseloff, M. J. Evans, and J. B. Gurdon, "An Indelible Lineage Marker for Xenopus Using a Mutated Green Fluorescent Protein," *Development* 122 (1996): 3719–3724, dev.biologists.org/content/122/12/3719.
9. Rosario Rizzuto, Marisa Brini, Paolo Pizzo, Marta Murgia, and Tullo Pozzan, "Chimeric Green Fluorescent Protein as a Tool for Visualizing Subcellular Organelles in Living Cells," *Current Biology* 5 (1995): 635–642, doi.org/10.1016/S0960-9822(95)00128-X; S. R. Kain, M. Adams, A. Kondepudi, T. T. Yang, W. W. Ward, and P. Kitts, "Green Fluorescent Protein as a Reporter of Gene Expression and Protein Localization," *Biotechniques* 19, no. 4 (1995): 650–655.
10. M. Zernicka-Goetz, J. Pines, S. McLean Hunter, J. P. Dixon, K. R. Siemering, J. Haseloff, and M. J. Evans, "Following Cell Fate in the Living Mouse Embryo," *Development* 124 (1997): 1133–1137.

但這篇論文並沒有完整提到我所發現的一切。首批有關活體胚胎細胞追蹤的研究既驚人也讓人感到不安。當我隨機在兩細胞或四細胞胚胎時期標記細胞時，追蹤的結果顯示細胞表現得不像它們全都是一模一樣的。這違反了當時的教條，當時認為首批胚胎細胞的「心智」應該是一模一樣且完全空白的。我打安全牌，所以把這部分的觀察結果從我們投稿的論文中拿掉，內容著重在描寫新的追蹤技術。

　　但我無法停止思考這個意外結果，也跟約翰進行了討論。若在兩細胞胚胎時期的那兩個細胞，還有在四細胞胚胎時期的那四個細胞，彼此都是一模一樣的話，那麼它們對於胚胎後續不同部位的貢獻應該就要是隨機的。我的導師塔科夫斯基對於自己1959年所進行的卓越實驗就是這樣解讀的。但這似乎無法解釋我所獲得的實驗結果。

　　然後，我有了一個發現，這是在解讀早期研究結果時常會被忽略的地方。若你將兩細胞胚胎中的那兩個細胞分開，似乎只有一個細胞會發育成完整的小鼠。包括安‧麥克拉倫（Anne McLaren）與金妮‧帕帕約安努（Ginny Papaioannou）這些頂尖發育生物家（我後續會再提到她們）在內的許多研究學者，都試過要讓這兩個細胞長成兩隻小鼠，但這些實驗都失敗了或是成功率極低。我們都覺得這是技術問題，不曾認為問題出在這些早期細胞之間的差異。但會不會真的就是這裡出了問題呢？會不會兩細胞胚胎中的一個細胞真的是全能細胞，可以形成胎兒與胎盤，而另一個就不行呢？如果真是如此，研究這些細胞可以讓我們首次了解細胞的全能性，以及細胞會在何時以何種方式失去全能性。

　　我要再次強調，這個作用不是那麼篤定的。它當然不是，因為胚胎具有彈性：我的世系追蹤研究揭開的是一種偏好，只是輕輕地將發育往某個方向推動，而不是一個決定性的過程。更麻煩的是，這個偏好不會明顯出現在每一個胚胎中。不過它出現在大多數胚胎中的這項事實，代表這不是隨機事件。跟我心中的科學英雄圖靈一樣，我開始著迷於所謂的打破對稱性，著迷於打破早期胚胎的對稱性。如果你在那時碰到我，你會發現我腦袋中想的幾乎全都是打破對稱性。

極體

　　小鼠胚胎在早期可能就失去完美的對稱性，然而回頭來看看，讓人不解的是，阻擋前述這種想法的竟然是，剛受精的卵子就已經出現少許的不對稱性了。這跟受精卵的成長史有關，也就是與受精卵成熟的方式有關。每個受精卵都有兩個附著其上的小細胞，一個出現在受精之前，一個出現在受精之後。這些細胞是一種名為減數分裂（meiotic division）的特殊細胞分裂所出現的產物。這些小細胞在傳統上用於分辨卵子的不同端點，也就是所謂的動物極與植物極，這些小細胞反映了植物極富含卵黃與動物極包含DNA所在細胞核的方式。在動物極的小細胞曾一度被稱為定向體（directional body），這個名字也意味著它代表著受精卵開始進行首次分裂的位置。這些不起眼的細胞就是今日所謂的極體。[11]

這些小細胞之所以會誕生，是因應開始新生命個體的需求，新個體需要從父母那裡取得等量的DNA。我們每個人都是由來自父母的DNA混合而成，這些DNA包裹在我們細胞裡的23對染色體中。為了標明這種成對性，所以我們的細胞就被稱為「二倍體」（diploid），這些細胞每天都會經由所謂的有絲分裂（mitosis）進行複製，在做為分子馬達的蛋白質幫助下，染色體會被複製，並被分配在兩個子細胞中。但精子與卵子要結合DNA產生新生命，因此所需的程序就不同了，它們只能帶有正常染色體數量的一半，這樣它們在受精卵中才能結合創造出正常的46個（23對）染色體。

為了替新生命鋪路，創造精子與卵子的細胞要先失去一套染色體，變成所謂的「單倍體」（haploid）細胞，也就是細胞中只有23個染色體而不是23對染色體。這個過程稱為減數分裂（meiosis），其會先經歷染色體的複製，再經兩次的細胞減數分裂。這會產生四個單倍體細胞，每個細胞的DNA數量皆是

---

11. Samuel Schmerler and Gary M. Wessel, "Polar Bodies—More a Lack of Understanding than a Lack of Respect," *Molecular Reproduction and Development* 78, no. 1 (2010): 3–8, doi:10.1002/mrd.21266.

正常細胞的一半。在男性體內，所有的單倍體都會形成具有功能的精子。

　　但減數分裂在女性體內就不一樣了，這是不同性別之間的另一個不對稱性，這也反映出卵子的重要性，它們是由出生前就儲存在卵巢中的前驅細胞「卵母細胞」所發育而出的。當每個卵子成熟時，它也會經歷兩次減數分裂，但這兩次減數分裂皆高度不對稱，其中一個細胞（卵子）會維持原來的大小，而另一個被遺棄的細胞就會變小，那就是所謂的極體。

　　卵母細胞帶著23對染色體進入第一次減數分裂，這些染色體中的DNA已經複製而且來自親代染色體中的DNA也已經發生交換。在第一次減數分裂的過程中，成對的染色體會分離，形成初級卵母細胞與第一個極體。複製的DNA鏈就是所謂的染色分體（chromatids），每個染色分體都是兩個相同複製染色體中的一半所組成。在第二次減數分裂中，複製的染色分體會再度分離，形成次級卵母細胞與另一個極體。所以經過兩次減數分裂後，會產生兩個極體（先產生的極體會退化）與一個含有23個染色分體的卵子。

　　總而言之，雌性減數分裂會產生一個卵子（與兩個極體），而雄性減數分裂則會產生四個精子。精子會將它的23個染色分體與卵子的23個染色分體配對，並隨著胚胎發育，它們將一起經歷DNA複製與細胞有絲分裂的循環。

　　極體的命運就不一樣了。第一個極體會脫離卵子並退化。

第二個極體仍會附著在卵子上，並在幾天的發育過程中藏身於卵「殼」也就是透明帶（the zona pellucida）中存活下來。

第二個極體的作用極大。它可做為卵子的替代品進行採樣診斷，這有助於檢查出卵子及極體染色體都會出現的異常，這常見於年長女性。[12]

第二個極體也提供了導航的作用。我們在研究中可以把它當做是卵子某部分的標記，用以探索胚胎中的細胞是否真是一樣的。

困難的選擇

當我為期兩年的獎助金要結束時，我計畫回到華沙。那時，我已經在劍橋結交了一輩子的朋友。其中一位是彼得・勞倫斯（Peter Lawrence），他是我的科學精神伴侶，他在果蠅的胚胎結構形成與極性上進行了開創性的研究。彼得就像我的父親那般。而我從事細胞分裂研究並協助我使用綠色螢光蛋白的同事喬納森，則成了我最好的朋友。他們以及約翰・格登與馬丁・埃文斯，讓我下定決心去考慮待在劍橋繼續進行我在小鼠胚胎上有關打破對稱性的研究。我的朋友們覺得我若回到塔

---

12. Y. Verlinsky, S. Rechitsky, J. Cieslak, V. Ivakhnenko, G. Wolf, A. Lifchez, B. Kaplan, J. Moise, J. Walle, M. White, N. Ginsberg, C. Strom, and A. Kuliev, "Preimplantation Diagnosis of Single Gene Disorders by Two-Step Oocyte Genetic Analysis Using First and Second Polar Body," *Biochemical and Molecular Medicine* 62 (1997): 182–187.

科夫斯基位於華沙的實驗室，我就得放棄在活體胚胎上追蹤細
胞了，因為那時大家所信奉的教條就是這些胚胎細胞都是一樣
的，而且它們的命運是隨機決定的，就算在最好的情況下，
這也會被當成是在浪費時間，而在最糟的情況下，還會被當
成異端。

　　約翰向我指出有三項獎助金可以支持我留在劍橋，而這三
項獎助金的競爭都很激烈。分散風險似乎是比較明智的選擇，
由於約翰認為這三項獎助金我都有資格申請，所以他也建議我
全部申請。

　　難以置信的是，我的運氣居然這麼好，1997 年那年，我
三項獎助金都申請到了。第一項是來自李斯特預防醫學研究
所（Lister Institute of Preventive Medicine）的獎助金，這讓我
能在劍橋大學開始組建自己的研究團隊。我當下的反應是大吃
一驚，因為我最初根本沒有受邀去面試，只是被列在候選名單
上而已，這表示我還不夠資格領獎助金。我那時持續工作，根
本就忘了自己有申請獎助金。

　　實驗室熬夜工作後的某天清晨，我睡得不醒人事。電話鈴
聲好不容易終於闖進了我的夢鄉。電話的另一頭是著名的胚胎
學家安・麥克拉倫，她告訴我有位李斯特獎助金得主放棄了，
所以我當天得去倫敦一趟，因為所有剩下的候選人都要接受面
試。雖然沒有準備，雖然前一天盯著顯微鏡看整晚讓我精疲力
竭，但我的面試恰好就在我有了第一個正向實驗結果之後，這

生命之舞

個結果顯示，我可以運用綠色螢光蛋白，成功追蹤細胞著床之前、甚至是著床之後的命運。也許是因為綠色螢光蛋白的成功讓我毫不掩飾自己的興奮之情，幫助我贏得了他們的支持。

我的第二項獎助金要面對的是劍橋大學西德尼‧蘇塞克斯學院（Sidney Sussex College）的委員會，我記得自己熱心分享著想要第一個追蹤到小鼠胚胎細胞的那個夢想，當然還有我在想要做出一個能夠標記活體細胞的綠色螢光蛋白上所遇到的困境。我感覺到他們認為我的想法不切實際，因為那個時代才剛剛開始將綠色螢光蛋白應用在這方面。不過西德尼‧蘇塞克斯學院的院長，也就是神經科學家加百列‧霍恩（Gabriel Horn）喜歡我的研究計畫，最後他們給予我這項獎助金。這項獎助金為我提供了一個美好的社區與住所。我的第三項獎助金來自惠康基金會，這讓我有了一筆資金可以聘用首位助理以及購買第一台顯微鏡。能夠拿到三項獎助金，聽起來實在美好到讓人難以置信，但我真的拿到了。不過，現實情況卻更加棘手。

在完成所有面試後，我與格茨一同到波蘭塔特拉山健走度假。我必須在留在波蘭及回到劍橋之間做出選擇。這是個困難的決定。我很喜歡格茨，也喜歡我們與我們收養的貓咪霍奇一起生活的日子。但我的心思也被那些意外實驗結果所代表的意義所佔據。如果不是碰巧發生一件事，我也不曉得自己會怎麼決定：我那時好像受到一股強大力量所吸引——我在冷泉港（Cold Spring Harbor）研討會的晚餐時陷入了熱戀。這種不是來自科學上的影響力，讓我的思緒變得更為複雜，但也幫助我堅定與科學同在的立場。

當時我的人生中，還有一個在專業層面上我沒有意識到的複雜問題。就算我贏得三項獎助金，我還是無法運作我的團隊。當時研究所內沒有釋出任何正式的職缺。而且，即使我被認定有能力可以成為團隊領導者，也沒有地方收容我的團隊甚至是顯微鏡，所內沒有閒置空間。約翰對此非常關心，他覺得第一次接觸到辦公室政治的我可能因此對科學氣餒。

馬丁與約翰最後在格登研究所的一間顯微鏡室找到小小的空間，讓我可以繼續進行我的實驗，但由於反對聲浪（我不算是個「適當的團隊領導者」），我們最後撤出我的顯微鏡。當下至少可以說是陷入困境了。我想要離開，當牛津大學提供我機會在那裡開始組建我自己的團隊時，我差點就要過去了。

但我的命運再度改變，我被安・麥克拉倫「收留」了。安讓我共用她在格登研究所的辦公室與小小的實驗室，甚至把自己家裡的鑰匙留給我，讓我可以招待我的客人。身為皇家學會外事秘書以及英國納菲爾德生物倫理委員會（the Nuffield Council on Bioethics）成員的她，經常要出差進行遊說，好讓科學家們可以從事人類胚胎上的研究，因此我就協助她運作實驗室。

回首過去，我後悔我們無法常常見到對方。我那時太年輕，無法完全了解到她不會一直在我的身邊，當然，我那時還未從事任何有關人類胚胎的實驗，也沒有關注這方面的研究，所以我對於她在人類胚胎學爭論中是個具有影響力的人物一事，只有模糊的印象。我之後還會再提到安的傳奇故事。

2007 年，安在參加羅傑‧彼得森（Roger Pedersen）婚禮後的返家途中，死於一場車禍。彼得森是幹細胞研究領域中的一位重要人士，他曾與我及莉茲‧溫特（Liz Winter）一同進行研究，而隨著時間過去，溫特與我私下也成了朋友。安是個協助改變人類生育過程的重要人士，她的死標記著這樣的一條生命最終遇到的悲慘結局。安即使在年幼時也具有影響力，她曾演出改編自赫伯特‧喬治‧威爾斯（H. G. Wells）小說的 1936 年英國科幻電影《未來事物的形態》（*The Shape of Things to Come*）。身為發育生物學家，她跟隨塔科夫斯基的腳步，將胚胎混合成嵌合體。她領導著一個醫學研究理事會的單位，並開創了後來會發展成為體外受精（IVF）的生殖技術。她的研究顯示，在試管中培養的小鼠胚胎，在被植入代理孕母的子宮後，是可以發育成小鼠的。

安天生就是個溝通能手，在琢磨與發展大眾可接受的英國生殖科學公共政策的辯論上，做出了巨大的貢獻。在她過世那時，她已向歐洲議會提出關於新技術對於社會與道德所造成影響上的建議。正如她向來所樂於表達的，她對於「有關一代到下一代之間的每件事物」都很感興趣。[13]

---

13. John Biggers, "Obituary: Dame Anne McLaren," *Guardian*, July 10, 2007, www.theguardian.com/science/2007/jul/10/uk.obituaries.

　　安的觀點在二戰之前就已成形，當時對於共產主義有一派
支持的聲浪，她甚至曾是英國共產黨的成員。[14] 我想她若是知
道我接續進行了人類胚胎的實驗，必會感到欣慰。要了解人類
發育，這類研究是很重要的，希望我們有一天能夠協助處理發
育缺陷與流產等問題。即使在我認識安那時，我從未想過要研
究人類胚胎發育，但一想到她所留下的一切對於我的研究有多
重要，就覺得很美好。

著床後的首次嘗試

　　在我的人生發生了所有這一切事情後，我開始想著，若早
期胚胎中的細胞與它們在囊胚期的命運確實有關，當真正的身
體體制在細胞著床後開始進行時，這些細胞會變成什麼樣子？
這是個相當大的問題，要找出答案也不簡單。為了能再多了解
一點，我們需要標記囊胚中的小小細胞，追蹤它們的後代細
胞，直到進行原腸化（gastrulation）為止，原腸化是所有動物
發育的關鍵時刻，這時細胞會重新排列並轉變成動物將會長成
的模樣。正如同發育生物學家路易斯‧沃派特（Lewis Wolpert）
所說過的：「生命中真正最重要的事件，不是出生、結婚與死
亡，而是原腸化。」[15]

---

14. "Dame Anne McLaren," University of Cambridge Department of Zoology, accessed April 4, 2019, www.zoo.cam.ac.uk/alumni/biographies-of-zoologists/dame-anne-mclaren.

問題在於馬丁的實驗室中沒有適當的設備可以將綠色螢光蛋白放入這麼小的細胞中。受精卵的直徑為0.009公分，而囊胚細胞只有0.001公分左右。我們不能用針插進細胞，只能改變細胞膜上的電位來讓綠色螢光蛋白進入，這樣細胞才不會受損。為了研究囊胚在發育時的圖樣結構，我連絡了牛津的理查·加德納，他不但跟我們有類似的想法，他還有適用的技術與設備。

我會帶著裝有乾冰的白色大箱子，搭乘公車在兩個大學城之間來回穿梭，單趟要花上三小時。箱子裡頭的乾冰是用來冷卻修飾綠色螢光蛋白的mRNA，因為mRNA非常不穩定，所以要保存在低溫中。一旦抵達理查的實驗室，他會將MmGFP注射到囊胚細胞中進行標記，他能夠精確地選出位在囊胚對稱軸其中一端的細胞，這裡就是第二極體所標記出的動物極，也就是理查發現卵子與囊胚間有著持續性關係的那條連結。[16]

一旦囊胚被標記，理查就將它們移植到代理孕母中，讓這些細胞可以發育，最終在幾天後再從代理孕母那裡將它們取回。接著我會帶著這些胚胎回到劍橋，使用共軛焦顯微鏡觀察MmGFP所標記的細胞在進入原腸化的過程時，最終與胚胎本身前後軸有關的相對位置。

在小心製造出數十個經標記的胚胎後，得到的結果令人失

15. Lewis Wolpert, *Triumph of the Embryo* (Oxford, UK: Oxford University Press, 1991), 12.
16. R. L. Gardner, "The Early Blastocyst Is Bilaterally Symmetrical and Its Axis of Symmetry Is Aligned with the Animal- Vegetal Axis of the Zygote in the Mouse," *Development* 124 (1997): 289–301.

望。我的MmGFP無法有效運作：胚胎在囊胚期與原腸化時會快速成長，所以MmGFP會隨著胚胎細胞分裂而被稀釋。進入原腸化的階段時，已經沒有細胞會發出綠色螢光。理查與我都放棄了希望，不過還不到完全放棄。

　　我在猶他州的一場研討會上發表我首次的細胞追蹤結果時，碰巧遇到羅傑・彼得森，這是我第一次遇見他，而這也讓我再度回到這個問題上。羅傑喜歡我要追蹤細胞經歷整個著床階段的這個夢想，因為過去他曾在加州大學舊金山校區研究過細胞世系。他非常喜歡我的想法，所以從他實驗室提供了我所缺乏的設備，更驚人的是，他想要利用學術休假來到劍橋與我新組成的團隊一起進行研究。

　　我們經歷了多個禮拜的失敗，但我們最後終於成功了。秘訣在於進行標記的注射量要剛剛好，太少的話，在實驗終期（原腸化階段）就會被稀釋到看不見，太多的話，則對細胞負擔過重，會造成細胞死亡。最終，感謝恰到好處的金髮姑娘原則（the Goldilocks principle），我們得以看到被標記的細胞最後到哪裡去了。

　　實驗結果不太容易解釋，因為被標記細胞的後代數量眾多，也不會只往一個方向發展。這樣的實驗發現很容易就會被解讀成細胞是隨機成長的，然後研究人員就會停手不再找尋更多證據。但我們決定持續下去。此時，彼得森對此研究計畫又做出了另一番重大貢獻。他說服了當時在加州大學舊金山校區任職的羅伯塔‧韋伯（Roberta Weber），加入我的實驗室擔任技術員。

即使有適當的設備與羅伯塔的幫忙，還是花了超過一年的時間才製造出足量的被標記胚胎，來釐清在著床後囊胚極性與胚胎極性之間的關係。它們之間不是決定性的關係，一直以來都是這樣，不過這依然提供給我們大量的訊息。我與彼得森共同撰寫了一篇論文，這篇在1999年發表的論文一樣登刊在《發育》上。[17]這個研究結果進一步支持了我的假設：在胚胎發育過程中，打破對稱性的根源可能比預期的更早開始。

胚胎藝術

我現在說話依然帶有波蘭腔調，我想約翰‧格登覺得這很有趣，所以他請我不要改掉自己的腔調。因為我的讀寫障礙，所以我想要適度掌握英文需要時間。或許這就是為何我依然喜歡探索從繪畫、攝影到設計、戲劇及電影等眾多藝術領域的原因。在我的研究中，這種藝術性的思考方式，就是運用各種細胞上色的方式來理解細胞在胚胎中所形成的複雜圖樣結構，甚至用於理解從幹細胞創造出的類胚胎結構。

對我而言，這樣的藝術很強大，不是因為它創造出驚人的

---

17. R. J. Weber, R. A. Pedersen, F. Wianny, M. J. Evans, and M. Zernicka-Goetz, "Polarity of the Mouse Embryo Is Anticipated Before Implantation," *Development* 126 (1999): 5591–5598.

圖樣，而是它為生命帶來新想法及揭開許多胚胎發育細節的方式，它將分子層級的事件轉化成肉眼可見的鮮明色彩。

　　我與研究團隊一起琢磨出的標記與移動細胞藝術，改變了我對生命之舞的看法。但就像我說的，當我發現四細胞胚胎中的細胞或甚至是兩細胞胚胎中的細胞並不是（像教科書中所說的）一模一樣時，還有許多事情仍待努力才能說服我自己這是真的，甚至若是想要改變我同事的看法，還要更加努力才行。我必須要將我們的研究與胚胎藝術發揮到極致。

打破對稱性

4

任何新生命的故事都是成長、發育與蛻變的故事。受精卵具有非凡的能力可以分裂成眾多細胞，而這些細胞能自我建構成獨特的物質結構，也就是「胚胎」，隨著時間過去，胚胎就會形成人體。早期胚胎中的某些細胞是以什麼樣的方式與鄰近細胞產生差異，讓這些細胞形成身體，而另一些細胞形成胎盤呢？答案就是打破對稱性。

當發育中胚胎的對稱性被打破時，細胞會做出選擇：某個細胞開始以某種方式發育，別的細胞則以其他方式發育。為什麼會這樣？早期胚胎中的哪一個細胞會發育成胚盤？哪一個細胞會走上形成胎兒本體之路？人類胚胎含有卵黃囊，可以供給胎兒養份，那麼哪一個細胞會成長為卵黃囊，讓胚胎在其中生長呢？這全都是在胚胎著床的那一刻所做出的決定。每一個決定都需要一個打破對稱性的事件。

後續還有更多打破對稱性的事件。舉例來說，胚胎中哪一個細胞會發育成頭部，哪一個又會發育成心臟呢？哪邊要變成上面，哪邊要變成下面呢？哪裡要成為左邊，哪裡又要成為右邊呢？又是什麼造成了前後的區分呢？打破胚胎的對稱性是早期生命中最具影響力的過程之一，也是創建身體體制的核心。無論如何，我的研究絕大部分都在致力於了解，隨著新生命的展開，胚胎是於何時以何種方法打破它的對稱性。我覺得這是很神奇的一件事。

與他人的合作與夥伴關係，協助我完成了這項偉大的任務。接近千禧年時，來自波蘭的卡羅琳娜·皮奧特羅斯卡（Karolina Piotrowska）以博士後研究員的身份加入了我的團隊。卡羅琳娜具有非凡的天賦，她在胚胎實驗中，擁有著跟胚胎同等重要的「綠手指」——英國人會稱手巧的園丁擁有「綠手指」，而她的手也在進行胚胎實驗時因綠色螢光蛋白的關係而閃閃發光。要完成一系列複雜的實驗，需要一雙輕柔靈巧的手。卡羅琳娜就擁有這樣的巧手，而且當這些繁瑣的實驗不時出錯時，她也能以正確的心態來面對。

大多數的研究生原先都只有在課堂中接受填鴨式教育，當他們來到實驗室中進行真正的科學研究時才會感受到震撼教育。在實驗室中，擁有一雙巧手很重要，也必須學習新的技能。許多人都驚訝地發現到，專門設計來確定新事實與檢測新想法的新實驗，大都進行得不太順利，至少當下都是這樣，想要讓所有條件都剛好符合需要具備耐心。研究中出現失敗的情況是司空見慣之事了。我們必須從每次失敗中記取教訓，才有辦法繼續前進。卡羅琳娜恰到好處地結合了耐心、毅力與決心,並在實驗沒有任何有效產出時保持樂觀,繼續努力,直到她確信實驗能夠良好執行為止。所有這些控管都顯示了這樣的實驗結果不是刻意的人為產物,而是可信的結果。

我們對共同進行的研究所產生的見解,促成了我們第一篇在《自然》上發表的論文。由於《自然》是一本享譽全球的期刊,所以這也是我團隊的研究第一次真正受到同領域人士的關注。我們的研究確實引起了轟動,卻不是我想要的方式。

對稱性成了一場可怕爭論的焦點。若從科學的角度回首過去那段時間,那可能是我科學生涯中最艱困的時刻了,而且似乎一直持續下去。約翰·格登給了我重要的友誼與支持,他當時還提醒我說,若我們發現某個真的很重要的東西,但它與當時的教條相違背,那麼可能就需要花上 10 年的時間,才能讓其他研究團隊確認與接受,甚至還要再花 10 年的時間才能獲得他人的欣賞。在理解對稱性微妙之處的這條長期抗戰之路上,我將飽受折磨。這個事件將會深深地壓迫我好些年。

受精

在卡羅琳娜來到劍橋後,我們開始研究一切的起源,也就是精子與卵子相遇的那一刻,這算是胚胎發育的大霹靂時期。卵子不是一般的細胞,它充滿了獨一無二並可以創造出新生命的潛力。它還是一個可以成長與分裂到創造、記錄並改變歷史的細胞。

在生命翩翩起舞之際,近似球形的受精卵在分裂與變形時會經歷劇烈的變化。當早期胚胎裡發育中細胞的一端聚集了一組特定的蛋白質(我之前所提到的PAR蛋白質)時,這組蛋白質就會讓這一端與另一端出現差異,而這些細胞正在經歷的就是極化。當胚胎著床在母體上時,不同命運的細胞會發育形成最初三個明顯不同的組織。胚胎中會有新軸形成,例如沿著前後(頭尾)、腹背與左右三個維度且相互垂直的軸。在我們進行此研究近乎20年後,我們對於這些細胞是如何決定它們的命運、這些軸是如何定下、這些關鍵變化的早期徵兆是什麼與它們是如何形塑我們未來的命運,還是驚人地知之甚少。

生命故事中的某些元素可能要比一般所知的還要具有對稱性。如果你讀過舊版的生物著作,你可能會印象深刻地認為,卵子就是一位驕傲的公主坐等著精子來進行受精,在此同時,大量充滿活力且具有男子氣概的精子,爭先恐後地在這場細胞等級的婚姻中爭奪卵子的垂愛。

但就像精子經歷考驗的翻版,要有機會成為被受精的卵子,卵子本身也必須先與其他卵子競爭。當女嬰誕生時,所有在她生育年齡會被釋出的卵子,都已經存放在她的卵巢中了。這樣的卵子細胞大約有40萬個。其中一些卵子可能過了40年都還不會成熟,還有一些會退化永遠都不會成熟。卵子們會一直處於休眠狀態，直到排卵前，其中一顆卵子會贏得生命的頭獎，並隨著卵巢中充滿液體的結構爆開而釋出。

　　第一支生命之舞的其他方面就要比大眾所知的更沒有對稱性了。許多人可能會認為精子與卵子在創造新生命上是同等重要的夥伴，因為在貢獻父母基因的這件事上，它們有著同等的重要性。但創造新生命這件事，對於人類卵子這個具有潛力、轉換力與改變力的動力裝置而言，其實是巨大的傷害。

巨大的卵子與微小的精子

　　卵子是個巨大的生化世界，獨一無二的具備了DNA、RNA與蛋白質，還有稱為粒線體的動力來源，以及眾多其他胞器。卵子甚至有「殼」，這是種用來篩選精子的智慧型保護屏障，也就是所謂的透明帶。

　　雖然卵子是人體中最大的細胞，但其實只有0.01公分，肉眼也看不見。不過，儘管如此，卵子還是個經歷百萬年琢磨而成的神奇創造機器，可以將來自父親與母親的基因結合形成新個體。

　　卵子在受精後會熱烈地活動起來。卵子會解開精子DNA的分子標籤，這個標籤就是所謂的甲基，可用來控制哪個基因要打開、哪個要關閉。這類甲基化的結構，也就是所謂的表觀遺傳修飾（epigenetic modifications），是為何身體內所有細胞擁

有同樣的基因組，卻會有肌肉細胞及神經細胞等差異的原因之
一。分子標籤確保細胞中的交響樂團只會演奏某些「音」，每
一個音就是一個負責製造某種蛋白質的基因。將標籤移除，這
個發育的時鐘就會歸零。之後再經由確立新音調（也就是表觀
遺傳結構），早期胚胎就有潛力創造出任何一種身體細胞。

　　卵子所含有的胞器是如此強大，所以將成人的細胞核放入
卵子中就可以成長一個新的個體。卵子會像計時器那樣作用，
將細胞核DNA在一生中所經歷過化學修飾的紀錄都移除掉，並
將其回復到胚胎狀態。就是這個特性讓約翰‧格登得以複製青
蛙，還有讓蘇格蘭羅斯林研究所（Roslin Institute）伊恩‧威爾
穆特（Ian Wilmut）所領導的研究團隊能將成年羊隻的乳房細胞
變成複製羊桃莉。

　　人類精子的活動力更強。它們具有會因動力蛋白（dynein）
活動而波動起伏的尾巴。動力蛋白與其他蛋白一樣，具有排列
成片狀、螺旋狀或是其他複雜形狀的胺基酸序列。在精子中，
動力蛋白會形成一種分子馬達，這種馬達跟車子的引擎一樣，
能將化學能轉換成動能。這就是精子會擺動的原因。

　　雖然精子會賣弄擺動，但它在其他方面就不太起眼了，它
是最小的人體細胞，只有卵子的五十分之一。人類精子的尺寸
小到特別讓人失望。果蠅在產生精子時，細胞會像一團絲線那
般的纏繞起來，若將絲線解開，差不多會有6公分長，這比雄
果蠅全身體長的20倍都還要長。[1] 人類精子的尺寸只有0.005

公分。它們的組成結構不過是捆在動力蛋白這個分子馬達上的
DNA軟體，還有以更古老基因物質RNA形式存在的補充分子
密碼及中心粒。中心粒是協助建構紡錘形纖維骨架的微小體，
細胞在受精後進行分裂時，就是在纖維骨架上進行染色體分離
的。

　　在DNA指示開始製造新個體之前，這些RNA指示會先湧
入受精卵中，有點像是電腦在上傳它的作業系統，而這種方式
會影響並改變下一代。以感受到壓力的小鼠為例，當小鼠精子
中眾多不同種類的小型RNA群之一增加時，就可能會改變下一
代小鼠成年個體的壓力反應。不僅如此，精子中的RNA還會受
到飲食影響，而改變下一代的基因調節，也會造成代謝問題。[2]

哪個時間點算是個體真正誕生的時刻

　　許多人認為新生命個體開始的時間點，就是精子與卵子相
遇的那一刻。若你認為父母的DNA要結合才能算是個新生命個
體，那這就還不完全是，因為在受精當下，父母基因結合的過

---

1. Scott Pitnick, Greg S. Spicer, and Therese A. Markow, "How Long Is a Giant Sperm?" *Nature* 375 (1995): 109.

2. V. Grandjean, S. Fourré, D. A. F. De Abreu, M.-A. Derieppe, J.-J. Remy, and M. Rassoulzadegan, "RNA-Mediated Paternal Heredity of Diet-Induced Obesity and Metabolic Disorders," *Scientific Reports* 5 (2015): 18193, doi:10.1038/srep18193; Q. Chen, M. Yan, Z. Cao, X. Li, Y. Zhang, J. Shi, G. H. Feng, H. Peng, X. Zhang, Y. Zhang, J. Qian, E. Duan, Q. Zhai, Q. Zhou, "Sperm tsRNAs Contribute to Intergenerational Inheritance of an Acquired Metabolic Disorder," *Science* 351 (2016): 397–400, doi:10.1126/science.aad7977.

程還沒有完成，不過在幾小時後細胞進行首次分裂時就是了。

在那之前，從父親與母親而來的DNA在位於兩個稱為原核仁（pronuclei）的結構中是分開的。精子的DNA與卵子的DNA都會往卵子的中心點移動。但直到兩公尺長的DNA分子聚集形成染色體這種束狀物，它們才算是結合了。染色體要移動，全靠微管組成的纖維，也就是所謂的紡錘體來進行。

被鎖在透明帶殼內的胚胎，開始經由分裂產生越來越多的細胞，先是分裂成兩個，再來四個，再來八個，如此這般持續下去。並非所有的子細胞都在同時間進行分裂。有些快一點，有些慢一點。

在分裂期間，胚胎不會成長。以這樣的方式，胚胎就可以暫緩尋找驅動成長所需的食物，直到胚胎具有多細胞結構並且可以將自身的一部分用於執行這份工作為止。在這個重要序幕拉開之際，胚胎會將資源投入建構新生命最重要的任務之一：讓自身細胞發育成三種不同的幹細胞，這三種幹細胞對於將在後續發育過程中萌芽的各種細胞至關重要。

第一組幹細胞「上胚層」（epiblast）看起來是最寶貴的幹細胞，因為它們會形成新的生物體，也就是胎兒本體。第二組幹細胞「滋養層」（trophectoderm）會形成胎盤，這是將胎兒與母體連結以獲取養份的器官。第三組是「原始內胚層」（primitive endoderm），這會形成一個囊袋，讓胎兒在其中成長。胚胎之所以會將較多資源投入能夠造成分化的打破對稱性事件中，而不是讓胚胎長大，是希望能夠延緩去尋找成長所需營養的這件事，直到胚胎能夠建構與貢獻出本身的特定區域來獲取食物為止。

從同一個受精卵中產生三種不同的幹細胞，是打破對稱性的關鍵時刻，也就是細胞分化的開始。在發育過程中的眾多時刻，還會不斷進行這類關於細胞命運的決定，最終在成人身體中，會有數百種不同的細胞，從事各式各樣不同的工作，以維持我們的生命，並讓我們擁有自己的模樣。

當我第一次驚喜瞥見打破對稱性的可能起源時，我驚訝地發現到這段歷程似乎很早就開始了，而這也為我運用綠色螢光蛋白追蹤細胞分化的研究鋪起了大道。卡羅琳娜與我想要進一步探索這個研究發現，所以我們提出了一個有關其終極源頭的簡單問題：精子進入卵子的位置是否對於胚胎一開始失去對稱性有任何影響？在線蟲與青蛙這類動物的胚胎中確實是這樣，但在哺乳動物（例如小鼠）的胚胎中也一樣嗎？

對稱藝術

當我們將生命的起源以動畫演繹出時，常常看到的影像就是精子設法進入沒有任何特徵的圓形卵子上，並融入其中。若情況是這樣的話，就很難看出精子進入卵子的位置是要如何對未來一切發育有所影響。在這個理想化的卵子上，任一處表面都與其他表面沒有任何差異。不過,當然還是存在有個參考指標,那個等同於「這邊是上面」的指標就是:極體。

極體是從減數分裂的不對稱過程中所產生,細胞「骨架」在這個過程中會聚集以協助細胞進行分裂。這個細胞骨架稱為紡錘體,它會從細胞中心點往細胞邊緣移動,產生出一個大大的卵子與一個小小的極體。我們可以合理認為,紡錘體與染色體的移動可能打破了卵子的對稱性,也造成了擠壓極體的發育。許多人的確注意到極體最終總是會落在受精卵進行分裂的那個平面上。理查·加德納這位我們之前見過的科學家,發現極體會附著在卵子上,它不只會確立受精卵首次分裂成兩個細胞的那個平面,它還會在幾天後確立出囊胚的對稱軸。[3]這項發現讓我們有所啟發。這真的是因為卵子中的軸向資訊會一直持續到囊胚階段,還是有其他的因素會影響胚胎發育的對稱性?在我們進行科學研究的過程中,我與卡羅琳娜在當下這個時間點想要知道的是,精子進入卵子的位置是否也會影響胚胎發育,並提供第二個定位線索。

就像在地表上某個地點跟北極的相對位置,可以定義所謂的經線,我與卡羅琳娜想要知道,精子進入卵子的位置是否也可以提供相對於極體位置的另一位置資訊。若真的是這樣,我

---

3. R. L. Gardner, "The Early Blastocyst Is Bilaterally Symmetrical and Its Axis of Symmetry Is Aligned with the Animal-Vegetal Axis of the Zygote in the Mouse," *Development* 124 (1997): 289–301.

們就能更精準確立進行首次分裂的那個平面。這感覺起來很合理，因為極體的形成與精子的進入位置都會重新排列之後會運用在卵子分裂上的細胞骨架。若不是這樣，分裂的那個平面與精子的進入位置之間就只有隨機的關係。

以現代科技來說，我們很容易就可以解決這個問題。我們可以將這個過程拍成影片，來看看從精子進入卵子後到後續細胞進行分裂的幾天之間究竟發生了什麼事。但在我們開始研究的那個年代，不存在這樣的選項。我們無法拍攝小鼠胚胎從受精開始進入發育的影片，要等到幾天後胚胎進入囊胚階段才行。我們只能想辦法去標記精子進入的位置，以便可以追蹤它與受精卵在數小時後首次分裂的那個平面之間的關係。

我一開始想著要用某種自然一點的東西，像是胚胎幹細胞這種非常微小的細胞，在卵子受精後馬上附著在精子進入點上，因為那時還可以看到進入點，但最後我有了更簡單的辦法：我們改用肉眼看不見的微小螢光珠。我們成功了，但我很後悔沒有給這些珠子取個像「微球體」這樣酷炫的科學名稱。當然，同領域人士不認同的不僅僅只是這些珠子要怎麼命名，但「珠子」這個名稱有種簡樸感，所以批評者會用這個名稱來貶低我們的研究，這就是我們得要付出的代價。

一開始很容易就能看到精子是從哪裡進入卵子的。它會留下一個名為受精錐（fertilization cone）的小小凸起。受精錐是由卵子的細胞骨架所建構，並由肌動蛋白的纖維所組成，它大約

生命之舞

會凸起半個小時。這時間剛好足夠嵌入一至兩個珠子來標記位置。我們將這些珠子浸到名為植物血凝素（phytohemagglutinin）的蛋白質混合物中，珠子就會具有黏性。植物血凝素常用於讓細胞聚集在一起。因為人的手不夠穩定，所以卡羅琳娜會以一隻機械手臂來拿取具有黏性的珠子，並將珠子放到卵子的表面上，同時還會以另一隻機械手臂牢牢固定住剛受精的卵子。

雖然珠子很小，直徑只有0.0001至0.0002公分，但在紫外線的照射下看起來大多了，亮綠色的點讓我們很容易就可以追蹤它的命運。觀察受精卵的發育時，我們發現珠子最終會來到細胞首次分裂所產生的兩個細胞之間的邊緣，或者是非常接近這個地方。

我們一直都在挑戰我們的思考與發現。上述情況有可能是任何落在卵子表面的珠子都會掉進分裂溝（cleavage furrow）中。所以為了確認，我們進行了一項對照實驗，卡羅琳娜將另一顆類似的珠子隨機放在卵子表面的其他地方。令我們欣慰的是，這顆珠子最終沒有掉進細胞分裂時所產生的分裂溝中。對我們而言，這表示精子進入卵子的位置以某種方式「被記住」了，並且成為受精卵偏好進行分裂的地點。換句話說，若我們是對的，受精卵之所以會在這個平面進行分裂，是因為偏好（biased）而非隨機（randomly）。

我們持續獲得了各種新發現。在胚胎從兩個細胞發育成四個細胞的階段中，帶有精子進入標記的那個細胞，會傾向於先進行分裂。這個細胞的命運之所以會改變，是因為精子帶入的物質滋養了它嗎？受精的三天後，精子進入標記會留置在囊胚兩部位之間的邊緣處，一個部位是含有會形成胚胎本體的胚胎部分，另一個則是胚外部分。這表示了，兩細胞胚胎內的其中一個細胞較容易發育成胚胎，另一個則傾向於變成胚外部分。我們感到震驚。我們觀察影像好幾個小時，甚至好幾天。我一開始根本不敢相信這些發現，所以我請卡羅琳娜一再重複進行實驗，打破早期對稱性的證據怎麼這麼簡單，會不會太簡單了？

可以理解地，對此感到懷疑的人士可能會吹毛求疵地表示，決定分裂平面的不是精子進入點，而是將珠子嵌在進入點的這個動作。為了驗證這個可能性，我們進行了許許多多的對照實驗，我之後會提到。我們已經確認過，將珠子放置在受精錐以外的任何一個地方，都不足以決定分裂的平面。但我們還有諸多其他事項要一而再、再而三的確認，因為我們必須很確定。

生命的數學

隨著生物學家（特別是我們實驗室的努力）開始揭開打破對稱性這項奇蹟的分子細節，數學家也將目光轉到了這個問題上。從單一形式中出現不同形式的最著名模型，可能就是半個世紀前由圖靈所提出的那一個。

即使圖靈最著名的研究是現代計算的基礎，而且他既不是生物學家也不是化學家，但他1952年在曼徹斯特大學任教時所發表的一篇論文，讓他在我的這個領域中產生巨大影響。〈形態發生的化學基礎〉這篇論文提供了生物如何規劃空間與時間的深入見解，而且據我所知，這是數學模型用於說明兩個擴散速率不同且相互作用的化學物質如何產生穩定結構的第一個例子，即便圖靈在一開始就強調：「這個模型太過簡化與理想化，所得結果會與現實不符。」[4]

　　圖靈推測名為形態發生素（morphogens）的物質會負責觸發細胞或組織沿著某一路徑發育。擁有他這種背景的人士，會對隨機變動如何驅動生物對稱性結構的出現這麼感興趣，相當令人驚訝。不過，有鑑於他的天份，這好像又不是那麼令人意外了。

　　圖靈在論文的第四單元中提到打破對稱性，他著重在囊胚這個發育階段，這也是我們實驗室20年來關注的焦點。但是，由於胚胎的理想化圖像是球形的，所以圖靈知道這會有問題。我們可能會預期，在這個掌控發育生化反應的球體上所進行的持續擴散，將會保留這種對稱性，所以最終都會形成圓形的斑塊。

　　圖靈所提出的基本問題就是纏繞在我心頭的那一個問題：

4. Alan M. Turing, "The Chemical Basis of Morphogenesis," *Philosophical Transactions of the Royal Society B* 237, no. 641 (1952), doi.org/10.1098/rstb.1952.0012.

打破對稱性的源頭是什麼？囊胚進行發育時需要打破對稱性，圖靈運用機械性比喻來假設打破對稱性的源頭就像是老鼠爬在單擺的桿子上那樣。由熱能所造成的微小變動，也就是布朗運動，會決定胚胎的命運，決定胚胎會走上哪一條路徑。就像丟錢幣最後會出現正面或反面一樣。這給了胚胎打破內在單一性的訊號。

　　圖靈在下一單元中，運用他的對稱想法來探討另一個問題：慣用左手與慣用右手的生物出現的頻率應該要相同，因為他的反應擴散理論所依據的物理與化學定律對於左右差異並沒有顯示出任何基本偏好。然而在生物學中卻展示了大量關於左右差異的證據，舉例來說，甚至今日還有人在思索，為何每個生物的DNA都是右旋型雙螺旋。[5] 圖靈承認，特定物種只有一種慣用手的情況，表示他的模型有問題。於是他想到了一個解答：打破對稱性可能受到胚胎形態發生素左右差異的影響。

　　以理想化的一圈細胞為例，圖靈的結構創造想法向我們展示了具有不同擴散速率且互相作用的兩個化學物質，可以產生固定的化學結構，也就是所謂的反應擴散理論。

　　其中一個化學物質是「活化因子」，這會自動催化並進入正回饋中。另一個化學物質是「抑制因子」，會壓制活化因子

5. J. M. Dreiling and T. J. Gay, "Chirally Sensitive Electron-Induced Molecular Breakup and the Vester-Ulbricht Hypothesis," *Physical Review Letters* 113, no. 11 (2014): 118103, doi:10.1103/PhysRevLett.113.118103.

的自動催化反應。這裡重要的是，它們必須具有不同的擴散速率，其中抑制因子會快些。實際上，這表示活化因子在自我放大時會聚集在斑塊上，而抑制因子則會避免另一個這樣的斑塊長得太過靠近。

圖靈這個重要見解的含義就是，若有數個擴散速率與顏色都不同的物質在液體中相互反應時，這些化學物質可以改變濃度以形成穩定的空間結構。

「擴散速率的不同會導致成分不均勻的分布」這個想法有點違反直覺，因為擴散通常會消除濃度差異。但圖靈的反應擴散設定不是這樣。至少在理論上，只有兩個分子的系統，只要以正確的方法擴散與相互化學作用，就會創造出斑點或條紋圖樣結構。

在處理完一圈細胞的理想例子後，圖靈回到囊胚這裡，開始思考球體上的化學波動。「在某種不是非常嚴謹的條件下……打破單一性的結構是具有軸對稱性的。」這可能「在許多情況下造成原腸化」，使得胚胎因此轉變成為三層結構，這部分我們之後會再討論。

圖靈向我們展示了無需運用生機論（vitalist）的原理就可以創造出自然界的圖樣結構。遺憾的是，圖靈無法更進一步發展他有關形態發生的開創性想法，因為他在發表此篇論文的兩年後就死於氰化物中毒。圖靈的理論提供了從斑馬到貝殼等等各種圖樣結構的可能解釋。[6]

在胚胎學的領域中，圖靈的結構生成構想數十年來都不被認可。生物學家對數學模型抱持著謹慎的態度，認為那只是粗糙的簡化模型，但目前不再如此。2006 年，研究學者發現到小鼠毛囊會受到某種活化與抑制程序的調控。[7]最近的研究顯示，圖靈系統這個結構生成器比過去所想的還要更有彈性。舉例來說，將蛋白質 Nodal 與蛋白質 Lefty 套入圖靈的機制中進行結構生成，可以產生出手指與腳趾。[8]在數位發展的領域中，這篇論文的出現即代表對圖靈的認可。

廚房的胚胎學

為了去了解早期胚胎打破對稱性的情況，我與卡羅琳娜需要更大的空間對我們拍攝的所有圖樣進行觀察比對並最終產生了解，這些圖樣就是精子進入卵子時發生在我們的標記與標籤上的一切。我在格登研究所的辦公室太小，難以展示這些已

6. R. T. Liu, S. S. Liaw, and P. K. Maini, "Two-Stage Turing Model for Generating Pigment Patterns on the Leopard and the Jaguar," *Physical Review E* 74 (2006): 011914, doi:10.1103/PhysRevE.74.011914.

7. Stefanie Sick, Stefan Reinker, Jens Timmer, and Thomas Schlake, "WNT and DKK Determine Hair Follicle Spacing through a Reaction-Diffusion Mechanism," *Science* 314 (2006): 1447–1450, doi:10.1126/science.1130088.

8. Xavier Diego, Lucaiao Marcon, Patrick Müller, and James Sharpe, "Key Features of Turing Systems Are Determined Purely by Network Topology," *Physical Review X* 8, no. 2 (2018): 021071, doi:10.1103/PhysRevX.8.021071; H. Hamada, "In Search of Turing in Vivo: Understanding Nodal and Lefty Behavior," *Developmental Cell* 22 (2012): 911–912, doi:10.1016/j.devcel.2012.05.003.

標記小鼠胚胎的圖樣，所以我們改放置在我於劍橋大學西德尼·蘇塞克斯學院的公寓木地板上。

到了周末，這些圖樣就會移到我與大衛·格洛弗（David Glover）剛買的新家。大衛在這一年從蘇格蘭搬到劍橋跟我在一起，同時也接任了第六任的阿瑟·貝爾福教授（Arthur Balfour Professor）與遺傳學系的主任。隔年4月1日，也就是2000年4月1日，他成為了我的丈夫。

大衛別無選擇，只能加入我一同研究我們的胚胎標記圖樣。這些圖樣相當漂亮，但最能觸動我們的是它所代表的含義。我父親來拜訪我時，最後也都是盯著這些胚胎圖樣看。或許就像大衛一樣，他也沒得選擇。在我家，廚房餐桌就是唯一一個擁有足夠的空間可以展示胚胎圖樣的地方，所以一旦我們用餐完畢，餐桌馬上就會成為展示桌。

我們在那時決定要進行更多的對照實驗。舉例來說，我們會量測極體與珠子間的距離。結果也令人感到安心，兩者間的距離維持一定，這就表示珠子與極體都沒有滑動。珠子很少會脫落。卡羅琳娜運用她的嵌入方法小心地將2至3顆珠子放置到受精卵的不同位置上，她發現它們的相對位置都是固定不變的。這給了我們信心，那些珠子（至少由卡羅琳娜放置在受精卵上的那些）可以讓我們記得精子進入的位置。

這些圖樣所訴說的故事令人感到不安。無論卡羅琳娜重新進行實驗幾次，我們得到的圖樣還是描述出同樣的故事：精子似乎對發育有意想不到的衝擊，不只是扮演提供父親DNA的角色而已。精子進入卵子的位置似乎可以用來預測胚胎未來的對稱性。當胚胎第一次分裂成兩個細胞時，精子進入點會與發生第一次分裂的平面對齊。一開始抱持懷疑態度的我，認為這可能只是因為珠子在分裂期間「流」進分裂溝所致。卡羅琳娜特意留在實驗室一整晚，以在胚胎分裂時追蹤情況，她發現完全不是這樣。

珠子有時會不偏不倚地落在分裂受精卵的兩半之間，但當珠子最後附著在兩個細胞中的一個時，被珠子標記的細胞通常會比另一個細胞更早分裂，也傾向於貢獻較多細胞給之後會形成胚胎本體的部分。

多年來我們所接收到的資訊都是，小鼠胚胎在兩細胞時期的那兩個細胞是一模一樣的。然而我們的精子進入點實驗挑戰了這個說法，也支持了我早期綠色螢光白的實驗發現。但有鑑於這與主流教條不同，所以我們需要進行更多的實驗來確認我們所看見的是事實。

我們努力不懈地進行研究，為了要進行某些實驗，我們得在實驗室待上一整晚，去注意每一個細節並隨時進行觀察。我與卡羅琳娜有張熬夜整晚進行實驗挑戰後站在學院庭園中的合照，她興奮得容光煥發，而我只能勉強擠出微笑，我很開心但也極度想要睡覺。雖然當時我們都還年輕，但那時我已經懷了我的第一個孩子娜塔莎（Natasha，依據托爾斯泰《戰爭與和平》中的娜塔莎來命名）。

若要繼續進行此項研究，我需要經費來支撐這些實驗以及我的團隊，還要購買附有攝影機的新型顯微鏡，讓我們能在睡覺時拍攝下胚胎發育的過程。我在這一年花費許多時間撰寫研究計畫，爭取惠康基金會的資深學者研究補助金。在進入這個補助金的最後面試階段時，我已經懷孕四個月了。我穿著讓人看不出懷孕的衣服，因為我認為這可能會降低我的機會。奇特的是，我在5年後會再次見到這個委員會。而且我那時又再一次地懷孕了，不過當下我並不知道，那是我懷賽門（Simon）的第二個月。

首次對早期胚胎進行上色

既然我們得到意外的實驗結果，我就想要試試看我們是否能夠運用非侵入性的方法來追蹤細胞的命運，以便獲得能夠支持這些實驗結果的證據。換句話說，就是不能將綠色螢光蛋白注入細胞內或是將珠子嵌在細胞上。我覺得這可以驗證我們的實驗結果是否正確，這很重要。理想的方法是拍攝胚胎分裂過程的影片，但在2000年那時，我們的技術還無法在不將胚胎移出培養箱也就是在不干擾胚胎的情況下，拍攝胚胎發育的過程好幾天。

有一天我在研究所的茶水間與尼克・布朗（Nick Brown）邊喝咖啡邊談起這個問題。我的同事尼克在研究細胞黏附（cell

adhesion）如何影響果蠅胚胎發育上，展現了一些驚人的成果。
尼克建議了一個簡單的替代方案。因為細胞膜是油性的，所以
何不試試可溶於細胞膜的油溶性染劑呢？

　　多好的一個主意啊。用滴管吸點染劑並輕輕按一下管頭，
染劑就會在細胞上染上可以在紫外線照射下閃閃發亮的螢光色
澤。我請卡羅琳娜試試看，結果成功了！

　　這些染色研究的實驗結果再次展現出同樣的圖樣，兩細胞
階段胚胎的其中一個細胞偏向於形成胚胎本體，另一個細胞則
偏向於形成胚胎外的支持結構。[9]雖然這不是絕對的，但就統計
學而言，這個偏好不可能是隨機產生的。

　　無論是標記精子進入點或是為細胞上色，都訴說著同樣的
故事：小鼠胚胎首批細胞的命運並非像過去長久以來所認為的
那樣，是完全隨機的。但這還要再進行許多年的研究，才能找
到在胚胎發育中造成這種微妙偏好的原因，這種微妙的偏好在
極為早期的階段就開始形塑胚胎的命運了。

鰻魚、青蛙與人類

　　根據主流說法，小鼠胚胎的發育應該要與精子進入卵子的

9. K. Piotrowska, F. Wianny, R. A. Pedersen, and M. Zernicka- Goetz, "Blastomeres Arising from the First Cleavage Division Have Distinguishable Fates in Normal Mouse Development," *Development* 128, no 19 (2001): 3739–3748.

位置或是極體的位置無關，而是取決於形成卵子時的細胞減數分裂。但有趣的是，我們的研究發現在某些方面，與從線蟲到青蛙等等許多動物胚胎的觀察結果一致。或許哺乳動物的胚胎與其他物種的胚胎根本沒有多大差異。

其他生物的對稱性在胚胎早期就被打破了，這些證據可以追溯到一個世紀多以前。舉例來說，生物學家歐內斯特‧賈斯特（Ernest Just）於 1912 年時，在加入墨水的海水中觀察到沙蠶卵子與精子結合的情況。[10]「像一把匕首或一個驚歎號般的一條墨水線指向精子進入細胞膜的那個入口錐……這個『驚歎號』有助於在大量的卵子中快速確認是否精子已經進入卵子。」

威廉‧魯（Wilhelm Roux）有篇 1885 年的論文揭露了青蛙精子進入青蛙卵子的位置所產生的影響。根據青蛙論文以及對毒海膽與海鞘的研究，賈斯特的結論是：「卵子第一次分裂的平面取決於精子進入點，而卵子的分裂會具有不同的價值並與胚胎未來長軸也會有不同的關係。」我與卡羅琳娜認為我們在哺乳動物的卵子中發現了類似的東西，但不是那麼絕對。

哺乳動物胚胎不同於其他生物並在發育的相對晚期才會打破對稱性，前述這樣的想法可能會讓你感到奇怪。但在我們進行實驗那時，我們的見解反而被認為是異端邪說。

不過在搜索科學文獻時，我們發現關於哺乳動物胚胎的一

---

10. Ernest Just, "The Relation of the First Cleavage Plane to the Entrance Point of the Sperm," *Biological Bulletin* 22, no. 4 (1912): 239–252, doi:10.2307/1535889.

些早期研究與我們的研究結果相符。這些研究是由兩位卓越的科學家所進行的，一位是英國的安‧麥克拉倫[11]，另一位是美國的金妮‧帕帕約安努[12]。她們各自發現了，當小鼠胚胎細胞在兩細胞階段進行分離或移除一個細胞時，大約90%的情況下，只有一個細胞會在懷孕期間發育。要生出同卵雙胞胎是相當困難的。這個結果意味著，在胚胎兩細胞階段的細胞不只命運不同，連發育的潛力都不同。

　　相當幸運的是，我們的實驗結果也與牛津大學理查‧加德納的研究發現相符，他找到證據，證實小鼠胚胎與我先前提到的極體有不對稱的關係。[13]我直接接觸過理查，知道他是一位備受尊敬且嚴謹的胚胎學家，他培育了好幾位卓越的女性科學家，包括我心目中的英雄：金妮‧帕帕約安努、珍妮特‧羅森特（Janet Rossant）與羅莎‧貝丁頓（Rosa Beddington）。

　　在同事的鼓勵下，我與卡羅琳娜將我們有關精子在打破對稱性中所扮演角色的研究，投稿至《自然》。當我們的論文在2001年被發表出來時，我們都很開心。[14]我們做了太多實驗，

11. Y. Tsunoda and A. S. McLaren, "Effect of Various Procedures on the Viability of Mouse Embryos Containing Half the Normal Number of Blastomeres," *Journal of Reproduction and Fertility* 69 (1983): 315–322, doi:10.1530/jrf.0.0690315.
12. V. E. Papaioannou and K. M. Ebert, "Mouse Half Embryos: Viability and Allocation of Cells in the Blastocyst," *Developmental Dynamics* 203 (1995): 393–398, doi:10.1002/aja.1002030402.
13. R. L. Gardner, "The Early Blastocyst Is Bilaterally Symmetrical and Its Axis of Symmetry Is Aligned with the Animal-Vegetal Axis of the Zygote in the Mouse," *Development* 124 (1997): 289–301.
14. K. Piotrowska and M. Zernicka-Goetz, "Role for Sperm in Spatial Patterning of the Early Mouse Embryo," *Nature* 409 (2001): 517–521, doi:10.1038/35054069.

無法全都塞進投稿《自然》的那篇論文當中，所以我們又寫了第二篇論文，描述了我們細胞上色實驗的細節，這篇論文刊載於同一年的《發育》期刊中。[15]

　　但論文中只會提到數據與方法，不會去解釋你在獲得耀眼研究發現之前的那些漫漫長夜。我多麼希望能夠提到，自己起初也對我們的實驗結果感到十分懷疑，還有在一連串的實驗後，自己也對最初的預測覺得困惑，以及自己也逐漸意識到，胚胎在發育過程中打破對稱性的時間可能要比過往認知的還要早得多了。期刊無法記錄個人疑慮如何一步步為確信所取代的細節。

　　是的，我們所做的一切不只要足以說服我們自己，還要足以說服審查我們論文的科學家。但在我們的研究發表之後，同領域科學家們一開始的驚訝反應已經消失，只留下不相信的結論，甚至在某些情況下還變成了反對力量。

　　大家可能以為理查是我們的盟友，因為他是當時這個革命想法唯一的其他支持者。但理查質疑我們以珠子標記精子進入點的方法，因為他認為珠子會移動。這讓我們停下腳步。為了因應他的質疑，接下來我們花費了一年的時間，設計出一個方案來取代珠子，我們改用一種可以與精子尾端某些成份產生化學結合的綠色螢光染劑。這個新式標記方法證實了前先珠子的

15. Piotrowska, Wianny, Pedersen, and Zernicka-Goetz, "Blastomeres Arising from the First Cleavage Division," 3739–3748.

實驗結果無誤，這也讓我們鬆了一口氣。[16]

　　但為了挑戰教科書知識而做的一切艱苦工作都需要時間，在我們進行許多其他驗證研究之前，我們的結論常常被扭曲與誇大，好像我與卡羅琳娜宣稱的是胚胎的命運不是像我們所說的具有偏好，而是在第一天就確定了。在幾年內，我們的研究發現成了某位胚胎學界偉大人物的攻擊目標。

男性導師

　　娜塔莎就在這一切發生的時候出生了，她出生在2001年12月，這是我人生中最歡欣的時刻之一。同年我也獲得了惠康基金會的資深研究獎助金，於是我與部分團隊的薪水還有5年的實驗經費就有著落了。在徘徊在博士後研究員與團隊領導者間界線的3年後，至少現在我可以從博士後研究員的世界轉換成為一位「適當」的團隊領導者。我們可以擴展我們的研究了。

　　娜塔莎就在我展開新角色時到來。起初充滿了挑戰，因為她不喝奶，所以我們回到醫院進行檢查好幾次。不過一等到娜塔莎的餵食情況穩定後，我就設法在照顧她的同時關注在工作上。她並沒有拖我的後腿，因為愛她帶給我許多額外能量。我記得在面試來應徵我團隊職位的應徵者時，我那剛出生的寶寶

16. B. Plusa, K. Piotrowska, and M. Zernicka-Goetz, "Sperm Entry Position Provides a Surface Marker for the First Cleavage Plane of the Mouse Zygote," *Genesis* 32, no. 3 (2002): 193–198.

就在桌子底下的汽車座椅中睡覺。對於自己在沒有太多睡眠的情況下仍然可以工作，我相當驚訝。我發現自己可以在哺餵她的同時閱讀或甚至撰寫論文。我也會帶著她外出。我幾乎到每個地方都會帶著她。雖然這讓我睡眠不足，但有娜塔莎的陪伴很棒。

隔年年初，我帶著娜塔莎回波蘭看看父親，這是第一次也是最後一次。他之前來看望我並觀看我展示的胚胎圖樣時，並沒有提及自己的癌症又復發了（我們以為控制良好）。他一直拖到我生產完並停止哺餵母乳後，才告訴我這個極其嚴重的消息。而我在彼此能在一起的時間所剩無幾時才發現。當我在找尋生命初始之際細胞如何編舞的線索時，他體內細胞間的協調性正在崩潰。

我拍了一張他笑咪咪地抱著娜塔莎的照片，那時娜塔莎才兩個月大。16年後的現在，我仍然不敢看這張照片。那個曾經充滿精力與熱情且臉上總是散發著活力的男人，體內只剩下一點點的生氣。就算是我寫下這段文字的當下，也感覺到好像有人掐住我的心口那般。當他死於癌症時，我失去了父親，也失去了最棒的朋友以及最重要的導師。

我父親在走之前，留給我一份禮物，他請我母親來協助我，讓她來跟我們住6個月。我非常感激。能與母親朝夕相處真是美好，我們變得親近了。

至於在科學研究方面，我在那一年獲得EMBO所頒發的青年研究學者獎，這讓我的士氣為之一振。這個獎項也指派了

一位導師給我，那就是達沃・索特爾（Davor Solter）。索特爾
是出生在南斯拉夫（今日的克羅埃西亞）的傑出科學家，也是
德國馬克斯・普朗克免疫生物學研究所（Max Planck Institute
of Immunobiology）的所長。索特爾因為基因體銘印（genomic
imprinting）的研究而備受尊崇，基因體銘印是指某個基因是
否會運作，取決於這個基因是來自母親還是父親。他還有一篇
1984年發表在《科學》的著名論文，這篇論文的結論是：經由
細胞核移植來複製哺乳動物是不可行的（十多年後複製羊的出
現，證明他是錯的）。[17]

　　簡而言之，索特爾是一位具有高度影響力的人物，他有
堅定的觀點與令人欽佩的龐大研究團隊。當我首次嘗試將綠
色螢光蛋白做為追蹤細胞分裂的標記時，我在他所舉辦的暑
期課程中與他短暫照過面，那個暑期課程是在德國西南的弗萊
堡（Freiburg）舉行，那裡是他工作的地方。但出於某些原因，
在我獲得獎項的幾年後，我們並沒有見面進行指導課程，所以
我一直沒有機會從他的智慧中受惠。

　　2004年，也就是索特爾成為我的導師的3年後，他與他的
博士後研究員柊卓志（Takashi Hiiragi）發表了一篇論文，認為
我與卡羅琳娜以及理查・加德納的研究結果是錯誤的。他們在
論文中表示，第二極體不會一直附著在卵子上，而且胚胎「像

---

17. Roger Highfield and Ian Wilmut, *After Dolly* (New York: Norton, 2006), 82.

溜溜球一樣旋轉」，因此很難追蹤個別細胞。他們就發表在我們最初公開實驗結果的《自然》上，並下了卵子首次分裂的平面是隨機的結論。他們堅持傳統論點，認為早期胚胎中的細胞並沒有差異。[18]

詳細研讀他們的論文後，我們意識到若在他們的實驗中極體跟卵子分離了，那麼他們應該不能在沒有持久性標記的情況下就贊同或是反對卵子極體的作用。但為什麼他們沒有下這樣的結論？

為了去了解為何他們的發現與我們不同，我們邀請柊卓志來參觀我們實驗室，這樣他就可以親眼看到我們所見的一切，並分享他的實驗細節。我認為重要的是，我們放開心胸進行友好對談來弄清楚彼此差異的真相。遺憾的是，這沒有發生。在此同時，我們的研究發現被其他人錯誤引述，而引發了懷疑。

這個挫折是否令人沮喪？當然是。我們想要我們的結果被如實引述，不要被加油添醋，也不要被東刪西減。我們的結論並不是胚胎在發育第一天就固定方向，也不是細胞命運就此底定，而是細胞彼此之間可能會有不同，而這又可能對打破對稱性與決定細胞命運具有影響力。[19]在我們的實驗中，極體會附著

18. Takashi Hiiragi and Davor Solter, "First Cleavage Plane of the Mouse Egg Is Not Predetermined but Defined by the Topology of the Two Apposing Pronuclei," *Nature* 430 (2004): 360–364.
19. B. Plusa, A.-K. Hadjantonakis, D. Gray, K. Piotrowska-Nitsche, A. Jedrusik, V. E. Papaioannou, D. M. Glover, and M. Zernicka- Goetz, "Does Prepatterning Occur in the Mouse Egg? (Reply)," *Nature* 442 (2006): E4.

在其中一個胚胎細胞上，而且可以做為標記用來追蹤細胞分裂。

　　我們從來沒有機會跟批評我們的人士交流顯微鏡的觀察發現。不過一年後，他們確實籌劃了一場會議來討論這些研究結果之間的差異。2005 年 5 月，柊卓志與索特爾在弗萊堡舉辦「小鼠胚胎著床前結構」的小型研討會，於是我們齊聚一堂。理查‧加德納明智地拒絕參加，但即使我們寡不敵眾，我們還是覺得有義務要現身。根據之後的會議報告，我們的批評者表示「沒有得到明確答案」，並詳述了他們的觀點。[20] 大衛那時是這個計畫的共同研究者，所以也參加了這次會議。他以一篇名為〈不公平爭論〉的短文回應。[21] 他人真的很好，這麼支持我們，不過我覺得最好的方法就是持續前進，讓我們或其他人士在未來所進行的實驗來決定什麼才是正確的。

　　我有時會很後悔自己發表了我們的研究發現，因為這對我的研究工作產生了巨大的壓力。不過我絕對相信我們是正確的，因為我們一而再、再而三以多種不同的方式去確認每個實驗結果許多次，經過我團隊中眾多不同人員的努力，產生失誤的可能性微乎其微。有好幾年的時間，若你上網搜尋我的名字，你第一個會看到的字眼就是「爭議」。我覺得自己就像「異

20. T. Hiiragi, V. B. Alarcon, T. Fujimori, S. Louvet-Vallee, M. Maleszewski, Y. Marikawa, B. Maro, and D. Solter, "Where Do We Stand Now? Mouse Early Embryo Patterning Meeting in Freiburg, Germany (2005)," *International Journal of Developmental Biology* 50 (2006): 581–586, discussion 586–587, doi:10.1387/ijdb.062181th.
21. David M. Glover, "Unfair Debate," *International Journal of Developmental Biology* 50 (2006): 587, doi:10.1387/ijdb.062181dg.

端鳥」（painted bird），是個局外人。[22] 回首過去，我意識到我之所以沒有讓我的團隊與我陷入低潮，都要感謝大衛、朋友與同事的支持，他們親眼目睹了我們為了實驗數據所投入的無盡辛勞。這次事件教會我許多關於人們與科學政治的知識。若我有時間與精力完整訴說這個故事的話，那將會是對任何想要踏入科學領域的年輕女性一堂很重要的課程。

若說被人懷疑的痛心感受，促使我努力建立合適的環境與設備來拍攝胚胎發育的細節，未免太過輕描淡寫了。這不可能在一夜之間發生，因為小鼠胚胎與人類胚胎一樣都對環境極其敏感，但這份努力是值得的。畢竟，眼見為憑。

我們的第一批影片極短，只是24小時的縮時攝影研究。不過，這些影片的長度已經足以確認我們的研究結果，甚至更重要的是，它們讓我們的研究更進一步。它們提供了精子可能影響受精卵第一次分裂的機制。[23] 它們揭開了精子與卵子的第一次相遇會以物理的方式影響細胞的命運。這裡要再次重申，這不是絕對的。我們發現當精子進入時，卵子形狀就會改變，變得扁一點。精子的進入點位於短軸的一端，而這就是我們觀察到受精卵進行分裂的那個平面。這帶出了一個顯而易見的問題：如果我們在實驗中改變受精卵的形狀，那麼受精的平面會改

---

22. Jerzy Kosiński, *The Painted Bird* (Boston: Houghton Mifflin, 1965).
23. D. Gray, B. Plusa, K. Piotrowska, J. Na, B. Tom, D. M. Glover, and M. Zernicka-Goetz, "First Cleavage of the Mouse Embryo Responds to Change in Egg Shape at Fertilization," *Current Biology* 14 (2004): 397–405.

變嗎？

　　為了檢驗這一點，我們將卵子吸入滴管中輕輕擠壓，然後再將它們滴入海藻酸鈉凝膠（sodium alginate gel）中固定形狀。這樣的話，我們就可以阻礙精子進入點的影響，讓受精卵在我們人工形成的短軸上分裂。打破對稱性的方式大都與化學程序有關，但這個是機械性的。

　　我們在兩篇論文中以影片為證，回應了柊卓志與索特爾的批評，一篇刊登在2005年《自然》上，另一篇刊登在2004年的《當代生物學》上。這些影片對於定義胚胎分裂方式的機制提供了深入的了解，特別是PAR蛋白的不均勻分布與肌動蛋白的調節，肌動蛋白是一種會構成細胞「骨架」的蛋白。[24] 其中重要的是，這些影片確認了在兩細胞胚胎中的細胞，有一個會偏好形成胚胎本身，另一個則偏好形成囊胚的非胚胎部分，因此第一次分裂不是隨機的，而且也打破了胚胎的對稱性。不過，當然真正重要的不是你的個人信念，而是其他人對你實驗的確認。這要花上好幾年的時間，不過確實是實現了。

改變的源頭

　　為了補充說明我的實驗數據，我重新查看了圖靈被視為里

24. Plusa, et al., "The First Cleavage Plane of the Mouse Zygote," 391–395; and Gray, et al., "First Cleavage of the Mouse Embryo," 397–405.

程碑的論文，看看對於我們當前有關單一細胞如何繁殖與分化成不同命運細胞的理解，這篇論文能提供什麼樣的看法。這次我是與出色的同事陳琦（Qi Chen）以及他團隊的博士後研究員侍俊超（Junchao Shi）一同進行研究（他們目前任職於加州大學河濱分校），共同合作的還有來自中國計算與進化生物學研究中心的陶毅（Yi Tao）。[25]

我們知道在受精後的第三天，必會出現兩組不同的細胞：內部細胞團會形成胚胎本身，而另一組滋養層細胞（trophectoderm）則會形成胎盤。不過圖靈認為會觸發這些改變的是什麼呢？圖靈已經向我們展示了，來自外部訊號或是細胞間讀取基因方式的微小差異，會在轉錄本或蛋白質層級產生微小干擾，這有可能被放大形成一種結構。雜訊與失誤可能是原因。不過我們的實驗結果提供了另一種可能性，這些改變早在兩細胞或四細胞階段就已經出現，而且可能是基於細胞間之**內部**差異所造成的結果。

根據細胞解剖學，若是仔細觀察細胞內部，你會發現細胞包含了好幾個部位，例如：DNA所在的細胞核、供給細胞動力的菱形粒線體、折疊新製造蛋白質的內質網與分解脂肪酸的過氧化體。

---

25. Q. Chen, J. Shi, Y. Tao, and M. Zernicka-Goetz, "Tracing the Origin of Heterogeneity and Symmetry Breaking in the Early Mammalian Embryo," *Nature Communications* 9 (2018): 1819.

　　我們產生了一個新的想法，細胞的解剖構造會不會就是打破對稱性的終極源頭？[26]像粒線體這類胞器的不均勻分布，會不會影響子細胞的命運？的確，據某些研究指出，某些對於哺乳動物生存至關重要的母體沉積蛋白（例如被稱為皮下母體複合物〔subcortical maternal complex〕的蛋白質），在小鼠胚胎與人類早期胚胎中都會偏離中心。我們有一篇發表在2018年《細胞》（Cell）的論文，其實驗就著重在名為CARM1（coactivator-associated arginine methyltransferase 1）的酵素上，已知這種酵素蛋白會對要由哪個基因製造蛋白質以及要製造多少數量產生影響。我們發現在小鼠胚胎中，CARM1酵素在兩細胞與四細胞階段時主要會累積在旁斑（paraspeckles）中，旁斑是一種存在於細胞核中的小體。[27]根據圖靈的反應擴散理論，這些東西在放大後所提供的化學線索可以影響細胞的命運，不一定是在下一次的細胞分裂，但會影響到更之後的分裂。

　　我在下一章將會提到，其他研究團隊在接下來的10年內，如何循著我們有爭議的發現讓研究更向前邁進一步，他們也確認了我們的研究發現。在此同時，我的研究團隊將會持續取得數百個胚胎的發育圖樣，以確認在典型哺乳動物的胚胎（小鼠

26. Anna Hupalowska, Agnieszka Jedrusik, Meng Zhu, Mark T. Bedford, David M. Glover, and Magdalena Zernicka-Goetz, "CARM1 and Paraspeckles Regulate Pre-implantation Mouse Embryo Development," Cell 175 (2018): 1902–1916, e13, www.ncbi.nlm.nih.gov/pmc/articles/PMC6292842/.
27. Anna Hupalowska, et al., "CARM1 and Paraspeckles."

胚胎）中，細胞的命運是如何決定的。我們的研究中出現了更多有關偏好的微小但重要的證據，這些證據揭開了生命初始時對稱性被打破的非凡細節。

身體體制的誕生

　　艾奇德娜（Echidna）與堤豐（Typhon）是充斥在古希臘人惡夢中的兩個可怕生物。我跟許多胚胎學家一樣，對於這兩個生物的恐怖後代都有份責任。根據希臘神話，艾奇德娜的上半身有著美麗少女的外形，而下半身卻是一條可怕的蛇尾巴。她的伴侶堤豐，則是隻有著百顆龍頭的恐怖巨大怪物。

　　這兩頭怪物的結合，帶給希臘神話許多神奇的怪物，例如：看守冥界入口的三頭犬克爾柏洛斯（Cerberus）、九頭蛇海德拉（Hydra）、具有女人頭與帶翼獅身的斯芬克斯（sphinx，斯芬克斯的形像眾多，會因依據的神話不同而有所差異）。今日，克爾柏洛斯適得其所，被用於命名一個與頭部形成有關的基因。事實上，這是我從幾年前就使用綠色螢光蛋白在追蹤的一個基因，迄今也仍在追蹤中，我想要藉此了解身體頭尾軸的發育。[1]不過在艾奇德娜與堤豐所有奇怪且可怕的後代中，經證實具有驚人影響力與用途的則是奇美拉（Chimera）。

　　奇美拉這個名字代表了一個會在科學界與人文學界中都

產生許多共鳴的概念：異質嵌合體。詩人荷馬將奇美拉描述為「具有獅頭、羊身及蛇尾的非人類永生生物。[2] 1907年德國植物學家漢斯‧溫克勒（Hans Winkler）首次在植物育種的文章中以科學的角度運用此名稱。

嵌合體（chimera）這個想法挑戰了我們所謂身份、物種與個體的概念，而且這種挑戰經證實在了解身體如何建構上極為寶貴。為了紀念奇美拉賦予我們一個生物學上的可塑性與模組化觀點，當代胚胎學的嵌合體提供了一種方法進行身體體制發育的實驗，這種方法就是對早期胚胎細胞進行混合與移動。

在這個可以讀取個體細胞DNA並將其轉變成任何所需細胞類型的細胞煉金術時代，嵌合體就是由些微不同的細胞所混合而出的胚胎。不過細胞間的差異不一定只是些微。事實上，嵌合體的組成元件甚至不需要是同物種的生物。不只如此，嵌合體的創造也標記了人工胚胎的旅程正式開啟，我在第九章會再回頭探討這個主題。

創造嵌合體可能聽起來很人工的感覺。不過，就某種意義上來說，你我以及所有人都是嵌合體：我們身體中的所有細胞

1. D. Mesnard, M. Filipe, J. A. Belo, and M. Zernicka-Goetz, "The Anterior-Posterior Axis Emerges Respecting the Morphology of the Mouse Embryo That Changes and Aligns with the Uterus Before Gastrulation," *Current Biology* 14 (2004): 184–196, doi: 10.1016/j.cub.2004.01.026; and S. A. Morris, Y. Guo, and M. Zernicka- Goetz, "Developmental Plasticity Is Bound by Pluripotency and the Fgf and Wnt Signaling Pathways," *Cell Reports* 2, no. 4 (2012): 756–765.
2. Homer, *The Iliad*, trans. Samuel Butler, Internet Classics Archive, http://classics.mit.edu/Homer/iliad.mb.txt.

皆被認為是15億年前簡單且彼此無關之古老細胞融合而出的結
果。[3]我們之間也存在有一些其他類型的人類嵌合體。當女性懷
孕時，她的血液器官中會出現少數的胎兒細胞。這個微嵌合體
可視為母親與孩子之間持久連結的象徵。一個人若是接受骨髓
移植，他的血液細胞就會與捐贈者的血液細胞具有相同基因，
那麼這個人也算是嵌合體。甚至在極少數情況下，發育中的胚
胎會與從另一受精卵發育而來的異卵雙胞胎融合成一體。

　　嵌合體可能很神奇，聽起來也很奇怪，但它們並沒有違反
自然。19世紀德國研究發育機制（Entwicklungsmechanik）的頂
尖學者因為將胚胎分離獲得了大量資訊，而我們也可以藉由將
細胞再組裝回胚胎來學習到許多。我想要了解胚胎是以什麼樣
的途徑喪失了對稱性，而前述嵌合體將可提供重要見解。我何
其幸運，我學習如何創造出嵌合胚胎時所跟隨的那位科學家，
就是創造出哺乳動物嵌合體的首要人士之一。

英雄小鼠

　　對哺乳動物嵌合體進行系統性的研究是從我的導師安傑

3. David Alvarez-Ponce and James O. McInerney, "The Human Genome Retains Relics of
Its Prokaryotic Ancestry: Human Genes of Archaebacterial and Eubacterial Origin Exhibit
Remarkable Differences," *Genome Biology and Evolution* 3 (2011): 782–790, https://doi.
org/10.1093/gbe/evr073。不過目前存在一些爭議，請參考：Joran Martijn, Julian Vosseberg,
Lionel Guy, Pierre Offre, and T. J. G. Ettema, "Deep Mitochondrial Origin Outside the Sampled
Alphaproteobacterial," *Nature* 557 (2018): 101–105, doi:10.1038/s41586-018-0059-5.

伊‧塔科夫斯基開始的，他於1960年代在英國威爾斯創造出他的第一個嵌合體。[4] 塔科夫斯基在前去洛克斐勒基金會為獎助金進行博士論文答辯後的幾個星期，就離開波蘭前往威爾斯班戈大學（Bangor University）動物學系的法蘭西斯‧布蘭貝爾（Francis Brambell）實驗室進行研究。塔科夫斯基在40年後寫道：「將兩個分開的胚胎結合形成一個哺乳動物個體的想法，在當時看起來一定很荒謬。」[5]

塔科夫斯基的實驗顯示，結合早期胚胎細胞創造出的胚胎嵌合體會持續發育。[6]將這類嵌合胚胎移植到母體中，其所生產出的新生兒可經由眼睛視網膜外層的斑塊組成看出是嵌合體，因為每個斑塊對應到不同胚胎細胞的後代。[7]古老神話中會出現出雙重、三重甚至是多重源頭的怪物，塔科夫斯基認為這些嵌合體就是實驗胚胎學向古老神話的致敬。

在此同時，另一位哺乳動物嵌合體的先驅學者，費城福克斯‧蔡斯癌症研究中心（the Fox Chase Cancer Center）的碧翠絲‧明茲（Beatrice Mintz），也在進行她自己的嵌合體實驗。劍橋大學的理查‧加德納與費城大學的拉爾夫‧布林斯特（Ralph Brinster）

4. A. K. Tarkowski, "Mouse Chimaeras Revisited: Recollections and Reflections," *International Journal of Developmental Biology* 42 (1998): 903–908.
5. Tarkowski, "Mouse Chimaeras Revisited," 903–908.
6. A. K. Tarkowski, "Mouse Chimaeras Developed from Fused Eggs," *Nature* 190 (1961): 857–860.
7. M. Maleszewski, "Early Mammalian Embryo: My Love. An Interview with Andrzej K. Tarkowski," *International Journal of Developmental Biology* 52, nos. 2–3 (2008): 163–169, doi:10.1387/ijdb.072377mm.

後來設計出另一種創造嵌合體的方式：將細胞注射入囊胚中。[8]

1976年，安‧麥克拉倫在她的著作《哺乳動物嵌合體》
（*Mammalian Chimaeras*）中提到，那時全球只有數十位人士在從
事實驗嵌合體的研究，他們「與我一同將熱情投注在嵌合體的美
麗、意外驚喜以及其對古老問題所提供的見解，還有最重要的
是，它們不斷提出人們在只有一父一母時所不能想像的問題。」[9]

當時所有的哺乳動物嵌合體，都是從相同物種的不同個
體混合而出的。麥克拉倫在1984年又出版了另一本著作《發
育生物學中的嵌合體》（*Chimeras in Developmental Biology*），
這是她與偉大的法國發育生物學家妮可‧勒杜阿林（Nicole Le
Douarin）共同撰寫的著作，勒杜阿林曾於1970年代創造出雞與
鵪鶉的嵌合體。[10]她發現鵪鶉的細胞具有獨特的標記，很容易就
可以與雞細胞區分出來，所以她可以在鵪鶉－雞嵌合體中追蹤
胚胎細胞的移動與命運。

下一步則是結合不同物種的哺乳動物細胞。英國劍橋農業
研究委員會克里斯‧波爾吉（Chris Polge）實驗室中的史甸‧威
拉臣（Steen Willadsen）與他的團隊達成了這個目標。威拉臣在
1984年創造出綿羊－山羊嵌合體（山綿羊〔geep〕），一種由山

8. R. Gardner, "Chimaeric Mice on the Road Towards Stem Cells," *Nature* 414 (2001): 393, doi:10.1038/35106720.
9. Anne McLaren, *Mammalian Chimaeras* (Cambridge: Cambridge University Press, 1976).
10. N. M. Le Douarin and F. V. Jotereau, "Tracing of Cells of the Avian Thymus Through Embryonic Life in Interspecific Chimeras," *Journal of Experimental Medicine* 142 (1975): 17–40.

羊與綿羊組織混合出的鑲嵌型胚胎。[11]你可以分辨出嵌合體中的哪個部分是來自哪一個胚胎組織，因為來自綿羊胚胎的部分具有成團的毛茸，而來自山羊胚胎的部分則具有鬚狀的毛。這個實驗具有實質上的含義，因為它有助於確認是什麼讓母親在懷孕期間可以忍受胎兒的存在。雖然綿羊無法忍受山羊胚胎，而山羊也無法忍受綿羊胚胎，但兩者都可以忍受山綿羊的胚胎。

舉例來說，這種方式可以讓研究人員創造出一種嵌合體，利用一般物種來孕育瀕臨絕種物種的胎兒，也就是讓一般物種的組織形成胎盤，來孕育瀕臨絕種組織所形成的胎兒。

嵌合體也是創造「基因剔除」小鼠的核心，這種小鼠是為解讀基因在身體內有什麼作用所創造出來的。要創造「基因剔除」小鼠，就要將具有某種老鼠（假設是灰老鼠）完整基因的細胞與特定基因被「剔除」的白老鼠胚胎幹細胞混合，以形成嵌合體。這些胚胎會發育形成嵌合體老鼠，其毛色會呈現斑塊狀，有些來自「灰老鼠」的幹細胞，有些來自基因剔除「白老鼠」的幹細胞。其中有些嵌合體的生殖腺是從基因剔除的幹細胞所形成，其所產生的精子與卵子就會缺少那個被剔除的基因。這些鑲嵌型小鼠可與正常小鼠一同孕育出正常或基因剔除小鼠，今日，無論是在發育過程中還是在成年動物身上，於特定時點在特定細胞或器官中引發突變都是我們已經做得到

---

11. C. B. Fehilly, S. M. Willadsen, and E. M. Tucker, "Interspecific Chimaerism between Sheep and Goat," *Nature* 307 (1984): 634–636.

的事，而這都要感謝馬丁・埃文斯、馬里奧・卡佩奇（Mario Capecchi）與奧利弗・史密斯（Oliver Smithies）讓此成真的研究，他們也因這方面的研究榮獲2007年的諾貝爾獎。[12]

　　此外，也存在有將人類細胞特性帶入動物細胞中的人類－動物嵌合體研究，例如阿茲海默症及帕金森氏症這類神經性疾病的研究；另外，也可讓人類腫瘤細胞在小鼠身上長大，以研究癌症。這些帶有人類腫瘤的「化身小鼠」（avatar mice），可以用於檢視抗癌藥物，以找出最具療效的藥物。上述這些都是好處，不過由於已有綿羊長出部分人類肝臟，也有小鼠植入了據說會提升學習能力的人類腦細胞，所以人們對於在其他物種身上培養人類組織感到不安是可以理解的。[13]我還會回頭再談談

12. "The Nobel Prize in Physiology or Medicine 2007," NobelPrize.org, accessed April 3, 2019, www.nobelprize.org/prizes/medicine/2007/summary/.

13. J. Wu, A. Platero-Luengo, M. Sakurai, A. Sugawara, M. A. G il, T. Yamauchi, K. Suzuki, Y. S. B ogliotti, C . Cuello, M. Morales Valencia, D. Okumura, J. Luo, M. Vilariño, I. Parrilla, D. A. Soto, C. A. Martinez, T. Hishida, S. Sánchez-Bautista, M. L. Martinez-Martinez, H. Wang, A. Nohalez, E. Aizawa, P. Martinez-Redondo, A. Ocampo, P. Reddy, J. Roca, E. A. Maga, C. R. Esteban, W. T. Berggren, E. Nuñez Delicado, J. Lajara, I. Guillen, P. Guillen, J. M. Campistol, E. A. Martinez, P. J. Ross, and J. C. Izpisua Belmonte, "Interspecies Chimerism with Mammalian Pluripotent Stem Cells," *Cell* 168 (2017): 473–486, e15, doi:10.1016/j.cell.2016.12.036; G. Almeida-Porada, C. D. Porada, J. Chamberlain, A. Torabi, and E. D. Zanjani, "Formation of Human Hepatocytes by Human Hematopoietic Stem Cells in Sheep," *Blood* 104 (2004): 2582–2590, doi:10.1182/blood-2004-01-0259; X. Han, M. Chen, F. Wang, M. Windrem, S. Wang, S. Shanz, Q. Xu, N. A. Oberheim, N. L. Bekar, S. Betstadt, A. J. Silva, T. Takano, S. A. Goldman, and M. Nedergaard, "Forebrain Engraftment by Human Glial Progenitor Cells Enhances Synaptic Plasticity and Learning in Adult Mice," *Cell Stem Cell* 12 (2013): 342–353, doi:10.1016/j.stem.2012.12.015; M. S. Windrem, S. J. Schanz, C. Morrow, J. Munir, D. Chandler-Militello, S. Wang, and S. A. Goldman, "A Competitive Advantage by Neonatally Engrafted Human Glial Progenitors Yields Mice Whose Brains Are Chimeric for Human Glia," *Journal of Neuroscience* 34 (2014): 16153–16161, www.jneurosci.org/content/34/48/16153.

這些嵌合體所代表的含義。

金字塔嵌合體

我們的研究顯示,早期小鼠胚胎細胞並不像每個人(包括我在內)過去所想,一定要是一模一樣的。我們已經可以追蹤這些細胞的命運,現在我希望可以更進一步去追蹤它們的發育潛力。所以我們決定創造一種不尋常的嵌合體,一種過去從未被創造出來嵌合體。

我們對胚胎發育的觀察讓我們發現到,有兩種因子可能會造成胚胎細胞彼此的不同。第一個因子是細胞分裂的順序,因為在兩細胞胚胎中的細胞進行分裂時並不會同步,而是一個先一個後。我在上一章大略提到的實驗顯示,先分裂的細胞通常是帶有精子進入點的那一個。

第二個讓胚胎中細胞彼此不同的因子是細胞分裂的方向。最常見的情況是一個細胞縱向(沿著動物極-植物極的軸線)分裂,接下來另一個細胞則是橫向(垂直動物極-植物極的軸線)分裂,大約在80%的胚胎中都是這樣的情況。細胞從兩細胞到四細胞階段時,是否會因分裂的順序與方向不同而產生命運差異呢?

為了釐清這件事,我想要在四細胞胚胎中取出單一細胞,用它來創造出只有一種細胞類型的嵌合體胚胎,好看看它們是怎麼發育的。若是你跟我的同行一樣，接受四細胞胚胎中的每個細胞都是一模一樣的這種想法，那麼這些嵌合體的發育情況應該要一模一樣。但如果你跟我一樣，認為這些細胞並非都是一模一樣的，那麼你就會預期每種嵌合體可能出現不同的發展。不過，這裡有個微妙的地方，你可能會以為四細胞胚胎中會有四種不同的細胞類型，但其實只有三種。讓我進一步詳細說明。

　　因為分裂形成四細胞的那兩個細胞具有極性（不同的端點或極點），所以出現了不同之處，至少我們是這樣想的，即使當時我們眾多同領域人士都不是這麼想。若一個細胞沿著動物極－植物極軸線分裂，它的兩個子細胞都會擁有動物極及植物極。若一個細胞分裂的方向與此軸垂直時，其中一個細胞會擁有動物極，而另一個細胞則擁有植物極。我們可以根據第二極體的位置來區分出極點，第二極體會附著在動物極上。

　　想要更容易了解全貌，可用以下方式來看待胚胎極性。想像要將一顆上白下黑的雙色足球切半。若是橫切，你最後會獲得一個全白的半球與一個全黑的半球，將球原先的兩極分開。若是轉90度縱切，那麼你最終就會獲得兩個半白半黑的相同半球，這兩個半球都有兩個極點。

　　因此，當你在思考一個兩細胞胚胎時，它就等同於是在分割兩顆這樣的足球。取決於細胞進行的是橫向還是縱向分裂，你會獲得的結果可能有三種。第一種是兩個半黑半白細胞、一個白細胞與一個黑細胞；第二種是四個半黑半白的細胞；第三種則是兩個白細胞與兩個黑細胞。一如往常，大自然其實更加複雜。細胞並非同步進行分裂，所以首先分裂的細胞可能是橫向或縱向分裂，而後分裂的細胞也一樣可能是橫向或縱向分裂（我之後會再回頭探討這一點）。

這是對稱性的一個重要微妙之處，表示兩細胞胚胎分裂成四個細胞時，只會出現三種不同的細胞類型，而非四種。[14]為了確認這些細胞是否在這一點上真有不同，我們將三種基本細胞類型中的每一種都建立了嵌合體。以我的足球比喻來表示的話，就是全由白細胞構成的嵌合體、全由黑細胞構成的嵌合體，或是全由半黑半白細胞構成的嵌合體。一旦我們進行更多研究去了解四細胞胚胎時期每個細胞的命運後，我們就得要以螢光染劑取代黑白比喻來進行一系列嚴苛的實驗，這樣我們才能在創造嵌合體時確認是哪個細胞是哪個。

每天一大早，卡羅琳娜都會以染劑來標記兩細胞胚胎時期的其中一個細胞（在此實驗中用的是紅色或綠色染劑）。她在同一天還會觀察這個細胞是如何分裂的。每半個小時她就會打開培養箱，取出胚胎放置到顯微鏡下觀察兩個細胞中的哪一個會先分裂，是有染色的那一個還是沒有染色的那一個，以及是

---

14. K. Piotrowska-Nitsche, A. Perea-Gomez, S. Haraguchi, and M. Zernicka-Goetz, "Four-cell Stage Mouse Blastomeres Have Different Developmental Properties," *Development* 132 (2005): 479–490.

橫向還是縱向分裂。（當時我們無法以拍攝影片的方式來追蹤胚胎的發育。）依據分裂的情況，她會以不同的顏色（綠色或紅色）標記另一個細胞，以便在四細胞胚胎時期追蹤細胞世系。

　　卡羅琳娜在顯微鏡下進行這些細部操作時，發現了一件麻煩事。細胞在分裂時，有時會與第二個細胞產生相對位置上的旋轉，我們可能因此失去方位。為了確保不會因為這種意外轉折而造成混亂，我們決定讓卡羅琳娜在細胞的植物極也放置一顆螢光珠。這樣我們才能在胚胎進入四細胞時期時分辨出哪個細胞是哪個。卡羅琳娜最後將四細胞胚胎「脫去外衣」並分開，然後將具有相同發育史的個別細胞聚集，形成同類型細胞的嵌合體。最後一個步驟需要在數個小時內就完成，因為細胞只需數小時就會完成這個發育階段。若胚胎是可以講道理的，我們就會對它說：「請長慢一點，這樣我可以去睡一覺，等會再見。」唉，但這是不可能的。

　　這項工作艱難且持續不斷，需要付出相當大的代價。每次實驗都需要一整個白天與一整個夜晚的謹慎工作，還要全神貫注於創造這些嵌合體。當然，我們得要不斷重複進行實驗，讓研究數據在統計上具有效力。要創造全動物極嵌合體、全植物極嵌合體與動植物極皆有嵌合體的每一個實驗，都需要對數百個胚胎進行上色及觀察，並創造出許多嵌合胚胎以取得讓我們會有信心的明確實驗結果。由於我必須在下午五點到劍橋的托兒所去接娜塔莎，然後開車回我們位於大格蘭斯登（Great

Gransden）的家，所以在我長途開車回家的傍晚時分，就只剩下卡羅琳娜在繼續工作。

然而有天晚上發生了緊急狀況。卡羅琳娜出現嚴重頭痛，於是我必須接手工作，即使我的實驗技術已經有點生疏。檢查發現她長了腫瘤，而且腫瘤大到醫生必須馬上進行手術。幸好腫瘤是良性的，不過一開始她美麗的臉龐出現左側癱瘓，她溫暖的笑容也變得不再完整。

雖然受盡折磨，卡羅琳娜還是決定盡快回到實驗室。做實驗是她喜愛之事。起初一切都很困難。左側臉部癱瘓讓她難以運用口吸管的方式在培養皿間移動胚胎，所謂的口吸管方式就是將連接到玻璃毛細管開口端的一根管子放入嘴巴，並用其來移動細胞。在雙目顯微鏡下，卡羅琳娜運用吸氣所產生的負壓，讓毛細管的錐形端吸取出在培養皿中成長的微小胚胎。這需要技術，再藉由輕輕吐氣所增加的壓力，你就可以釋出你重要的運送物。為了做到這些，卡羅琳娜必須恢復一些更細膩的手感……但她其實是從頭學起。

總而言之，我們花了兩年的時間重複進行這些實驗。按照當時教科書上的教條來看，因為所有細胞都一樣，所以我們創造出的不同嵌合體，應該同樣都具有發育成小鼠的潛力。但是我們驚訝地看到情況並不是這樣。

在這幾種四細胞嵌合體中，有兩種嵌合體完全發育，就是偏好形成胚胎的那兩個細胞所形成的嵌合體。而偏好形成胎盤的植物極細胞嵌合體，沒有一個發育成胚胎。雖然我們對它們進行分析時發現它們會形成囊胚結構，但我們也看到這些植物極細胞所產生的多能幹細胞（pluripotent cells）比較少，多能幹細胞就是上胚層細胞，具有打造身體的能力。因此，我們很清楚地知道，即使胚胎在只含有少數細胞的時候，這些細胞就已經具有特定的命運傾向了。

我們為研究不同細胞類型所創造出的嵌合體實驗，相當講究也具有說服力，至少我們自己是這樣認為。我們的同事建議我們可以將實驗結果投稿到知名度高的期刊，因為我們過往的發現以及理查‧加德納的研究都引發了不少爭議，而這個研究結果對於解決當下爭議將貢獻良多。這也是卡羅琳娜的夢想。但有鑑於同領域學者的保守態度，我可以預見這將無可避免地會導致我們與匿名審稿人之間的長期抗戰，由於我們的論文試圖進一步鬆動當下盛行的教條，那些審稿人不會給我們好日子過，他們就是認為早期哺乳動物胚胎細胞沒有偏好，所以也不會出現特別的圖樣結構。

要決定下一步該怎麼做甚至更為困難，卡羅琳娜迎來了人生中的新機會。她在劍橋與我一同進行研究的期間就結婚了，現在也有一個女兒。她丈夫得到了一份在美國的工作，所以她當然要跟他一起去。我百分之百支持她。我們是強大的科學夥伴，我需要一些時間才能找到像她這樣才華洋溢又熱情溫暖的人，而且她做事不會只出於職業考量。

既然我知道卡羅琳娜很快就要離開，所以我們將嵌合體的研究投稿至《發育》。審稿人表示，對於一篇論文來說，這樣的實驗數據實在太多，建議我們分成二篇：一篇的內容包含所有世系追蹤的研究，去揭開四細胞時期所有細胞的命運，以及卵分裂的結構模式是如何影響細胞的命運；另一篇則去描述所有嵌合體的實驗。這似乎是個好主意，我們也照做了，但後來期刊編輯才告訴我們，他們家的期刊不能刊登兩篇「相同」主題的論文。這讓論文的發表又往後拖延了一段時間，而那時卡羅琳娜已經離開實驗室。我得要徵召團隊中的其他成員來完成這項工作，並確保兩篇論文各自都沒有問題。由於我們必須滿足兩組審稿人的要求，所以又造成更進一步的拖延，最後，這兩篇相關論文發表在《發育》與《發育機制》(*Mechanisms of Development*) 這兩本期刊中。[15]卡羅琳娜那時已在美國安頓下來，她現在則是亞特蘭大埃默里大學 (Emory University) 基因轉殖部門的副主任。

2005 年時，我們有一個關於打破對稱性的合理發現，這個發現立基於大量的研究上。我們經由研究孤雌生殖 (parthenotes：未受精過的卵子經電擊或使用某劑量的化學物質後就被驅動至開始發育)，來進行對照實驗去確認精子進

---

15. Piotrowska-Nitsche, et al., "Four-cell Stage Mouse Blastomeres," 479–490; and K. Piotrowska-Nitsche and M. Zernicka- Goetz, "Spatial Arrangement of Individual 4-cell Stage Blastomeres and the Order in Which They Are Generated Correlate with Blastocyst Pattern in the Mouse Embryo," *Mech Dev.* 122, no. 4 (2005): 487–500, doi:10.1016/j.mod.2004.11.014.

入點是否真的極為重要。答案是這樣沒錯。我們追蹤了數千個
胚胎細胞的命運。我們創造出上百個嵌合體來揭開影響胚胎細
胞橫向與縱向分裂的細節。[16]

　　舉例來說，卡羅琳娜發現，若兩細胞時期的兩個細胞進行
橫向分裂，那麼多數胚胎在著床後就不會發育。[17]令人高興的
是，幾年後在研究人類胚胎發育出所謂的扁平形態時，這一點
獲得了證實。

　　在我不知道的情況下，約翰・格登告訴身為《每日電訊
報》（Daily Telegraph）科學編輯的羅傑・海菲爾德（本書的共
同作者），我與卡羅琳娜的研究雖然有爭議，不過值得寫篇文
章刊登在《每日電訊報》上。2005 年 6 月，羅傑最後寫了一篇
刊登在科學版面的專題，標題為：〈這位博士能解開生命的巨
大謎團之一嗎？〉，他在文章中解說了我們的發現以及這所帶
來的潛在衝擊。這是我團隊的研究首次披露在大眾媒體上，讓
人非常興奮。就是因為這篇文章的優美文筆與精準用字，所以
兩年後羅傑提出要將我的故事寫成書時，我便一口答應了。

　　羅傑為了寫那篇文章，也聯繫了體外受精技術的先驅學者
羅伯特・愛德華茲（Robert Edwards），諮詢他的意見。愛德華
茲告訴羅傑，他收集到間接的證據也顯示，胚胎細胞發育出自

16. Piotrowska-Nitsche, et al., "Four-cell Stage Mouse Blastomeres," 479–490; and Morris, et al., "Developmental Plasticity Is Bound by Pluripotency," 756–765.
17. Piotrowska-Nitsche and Zernicka-Goetz, "Spatial Arrangement of Individual 4-Cell Stage Blastomeres," 487–500.

己特性的時間點可能比我們原先所想得要早許多,他懷疑人類胚胎可能也是如此。這對臨床來說具有重要含義。胚胎著床前基因診斷(preimplantation genetic diagnosis, PGD)的技術,是在體外受精後從早期胚胎中取出細胞來診斷是否帶有基因與染色體疾病。愛德華茲與其他研究學者的想法是,在這個發育階段「取錯」細胞可能會損害胚胎發育的能力。當然,我們不可能動用數百個人類胚胎重覆進行嵌合體實驗,所以就無法完全確定我們的實驗結果可否應用在人類胚胎上。許多進行試管嬰兒的診所都會進行胚胎著床前基因診斷,他們或許不樂意聽到這種說法。無論如何,我覺得我們在未收集到更多證據之前,不宜過度解讀愛德華茲的猜測。

眼見為憑

我當時全然相信,擴大我們的拍攝能量,拍一部像克里斯多夫・奇士勞斯基(Krzysztof Kieslowski)所製作之《十誡》(*Dekalog: The Ten Commandments*)那樣的短篇記錄片,我們就能擁有未來。我開始著手進行,希望這會成為向前邁進的重要一步時,我懷孕了,這次是賽門,不過我起初並不知道。

為了邁出這一步,我就得去申請經費來購買特殊設備:一台蔡司顯微鏡以及一台極感光(也非常昂貴)的濱松相機,來拍攝胚胎的特寫鏡頭。這些設備可以在3天中盡可能地對連續平面進行切面拍攝。擁有這樣一台極感光相機，就意味著我們不用打太多光在胚胎上，也就不會干擾胚胎太多。我們改變小鼠基因，讓小鼠細胞擁有會製造綠色螢光蛋白的發光細胞核，並從中選出極為光彩奪目的胚胎。這個螢光訊號非常具有關鍵性，因為其可協助我們追蹤每個細胞從生命的一個時間點到另一個時間點，即使細胞移動了，我們依然能夠知道哪個細胞是哪個。由於小鼠（與人類）胚胎的發育相當具有可塑性，任何干擾都可能將胚胎推往不同的發育途徑。所以為了在我們每日觀察胚胎生命時奠定穩定的環境條件，我們必須將顯微鏡搭配攝氏37度（跟小鼠母體內溫度一樣）的恆溫培養箱一起使用。我想在這一方面，我們的影片會比奇士勞斯基的記錄片更為寫實，就像詹姆士・馬許（James Marsh）的紀錄片《偷天鋼索人》（*Man on Wire*）那樣。最終我們需要一個攝影組。

　　我在這一方面非常幸運地發現到兩位極佳人選。一位是我的新博士生埃姆林・帕菲特（Emlyn Parfitt），另一位是博士後研究員馬庫斯・比紹夫（Marcus Bischoff），他是來自彼得・勞倫斯（Peter Lawrence）團隊的借將。馬庫斯因此有了兩班工作，他將一部分時間花在勞倫斯的果蠅胚胎研究上，而另一部分時間就花費在我的小鼠胚胎上，就像我當年從事博士後研究時一樣，我花費一半時間在馬丁實驗室的小鼠胚胎上，同時花費另一半的時間在約翰實驗室的青蛙胚胎上。我們取得的縮時影片，精確的顯示了胚胎兩細胞、四細胞與八細胞時期結束時每個細胞的位置。這些影片追蹤了細胞好幾天的命運，涵蓋了好幾次細胞分裂到囊胚時期，形成中空球體的細胞群幾乎已經準備好要在子宮著床。

跟我們早期的研究不一樣，我們現在不只使用眼睛與大腦，還會運用專門軟體來追蹤細胞。這很重要，因為在我們分析影片以確認各個細胞的命運時，這種方式可以剔除任何可能發生甚至是無意識的人為偏見。這也使得追蹤各個細胞變得簡單許多。我們以盲分析的方式解讀實驗結果：埃姆林與馬庫斯會各自對每個胚胎與每個細胞的位置與分裂進行評估。

這個團隊運作起來十分驚人，埃姆林與馬庫斯全心投入其中。對我而言，這讓長久以來的夢想成真，一想到他們發現的東西，我就感到非常開心，不過我無法直接協助數據的分析，因為我那時懷孕的情況不像懷娜塔莎時那麼順利。

這些完整的三維影片揭開了從兩細胞胚胎時期發育到囊胚時期的許多重要細節。清楚的螢光軌跡確認了我們早期所有的實驗結果都是正確的。這些軌跡支持我們的想法，兩細胞胚胎中的一個細胞偏好發育成囊胚中的胚胎本體，而另一個細胞則偏好發育成胚外組織。這也顯示了這個偏好取決於兩細胞至四細胞階段的分裂方向與順序，這也會影響細胞後續的分裂結構模式。我們覺得這是一項驚人的研究，因此就將我們的紀錄影片與詳細的數據分析投稿到《自然》。

在我們的論文送出審閱且我們也對手稿進行修改以供後續

發表時,《科學》上出現了一篇內容也和小鼠胚胎縮時攝影有
關的論文,但那篇論文得出另一個結論:影響胚胎結構的是透
明帶的形狀。[18] 因此一點也不令人意外地,我們的論文最後被
退回了。

　　我那時剛生下賽門,要擴大我們的研究去了解為何我們的
結果與那篇剛發表在《科學》上的論文有如此差異,也需要時
間。《科學》上的那篇論文,最終被理查・加德納以一篇名為
〈小鼠囊胚之極性軸在囊胚形成前就已確立,並與透明帶無關〉
的論文推翻了。[19] 隨著時間過去,我們也擴展了自身的研究,
最終於2008年發表了支持我們研究結果的進一步證據。經由縮
時攝影追蹤每個細胞的先祖,我們看見了細胞在形成囊胚途中的
對稱與不對稱分裂結構,會受到來自受精卵動物極與植物極軸線
以及第一次分裂平面這些不對稱源頭的影響。[20] 我用「影響」一
詞有充分的理由,因為這是一種傾向而非絕對如此,因為小鼠
的胚胎發育具有可塑性。

　　我們進行細胞追蹤研究的同時,也在尋找能與打破對稱性

---

18. Y. Kurotaki, K. Hatta, K. Nakao, Y. Nabeshima, and T. Fujimori, "Blastocyst Axis Is Specified Independently of Early Cell Lineage but Aligns with the ZP Shape," *Science* 316 (2007): 719–723, doi:10.1126/science.1138591.

19. Richard L. Gardner, "The Axis of Polarity of the Mouse Blastocyst Is Specified Before Blastulation and Independently of the Zona Pellucida," *Human Reproduction* 22, no. 3 (2007): 798–806, doi:10.1093/humrep/del424.

20. M. Bischoff, D.-E. Parfitt, and M. Zernicka-Goetz, "Formation of the Embryonic-Abembryonic Axis of the Mouse Blastocyst: Relationships between Orientation of Early Cleavage Divisions and Pattern of Symmetric/Asymmetric Divisions," *Development* 135 (2008): 953–962, doi:10.1242/dev.014316.

起源真正連貫的具體化故事，我們還需要去了解引導生命之舞的基本基因指示細節。

這個機制是什麼？

隨著時間過去，我們的部分同領域人士開始公開認可，我們在早期胚胎結構上的研究成果中是有些重要東西存在。但他們也提出問題：這個機制是什麼？在發育一開始時，是否存在有某個基因或是某種表觀遺傳修飾，開啟了細胞偏好的命運發展歷程？若真是如此，我們找得出來嗎？

為了進行確立這個機制的研究，我們需要經費支援。但我們四處碰壁。每當我為這項研究申請經費時，其中一位匿名審查者就會說，沒有證據顯示在發育早期細胞之間會有不同，所以也就沒有機制需要去發現。你絕對不會相信我有多少件研究經費申請計畫都以這樣方式被駁回，還有我浪費了多少個月的時間去撰寫這些計畫。最終，要感謝一位博士後研究員的意外發現，才讓我們有了進展。這位博士後研究員是瑪麗亞埃琳娜・托雷斯帕迪拉（Maria-Elena Torres-Padilla），她在巴黎巴斯德研究所（Pasteur Institute）取得博士後就加入我們的團隊。

當時我實驗室隔壁是我的朋友，傑出的癌症生物學家托尼・庫扎里德斯（Tony Kouzarides）。托尼發現數種針對某種組蛋白（histone proteins）的表觀遺傳修飾，這種組蛋白會協助細胞將DNA打包至染色體中。這些改變會影響到哪些基因會被讀取，並可能改變細胞的特性。在托尼直接與間接的影響下，我們得以確定在胚胎四細胞時期各個細胞間特定表觀遺傳修飾的重要差異。

　　瑪麗亞埃琳娜發現了一種名為H3的組蛋白，其兩個特定精胺酸殘基（arginine residues）上的甲基化會有差異。（精胺酸是一種胺基酸，是建構蛋白質的元件之一。）我們起初認為這些差異可能反映出的是分裂週期的不同階段，因為細胞分裂並不同步。但我們很幸運的是，這項差異確實代表著重要的意義：這種特定甲基化的最低程度都出現在一種細胞中，就是我們之前發現偏好於形成滋養層的那種細胞，也就是之後會形成胎盤而非胎兒的細胞。

　　然而無論是多完美的相關性，那都不是因果關係。為了確定這個發現是否真的具有意義，瑪麗亞埃琳娜將CARM1酵素的訊息注入兩細胞胚胎時期的其中一個細胞中，這將使得精胺酸殘基上的組蛋白H3甲基化。這顯示出這種單一改變可使細胞更具有多能性，並能擁有最高的發育潛力。這種改變促使編碼多能轉錄因子的基因會有更高度的表現，目前已知名為SOX2與NANOG的分子開關會賦予細胞多能性。結果就是，具有較高濃度CARM1酵素的細胞所產生的後代細胞，將會變成胚胎本體。

　　這個分子開關很驚人。我們的研究對於其中一個胚胎細胞開始分化形成滋養層的偏好機制，提供了初步的了解。這個細胞中的CARM1酵素活性最低。我們的發現發表在2007年的《自然》上。[21]

　　這項研究首次揭露了小鼠胚胎不均勻分布與打破對稱性背後的分子機制。[22]它顯示了細胞間對於特定命運的競爭，這也意味著有些細胞比其他細胞更容易形成胚胎，讓細胞們的命運產生偏差。碰巧的是，在論文發表的那一天，我也在劍橋的羅西醫院（Rosie Hospital）生產了。這是我人生中另一個極為開心的時刻。

單一細胞的故事

　　過去我一直想要了解首個打破對稱性事件的分子機制，不過我在此時受到其他主題所吸引，於是原先的研究就中斷了多年。然而幾年前，當我們有機會以強大的新方式觀察早期胚胎時，我又重拾起對於對稱性研究的興趣。得利於同事們在核酸定序領域的進展，讓我們得以讀取個別細胞中的所有RNA訊息。RNA訊息會從細胞的遺傳資訊庫（以DNA的形式儲存）攜帶出製造蛋白質的指示。接續要將mRNA的密碼轉換成蛋

21. M. E. Torres-Padilla, D. E. Parfitt, T. Kouzarides, and M. Zernicka-Goetz, "Histone Arginine Methylation Regulates Pluri potency in the Early Mouse Embryo," *Nature* 445, no. 7124 (2007): 214–218, doi:10.1038/nature05458.
22. Torres-Padilla, et al., "Histone Arginine Methylation Regulates Pluripotency," 214–218.

白質時，細胞就要運用到第二種RNA，也就是tRNA（transfer RNA，轉運核醣核酸），這種RNA帶有蛋白質的建造元件胺基酸。由於我們能夠確切知道實際出現的是哪些訊息，也就得以揭開從胚胎生命開始的每個細胞中，哪些基因被打開、哪些基因被關閉。

在2014與2015年，有論文指出從DNA複製進入RNA訊息中的完整基因指示，在兩細胞胚胎的細胞之間中會有不同。[23]這些研究也確認了兩細胞中只有一個具有全能性，能夠發育成小鼠，這樣的結果與當初安・麥克拉倫與金妮・帕帕約安努最初所得的實驗結果一致。

運用這種極為靈敏的技術，我們現在可以探討：與偏好形成滋養層的細胞相比，偏好形成胚胎本體的細胞會依序使用哪些基因。那時，瑪麗亞埃琳娜已在自己的道路上更向前邁進一步，她在德國慕尼黑建立了自己的實驗室去迎接新的挑戰。不過我有一位新來的博士生，他富有好奇心，而且重要的是，他也具有足夠的熱忱去重新探討這個長期有爭議的問題。他就是從南非過來加入我們的穆賓・古蘭（Mubeen Goolam）。

---

23. Fernando H. Biase, Xiaoyi Cao, and Sheng Zhong, "Cell Fate Inclination Within 2-Cell and 4-Cell Mouse Embryos Revealed by Single-Cell RNA Sequencing," *Genome Research* 24, no. 11 (2014): 1787–1796, doi:10.1101/gr.177725.114; Junchao Shi, Qi Chen, Xin Li, Xiudeng Zheng, Ying Zhang, Jie Qiao, Fuchou Tang, Yi Tao, Qi Zhou, and Enkui Duan, "Dynamic Transcriptional Symmetry-Breaking in Pre-implantation Mammalian Embryo Development Revealed by Single-Cell RNA-Seq," *Development* 142 (2015): 3468–3477, doi:10.1242/dev.123950.

穆賓還記得當時的情況，每個胚胎從兩細胞階段分裂到四細胞階段都已經是深夜，這之間要花上好幾個小時進行觀察。接著要將每個細胞分離。只要其中一個細胞受損，「我們就只能報廢整個胚胎。」即便如此，在他的回憶中，這是一段令人興奮的時光。[24]

我們又再度面對一堆需要精準應對的研究，還有會從傍晚到做到隔天早上的實驗。我請團隊中兩位出色的胚胎學家來協助穆賓，一位是來自波蘭的阿格涅斯卡·傑德魯西克（Agnieszka Jedrusikz），另一位是從紐西蘭來的莎拉·格拉漢，他們兩人都在我的實驗室中完成博士學位，並繼續留下來工作。為了提供協助，我買了一張沙發床放置在辦公室中，還買了一台義式濃縮咖啡機。

對這些數據進行計算分析的是附近歐洲生物資訊研究所（European Bioinformatics Institute）的約翰·馬里奧尼（John Marioni）團隊，特別是其中的安東尼奧·斯卡爾多內（Antonio Scialdone），他們是我在劍橋所能發現的最好團隊。[25]當安東尼奧分析在四細胞胚胎的各個細胞中，哪些基因的運作方式會有顯著的差異時，他發現數量太多了，多到無法進行研究。由於

24. 參考自穆賓·古蘭（Mubeen Goolam）於2018年9月17日寫給羅傑·海菲爾德的電子郵件；穆賓於2018年8月23日與羅傑·海菲爾德的會談。

25. M. Goolam, A. Scialdone, S. J. L. Graham, I. C. Macaulay, A. Jedrusik, A. Hupalowska, T. Voet, J. C. Marioni, and M. Zernicka-Goetz, "Heterogeneity in Oct4 and Sox2 Targets Biases Cell Fate in 4-Cell Mouse Embryos," *Cell* 165 (2016): 61–74, doi: 10.1016/j.cell.2016.01.047.

那時已知OCT4與SOX2這兩個關鍵轉錄因子能夠調節對細胞全能性與彈性至關重要的基因活動，所以他提出了一個好主意，要我們著重在這兩個關鍵轉錄因子的標靶基因上。我們可以展現出它們的標靶基因具有差異極大的活化結構模式。

這些研究結果找出了好幾個基因，不過我們決定一開始只聚焦在其中一個：名為SOX21的轉錄因子。我們基於許多理由做出這樣的決定。其中一個理由是因為它在胚胎中運作的時間就是在四細胞階段，另一個理由則是它所指示製造的蛋白質也在這階段的細胞中出現程度上的差異。

為了測試SOX21的功能，穆賓分別強化或是降低胚胎細胞中的SOX21，以製造出SOX21濃度不同的胚胎。SOX21濃度被改變的細胞會被標記起來，好讓穆賓可以追蹤它們的命運。這些研究結果顯示，在分化形成滋養層的過程中，SOX21會調節另一個關鍵轉錄因子CDX2的表現。CDX2的作用是阿格涅斯卡博士論文的重點，而我們經由自身團隊的實驗與他人的偉大研究也對此基因有了眾多了解。[26]

穆賓發現高濃度的SOX21會讓細胞偏好於形成上胚層，因為這會降低CDX2的濃度。相反地，低濃度的SOX21就會造成高濃度的CDX2，這會讓細胞偏好去形成滋養層。值得注意的

26. A. Jedrusik, D.-E. Parfitt, G. Guo, M. Skamagki, J. B. Gra barek, M. H. Johnson, P. Robson, and M. Zernicka-Goetz, "Role of Cdx2 and Cell Polarity in Cell Allocation and Specification of Trophectoderm and Inner Cell Mass in the Mouse Embryo," *Genes and Development* 22 (2008): 2692–2706, doi:10.1101/gad.486108.

是，我們發現造成SOX21表現差異的源頭就是CARM1的活性，CARM1就是我們早先與瑪麗亞埃琳娜研究好幾年的那個酵素。

至少我們發現到在四細胞時期造成細胞發育潛力產生差異的機制，這個機制解釋了在發育初期的細胞為何不是一模一樣的。

這是個驚人的發現，但我們的投稿並沒有馬上被接受。三位匿名審稿人中的一位不喜歡我們又重新探討生命初始時小鼠胚胎細胞並不相同的這種概念。不過期刊編輯保持開放的態度，並且在最後將我們的手稿與三位審稿人的評論以及我們的回應，通通寄給一位在此領域德高望重的專家學者，據說這位學者並沒有涉及過去的爭議，能夠不帶偏見地評判我們的研究。

我們並不知道這位審查學者是誰，但他們喜歡我們的研究並建議發表我們的論文，這讓我們鬆了一口氣。在我與許多優秀同事歷經這麼漫長的旅途後，我們一同慶祝這個好消息。我首先跟家人一起到峇里島度假，然後回到實驗室跟我們團隊喝了許多香檳。這篇論文於2016年發表在《細胞》這本權威期刊上。[27]

令人吃驚的是，在三月份的《細胞》上，還有另一篇論文跟我們有一樣的結論。由新加坡科技研究局（the Agency for Science, Technology and Research）分子與細胞生物學研究所的尼科．普拉赫塔（Nico Plachta）所領導的研究團隊，運用創

---

27. Goolam, et al., "Heterogeneity in Oct 4 and Sox2 Targets," 61–74.

新方式研究小鼠四細胞胚胎的DNA與轉錄因子間之互動。他
們發現SOX2會在不同期間與四細胞胚胎中之個別細胞的DNA
結合，而且結合的長度關乎到細胞的命運。因此，早在四細胞
時期，SOX2與DNA的結合長度就可用來預測細胞的命運。同
樣令人高興的是，尼科發現SOX2與DNA的結合長度取決於
CARM1的活性，在四細胞時期的各個細胞中，CARM1的活性
具有差異。[28]

　　尼科團隊漂亮且複雜研究，訴說著同樣的故事：小鼠胚
胎中的細胞不是一模一樣的，它們的命運會受到四細胞時期
CARM1活性的不同而有所差異。[29]在同一期《細胞》上，還
有一篇關於這兩篇論文與其相關性的評論，這篇評論由加州拉
荷亞沙克研究所（Salk Institute）的胡安‧卡洛斯‧伊茲皮蘇
亞‧布爾蒙特（Juan Carlos Izpisua Belmonte）所撰寫。布爾蒙
特是一位在研究細胞命運如何編程與如何重新編程上表現出色
的學者。

　　不斷累積的證據支持了我們的假設：當胚胎到達四細胞時
期時，這四個細胞確實已經出現差異。我們花了很長的時間，
但現在我們了解到初始偏好如何產生以及如何作為早期驅動力
在生命初現之時一步步決定細胞命運的基本原則。

28. M. D. White, J. F. Angiolini, Y. D. Alvarez, G. Kaur, Z. W. Zhao, E. Mocskos, L. Bruno, S. Bissiere, V. Levi, and N. Plachta, "Long-Lived Binding of Sox2 to DNA Predicts Cell Fate in the Four-Cell Mouse Embryo," *Cell* 165 (2016): 75–87, doi:10.1016/j.cell.2016.02.032
29. White, et al., "Long-Lived Binding of Sox2 to DNA," 75–87.

如何產生雙胞胎？

自從我們發現發育偏好的證據後，我們就想去了解這種偏好為何如此強大，以至於通常在兩細胞胚胎中只有一個而非兩個細胞能夠正常發育。它是否與多能細胞的產生有關？多能細胞就是之後會發育成身體的細胞。

傑出的英國發育生物學家路易斯‧沃派特常常問我，我們要植入幾個多能細胞才能確保懷孕成功。要創造一隻小鼠顯然是有最小需求量，但那是多少呢？

正如同科學中時常發生的情況，這個問題的答案最終在無預警的情況下出現，在我們團隊隊員珊姆‧莫里斯（Sam Morris）的活體影像研究中現形。珊姆將兩細胞胚胎中的細胞分離，並讓它發育成一半大小的囊胚。她計算這兩個雙胞囊胚中上胚層細胞的數量，然後將囊胚移植到代理孕母中。我們以這種方式發現了路易斯問題的答案：在植入當下，你最少需要**四個**多能細胞才能產生出一隻小鼠。在兩細胞時期將細胞分離後，其中一個細胞會產生出這個數量的細胞，另一個細胞就不行了。

珊姆將實驗向前更推進一步。她想要知道兩個細胞中的哪一個可以達到發育成個體的這項壯舉，哪一個則不行。為了找到答案，她以同樣類型的細胞建立出嵌合體，就跟卡羅琳娜當初做的一樣。她發現分離後無法發育的細胞是注定在四細胞時期形成植物細胞的那一個，也就是植物細胞的「母細胞」。

　　更驚人的是，對於這個全能性不足的細胞，珊姆可以經由增加它製造的多能細胞數量來拯救它。為了達成這個目標，她以特殊藥物干預兩組訊號蛋白：纖維母細胞生長因子（fibroblast growth factors, FGFs）與 Wnt 蛋白（Wnt proteins）。珊姆成功地以這種方式讓兩細胞時期的兩個細胞發育成雙胞胎小鼠。這個研究在2012年公開發表。[30]珊姆是我團隊中的最佳隊員之一，她全心投入我們許多的研究計畫中並做出貢獻，而這應該是她最棒的成就了。在半個世紀後，認定兩細胞胚胎中的兩個細胞是相同的教條，終於被打破了。

複製

　　在2004年開始與柊卓志及索特爾混戰時，約翰‧格登就警告我，由於科學的謹慎步調，這場爭論要以某種方式平息可能要花費十年的時間。約翰完全正確，當然即使是今日，仍有一些人抱持著懷疑的態度。我們確實在十年後發現奠定結構的機制，這些結構在小鼠發育的極早期就已出現，而小鼠的發育過程正是用來了解人類發育的最常見模型。更棒的是，其他沒有被狂風暴雨的爭論嚇跑的科學家，運用了最新的強大工具來研

30. Morris, et al., "Developmental Plasticity Is Bound by Pluripotency," 756–765.

究活體胚胎，並得出相同的結論。

　　儘管我們的研究遭到反對，但我們實驗室的結果已被同領域人士在其他獨立研究中成功複製。舉例來說，其中一位傑出活體胚胎影像學家，加州理工學院的物理學家史考特・弗雷澤（Scott Fraser），其研究團隊就證實了轉錄因子OCT4控制小鼠胚胎發育的動力學。他們漂亮的研究揭開了在四細胞胚胎的個別細胞中，OCT4在細胞核與細胞質之間的移動會有差異。他們的研究顯示，OCT4在細胞核中留置得愈久，細胞就會變得更具有多能性。[31]換句話說，OCT4移動得愈緩慢的細胞，就愈有可能形成胚胎本體，而OCT4移動較快的細胞大多就會形成滋養層。

　　如我之前所提，這類研究的第一人尼科・普拉赫塔，與他的團隊進行了更進一步的研究。他運用一種可以視覺化呈現出轉錄因子與DNA間互動的方式，發現到在四細胞時期的特定細胞中，對細胞多能性極為關鍵的SOX2與DNA結合時間比較長，而這些特定細胞就是後續偏好形成胚胎本體的那些細胞。[32]尼科的團隊也發現了，這些差異起因於CARM1的活性差異。

　　其他對於早期胚胎結構模式的確認則來自哈佛大學凱文・伊根（Kevin Eggan）的團隊。凱文曾榮獲麥克阿瑟基金會

31. N. Plachta, T. Bollenbach, S. Pease, S. E. Fraser, and P. Pantazis, "Oct4 Kinetics Predict Cell Lineage Patterning in the Early Mammalian Embryo," *Nature Cell Biology* 13 (2011): 117–123, doi: 10.1038/ncb2154.
32. White, et al., "Long-Lived Binding of Sox2 to DNA," 75–87.

的「天才獎」，他的團隊運用基因方式來標記彩虹小鼠的細胞，讓不同的細胞世系會出現不同的顏色。經由追蹤細胞的命運，凱文團隊發現四細胞胚胎中的細胞並不相同，而且比想像中更早偏向特定的發育路徑。[33]他們的研究發表在《當代生物學》上，我記得凱文提過，儘管他們的結果非常清楚，但因為匿名審稿人的批評，讓這篇論文的發表著實困難。

　　他們還將此一發現向前再推進一步，證實這些細胞在囊胚時期以及胚胎著床後的命運都是不同的。他們的結論是：在囊胚時期觀察到的偏好會持續到著床後階段，因此也關乎到後續的發育。[34]跟史考特・弗雷澤與尼科・普拉赫塔的研究相比對，我們就有了具一致性的好例子，因為這些從各自獨立且不相關來源的證據都趨向同一個結論。

　　雖然我們已經瞥見了打破對稱性的時間點與機制，但還有許多問題仍待解答。其中一個問題是關於八細胞時期的細胞極化：這是由什麼所誘發，而在胚胎發育這麼具有彈性的情況下，又是哪種機制確保這會準確發生在八細胞胚胎晚期呢？細胞中是否存在有某種計時器可以告訴細胞要做什麼？研究這種胚胎計時器的本質，是我同事朱孟（Meng Zhu，音譯）最近的

33. I. Tabansky, A. Lenarcic, R. W. Draft, K. Loulier, D. B. Keskin, J. Rosains, J. Rivera-Feliciano, J. W. Lichtman, J. Livet, J. N. Stern, J. R. Sanes, and K. Eggan, "Developmental Bias in Cleavage-Stage Mouse Blastomeres," *Current Biology* 23 (2013): 21–31, doi:10.1016/j.cub.2012.10.054.
34. Tabansky, et al., "Developmental Bias in Cleavage-Stage Mouse Blastomeres," 21–31.

愛好。

　　其中最根本的是，我們仍在尋找四細胞時期這種不對稱性的起源。它似乎取決於兩細胞時期的不對稱性，但這種不對稱性是打哪兒來的？它是否與卵子沿著動物極與植物極軸線的不對稱性有關？還是與精子進入點有關？它會與精子以小小RNA形式帶入的遺傳物質有關嗎？還是所有這些因子都有不同程度的參與，而這就是為什麼要確立不對稱性來源這麼困難的原因嗎？

　　在我們開始研究單一細胞的分子特性之前，也就是在追求了解四細胞胚胎的空檔之際，我將團隊的研究重心轉移到較晚的發育時期，聚焦於那個因為我們無法對整個著床時期的胚胎進行觀察與實驗而一直成謎的時期，也就是所謂的哺乳動物發育黑盒子。

　　當我們開始這場科學冒險時，追蹤細胞命運的唯一方法就是將含有綠色螢光蛋白標記細胞的胚胎植入做為代理孕母的小鼠體內進行著床，然後在幾天後將胚胎取出，看看帶有標記的子代細胞最後跑到哪裡去了。是否如同凱文・伊根研究所顯示的，胚胎在著床後的成長，仍會受到打破對稱性首次作用的影響呢？或是這個事件的所有記憶都會在身體體制創造出來時被抹去呢？

　　這是我在1990年中期就試過要探討的問題，但當時大多數時候，絕大部分的標記在胚胎著床後擴大生長的過程中都無法持久。這個實驗必須一再重覆進行才能達到足夠數量以提供有用資訊。我並不想回頭使用這種浪費時間的方式。但最重要的是，本質上要了解這個過程就要去觀察它發生的情況，然而在胚胎藏身於母體中時這是不可能的。

如果我們可以完成這類研究，或許就可以了解為何有些胚胎即使擁有染色體異常的細胞仍然可以良好發育。我的賽門以及如何去解讀從我胎盤絨毛膜取樣所得的異常結果將我們連結在一起，這些實驗也許會帶來新的見解。要研究這個發育階段，必須找到一個能讓胚胎在實驗室中發育得比過往還要久的方式，要橫跨它們正常在母體內著床的整個過程。

6 破解黑盒子

　　史考特・弗雷澤在演講時，喜歡給他的聽眾一個挑戰：對於一個從未看過或玩過的球類運動，你要花多少時間才能搞懂它的規則？為了說明這件事的困難度，他放出了幾張美式足球的照片，這些照片中出現了球員疊羅漢、鏟球、爭球以及具有戲劇效果的啦啦隊疊羅漢等動作。要從一張肢體動作照片與另一張肢體動作照片中，搞清楚球賽的關鍵要素並不容易。[1]

　　我的朋友史考特目前是洛杉磯南加大科學計畫的主任，他很不簡單地拍攝到胚胎發育的連續鏡頭。據他所言，兩支球隊在比賽中對峙時，照片空檔間會發生的情況太多。事實上，也因為可能性太多，所以很難胸有成竹地推斷從一個動作變換到另一個動作之間究竟發生了什麼事。當胚胎隊的細胞選手與母體隊的細胞選手交戰時，要釐清一張細胞混戰的照片與另一張照片間究竟發生了什麼事，也一樣地困難。前述情況的前提是

1. J. W. Lichtman and S. E. Fraser, "The Neuronal Naturalist: Watching Neurons in Their Native Habitat," *Nature Neuroscience* 4 (2001): 1215–1220, doi:10.1038/nn754.

在我們只擁有照片的情況下。當然，解決這個問題的答案就是連續拍攝發育過程，就像我們對著床前的初期胚胎所進行的拍攝一樣。在所有我們想要了解的人體發育未知空檔中，胚胎在子宮內著床的那一刻是最神祕也最具關鍵的其中一個重要空檔。

因為著床發生在發育的第二個星期，而英國法律允許科學家培養胚胎的時間為兩週，也就是有14天的限制，所以你或許會認為這些胚胎所進行的例行研究都是14天。[2] 但培養人類胚胎的例行研究卻只有6天。曾經有篇論文提到，他們在子宮細胞的協助下培養了胚胎9天，但其胚胎的健康情況還有待商榷。[3] 人類胚胎從第六天起的囊胚發育到原腸化的過程，目前都還看不見。

無論是小鼠還是人類胚胎，在著床之前還都是一個自由漂浮的小小細胞球，也就是與卵子大小差不多的囊胚。當小鼠囊胚達到一百個細胞時，透明帶就會爆開，釋放出仍在發育中的胚胎，讓它在母體的子宮壁上著床並開始成長。

在「孵化」的階段，胚胎內會形成一個空腔。囊胚成了漂浮在液體中的球狀細胞。若你可以看到此中空球的內部，你就會看見由細胞所構成的凸起，也就是上胚層。人體就是從這群

2. Insoo Hyun, Amy Wilkerson, and Josephine Johnston, "Embryology Policy: Revisit the 14-Day Rule," *Nature* 533 (2016): 169–171, www.nature.com/news/embryology-policy-revisitthe-14-day-rule-1.19838.
3. J. Carver, K. Martin, I. Spyropoulou, D. Barlow, I. Sargent, and H. Mardon, "An In-Vitro Model for Stromal Invasion During Implantation of the Human Blastocyst," *Human Reproduction* 18 (2003): 283–290.

細胞成長而來，這些細胞是身體內每個細胞的祖先。周邊細胞有兩種：在上胚層的其中一側是原胎內胚層，這後續會形成卵黃囊；另一側的是滋養層，它會為胚胎提供生命支持系統，也會提供在母體內建立家園的工具。滋養層細胞直接參與了囊胚嵌入母體子宮中的關鍵步驟。

在我目前的演講中，大多會以一張五彩繽紛的囊胚照片開場。我在囊胚照片的前面放了一個大大的問號，在後面放了另一個更大的問號。這是當前驅動我實驗室研究的兩大問題：如同我之前提過的，第一個問題是囊胚的三種細胞是如何產生的？第二個問題是這三種細胞彼此間是如何互動以形成像我們這樣複雜的生物？

胚胎很容易就可以在培養基中成長至囊胚階段，但胚胎進入著床階段就不是如此了。我們是這麼進行實驗的：先標記囊胚中的各個細胞，並將囊胚轉移到代理孕母體中，然後在著床後再將胚胎取出以追蹤細胞的後代。而我們最終能夠取得的就是一系列的照片。這些照片真能代表發育的過程，還是像有些電影預告那樣會造成嚴重誤導？我們會不會沒有掌握到關鍵事件？能不能找到一種方法可以讓胚胎在沒有子宮遮蔽的環境中成長，方便研究者拍攝與記錄胚胎發育的每個步驟？

無法知道胚胎在著床與剛著床後是如何發育的，會阻礙我們在許多方面的理解。針對這段發育時期進行研究，將可提供眾多實質效益。對此進行深入了解將有助於改善試管嬰兒的成功率，並擴展我們有關幹細胞分裂成不同細胞世系的知識。這亦可促進幹細胞在再生醫學中的應用，我們將在第十章中提到醫生們正在努力構想可以培養替代細胞、組織甚至是器官的方法。

這個發育階段也是許多女性懷孕終止的時間點，而那些女性甚至不知道自己懷孕了。[4]大自然很浪費，或也可以說是具有防護意識，只要胚胎出了錯就很有可能被淘汰掉。胚胎著床在母體內之前的早期懷孕階段，大約有30%的懷孕會失敗。而著床當下也會有30%的懷孕失敗，這也是許多缺陷可能發生的時間。有些缺陷是致命的，有些則會導致像連體雙胞胎等等的異常情況。

不過我承認自己也是受到最古老的科學動機所驅使：我想要對人類生命故事的關鍵篇章有基本了解，而這個篇章就是胚胎開始成長且完整身體體制開始確立的時刻。

我的好奇心也讓我想要去了解為何有些不完整的胚胎可以發育成正常的生命個體。我不知道我個人異常的懷孕檢測結果背後的故事，但我想要去了解藏身其後的基本科學。正因如此，所以我們研究胚胎的時間要比當下可行的時間還要更長才行，而且我們不只要研究小鼠的胚胎，還要研究人類的胚胎，因為兩者的胚胎從著床起的發育情況就不大相同了。

---

4. William Richard Rice, "The High Abortion Cost of Human Reproduction," *bioRxiv* (2018): 372193.

　　人類胚胎只要兩天就可以從相對簡單的細胞球發育成較為複雜的盤狀結構，只要 10 天就可以長成五倍大。人類與小鼠胚胎結構在這個時間點出現令人吃驚的大範圍分歧，小鼠胚胎會形成杯狀而非盤狀結構，並在第五天左右形成由三種幹細胞所構成的圓柱體。當細胞移動與重整為身體體制的前導結構時，也就是細胞在決定形成大腦、腸道、骨骼與許多其他組織之前，三種幹細胞中的上胚層細胞會經歷原腸化過程而發育成胚胎本體。小鼠胚胎約在六天半時會開始進行原腸化，而人類胚胎則要到第十四天時才會到達這個階段。

　　當我首次提起是否有可能在培養基上培養胚胎到囊胚期之後，我導師與同事的態度都很令人洩氣。他們告訴我：「這太難了」，而且任何論文所提到的方法都難以複製。我翻閱了一些有關在著床期間培養胚胎的古老論文，但都沒有提供太多胚胎著床前後結構如何轉變的內容。的確，我可能真的在浪費時間，因為胚胎或許得仰賴與母體子宮內壁的互動才能開始正確成長與重組結構。

　　多年來，我收起自己的好奇心，全心專注在解析細胞在著床前於何時以何種方式開始分化。不過這在 2009 年出現變化，我受到胚胎發育生物工程的啟發，決定要試上一試。當我們最終看到黑盒子裡頭時，我們發現教科書中以最完整的現有知識對於此發育過程所做的猜測是錯誤的。

尋找胚胎

　　人們對於胚胎在著床時期的初步了解，來自半個多世紀前所發表的人類胚胎研究。1956年5月，《美國解剖學期刊》（*American Journal of Anatomy*）上刊載的一篇論文，讓我們瞥見了黑盒子的內部。[5]這篇論文研究了發育時間點從第二天到第七天的人類胚胎，總共有34個從幾十年前組織中發現的胚胎。這些胚胎樣本來自1933年與1934年接受子宮切除術的婦女身上。這些手術是由論文的第一作者，也就是來自巴爾的摩華盛頓卡內基研究所的艾利諾・亞當斯（Eleanor Adams）在所內胚胎學系系主任喬治・斯特里特（George Streeter）的指導下所執行的。[6]

　　卡內基研究所在研究從1880年起收集的一萬個人類胚胎後，提出了23個時期的標準化系統，以提供脊椎動物胚胎發育的統一時程表。但他們缺少關於胚胎發育最初二週的研究素材，並且希望可以補上人類故事缺失的這一章。當亞瑟・赫帝格（Arthur Hertig）來到產科醫院（Lying-In Hospital）與婦女免費醫院（Free Hospital for Women）工作，成為波士頓的病理學家，並聘用了此篇論文的第三作者外科醫師約翰・洛

---

5. A. T. Hertig, J. Rock, and E. C. Adams, "A Description of 34 Human Ova within the First 17 Days of Development," *American Journal of Anatomy* 98, no. 31 (1956): 435–493, doi. org/10.1002/aja.1000980306.

6. Hertig, et al., "A Description of 34 Human Ova," 435–493.

克（John Rock）時，機會就出現了。

在獲獎感言中說出不會顯得格格不入的一連串感謝後（像是「絕佳的準備」、「精湛的攝影技術」、「開創性的技術」等等），他們提到了這篇研究中所需女性的選擇標準：這些女性必須是症狀嚴重到需要以子宮切除術來解除，而且她們必須仍有生理期，這樣才能排卵。

醫師們從1938年到1954年分析了211位接受子宮切除術患者的子宮組織，並在其中發現34個早期胚胎（他們稱為卵子），這些胚胎之中有26個已經著床。而其中有21個是正常胚胎，另外13個則出現異常。將這些胚胎浸入蠟質材料後進行切片與拍攝，就完成了「卵子首次的一系列完整研究……從只有兩天大小還在輸卵管中的兩細胞卵子，到具有枝狀絨毛膜與明確胚胎軸線的17天著床卵子。」

在這篇論文的圖27中，你可以看到12天大的胚胎被埋在子宮的表面下。而在圖43中，13天大小的胚胎裡可看見凝固的血塊，這也表示著床具有侵入性。當胚胎著床時，它會破壞子宮壁內的血管，造成一些出血。

不同物種的哺乳動物胚胎，一旦擺脫了透明帶這層外殼，就會採用不同的策略在子宮中進行著床。小鼠與大鼠胚胎會摧毀子宮壁。天竺鼠胚胎會在細胞間滑動。兔子胚胎會與子宮細胞融合。而人類與其他靈長類動物則會在子宮壁上打洞。

這些胚胎全都試著要「解決」同樣的問題，就是與母體創造一份聯合經營的事業，而這份事業就是所謂的胎盤。在所有的情況下，入侵母體的胚胎會觸動相鄰的子宮內膜重組，形成名為蛻膜（decidua，這個字源起於拉丁文中的 *deciduus*，意思是「脫落」）的組織。在小鼠中，這個相鄰組織會與子宮的其他部分不同，會比其他組織更富有彈性，也就是肌肉更發達。

蛻膜保護胚胎免於受到母體免疫細胞的攻擊，並在胎盤形成前提供養分。有些營養來自一種名為自然殺手細胞的母體免疫細胞，這種細胞會分泌出與廣泛發育程序有關的促進生長因子。[7]

英國辛克斯頓（Hinxton）惠康・桑格研究所（Wellcome Sanger Institute）莎拉・泰克曼（Sarah Teichmann）團隊中的羅斯・文托托莫（Rose Vento-Tormo）研究了大約七萬個早期胎盤細胞中的 RNA 遺傳密碼，他的研究顯示了胎盤在著床並在子宮壁內建立血管與其他結構時，母體的免疫系統如何被抑制以及去適應支持胎盤的存在。[8] 我的前實驗室同事安娜・胡帕洛斯卡（Anna Hupalowska）在刊登她們研究的 2018 年度《自然》

7. B. Fu, Y. Zhou, X. Ni, X. Tong, X. Xu, Z. Dong, R. Sun, Z. Tian, and H. Wei, "Natural Killer Cells Promote Fetal Development Through the Secretion of Growth-Promoting Factors," *Immunity* 47 (2017): 1100–1113, e6, doi:10.1016/j.immuni.2017.11.018.
8. R. Vento-Tormo, M. Efremova, R. A. Botting, M. Y. Turco, M. Vento-Tormo, K. B. Meyer, J. E. Park, E. Stephenson, K. Pola ski, A. Goncalves, L. Gardner, S. Holmqvist, J. Henriksson, A. Zou, A. M. Sharkey, B. Millar, B. Innes, L. Wood, A. Wilbrey-Clark, R. P. Payne, M. A. Ivarsson, S. Lisgo, A. Filby, D. H. Rowitch, J. N. Bulmer, G. J. Wright, M. J. T. Stubbington, M. Haniffa, A. Moffett, and S. A. Teichmann, "Single-Cell Reconstruction of the Early Maternal-Fetal Interface in Humans," *Nature* 563 (2018): 347–353, doi:10.1038/s41586-018-0698-6.

封面上，以藝術創作的形式展現了這個研究的美妙之處。

胚胎如何入侵其母體的故事與癌症研究有關。著床的胚胎細胞具有能力可以增殖、分化、移動與生成血管（創造血液供給），還可以躲避母體的免疫系統，這讓胚胎細胞成為癌症研究的有效模型。舉例來說，當胎盤由於血液供給問題而無法適當發育時，就會發生子癇前症（preeclampsia），這會在懷孕期間造成嚴重的併發症。與子癇前症有關的大多數基因，都與腫瘤生長有密切關係。[9]

但在著床前的囊胚階段之後，胚胎是否需要與母體互動才能發育呢？若是沒有子宮的支援，胚胎還能良好發育嗎？

著床當下的胚胎

我終於下定決心，認為我們應該要創造出在子宮以外的適當環境來研究著床時期的胚胎，而我們選擇的研究對象也是一貫的小鼠胚胎。我認為需要克服的主要障礙是要找出模擬母體子宮效果的方式。但我錯了，解決辦法簡單得令人吃驚。

為了替研究打底，我們全面考察了過去用於培養胚胎的方式，並發現到加入來自人類臍帶的血清似乎很重要。接生娜塔

---

9. F. Louwen, C. Muschol-Steinmetz, J. Reinhard, A. Reitter, and J. Yuan, "A Lesson for Cancer Research: Placental Microarray Gene Analysis in Preeclampsia," *Oncotarget* 3, no. 8 (2012): 759–773, doi:10.18632/oncotarget.595.

莎與賽門的醫生很好心地幫助我們取得捐贈給研究之用的新鮮人類胎盤，讓我們可以取得血清。

我還認為去模擬子宮本身的彈性或許也會有幫助。為了達成這個目的，我們開始與諾丁漢大學（University of Nottingham）的組織工程師凱文・沙克謝夫（Kevin Shakesheff）及他的團隊合作。直覺上似乎應該要給囊胚一些表面去入侵。因此我們試用了凱文團隊的水凝膠合成材料，我們合理認為這種材料具有與子宮組織類似的彈性。

我實驗室同事西瑪・格雷沃（Seema Grewal）、珊姆・莫里斯與佛羅倫斯・巴里奧斯（Florence Barrios）以及凱文團隊中來自諾丁漢藥學院（Nottingham's School of Pharmacy）的薩米爾・帕坦卡（Sameer Patankar）與李・巴特里（Lee Buttery）一同協助此項研究。在他們的協助下，我們設法建立出似乎可以矇騙胚胎相信自身已經著床的培養環境。胚胎開始成長並持續發育。

當你知道要怎麼做時，這就變得很簡單，但這花了西瑪好幾個月的時間去確認培養著床後小鼠胚胎的正確因素組合。即使我們成功了，我們還得要確保這個方法是可以複製的，一開始當然沒辦法。實驗在某一天是成功的，但隔天就不行了。這表示我們的培養環境不夠穩定。試著去了解發生什麼情況並去解決問題，是件十分緩慢的工作。

有個簡單的問題是覆蓋在培養皿底部的那層水凝膠。這

層水凝膠讓我們無法對發育的過程進行高解析度的攝影。這個
實驗計畫就是要在細胞合力進行形態發生的當下追蹤它們的進
展，但水凝膠造成了阻礙。

　　隨著時間過去，我們發現其實不需要水凝膠。一旦我們確
定可以誘發胚胎在體外發育的正確介質後，胚胎細胞可以直接
附著在塑膠的培養皿上發育。於是我們使用了具有特殊光學性
能的透明塑膠培養皿，可以穿透以拍攝高解析度影像。我們使
用這種培養技術的第一個發現，確立了小鼠胚胎如何形成它的
前後（頭尾）軸。包括我在內的許多此領域科學家，都進行了
研究想要去了解這條軸線的發育，而現在我們首次得以直接看
到這是怎麼發生的。

　　羅莎・貝丁頓的早期研究已經顯示，源自原始內胚層的特
殊細胞群所發出的訊號，會控制前頭部位的形成。[10]這群細胞被
稱為前端內臟內胚層（anterior visceral endoderm, AVE），若它
們不製造出訊號蛋白，胚胎就無法產生頭部。這是我們首次觀
察到在囊胚轉變成圓柱狀結構時，前端內臟內胚層是如何進行
發育的。頭部的形成涉及到具有抑制作用的蛋白質Cerberus，
因此我們使用了經綠色螢光蛋白標記Cerberus活性的轉基因胚
胎，而這些綠色螢光蛋白就是我跟隨馬丁・埃文斯進行博士後

10. P. Thomas and R. Beddington, "Anterior Primitive Endoderm May Be Responsible for Patterning the Anterior Neural Plate in the Mouse Embryo," *Current Biology* 11 (1996): 1487–1496.

研究時所發展出來的。

　　值得注意的是，我們看見隨著胚胎發育，有些細胞注定會形成前端內臟內胚層，而有些細胞就只能經由誘發才能在之後形成前端內臟內胚層。兩群細胞聚集在胚胎底部，並往某一側移動。它們移動時會傳送訊號至鄰近的上胚層，使其成為之後會形成頭部的那部分胚胎。我們的研究結果顯示，前端內臟內胚層似乎有兩個來源，其中一組細胞的祖先可以追溯至囊胚時期的打破對稱性事件。[11]這個結果強調了胚胎在著床前所發生事件的重要性，因為這些事件可能會影響之後身體如何形成。

　　在前端內臟內胚層的對側，有個名為 *Brachyury* 的基因會活化製造蛋白質。*Brachyury* 基因的活化意味著這裡是胚胎的後端，也代表著中胚層與原腸胚的形成。換句話說，經由觀察在培養皿中著床的這個黑盒子，我們可以在胚胎發育其前後軸時找出哪些基因會活化以及它們活化的順序。我們可以將造成原腸化的生命編舞拍成影片。對我而言，這是非常重要的觀察了解，我感覺我身體裡的每個細胞好像都在微笑。當我們知道《自然》的審稿人不想要刊登首次能以視覺化的方式觀察到胚胎在培養皿中著床發育的研究時，我們感到非常驚訝，因為我們的研究揭開了前端內臟內胚層分化的早期階段。這種情況我們

---

11. S. A. Morris, S. Grewal, F. Barrios, S. N. Patankar, B. Strauss, L. Buttery, M. Alexander, K. M. Shakesheff, and M. Zernicka-Goetz, "Dynamics of Anterior-Posterior Axis Formation in the Developing Mouse Embryo," *Nature Communications* 3 (2012): 673, doi:10.1038/ncomms1671.

之前也遇過，這次也是有位審稿人反對前端內臟內胚層起源於早期打破對稱性的這個概念。不過《自然通訊》期刊（*Nature Communications*）就很欣賞這種見解，所以在2012年刊登了這篇研究。[12]

不過我們又努力研究了兩年，才一步步地了解到胚胎在著床時的形態發生過程。在這個時間點，我團隊的兩位新成員伊凡・貝卓夫（Ivan Bedzhov）與梁傳昕（CY Leung）也改良了培養基的化學成分。我們的培養方式讓我們發現到，胚胎在著床時會以一種意想不到的根本方式改變它們的結構。[13]組成囊胚的三種細胞會重組形成新的結構。當上胚層從球狀變為杯狀時，它變成了由楔型細胞群所組成的美麗三維玫瑰花形。然後玫瑰花形的中心處形成了一個洞或內腔，最終擴展成為一個後續將環繞發育中胎兒的空腔。但這會不會是體外培養方式所造成的人工產物？經由分析在體內發育的胚胎，伊凡證實了在小鼠母體內著床的胚胎也會出現同樣的細胞編排。

由於過去無法培養胚胎，所以會運用幹細胞模型來進行實驗，根據這些實驗，上胚層中的洞是因為細胞自殺（所謂的細胞凋亡過程）所產生的。就像米開朗基羅必須削去大理石的某些部分才能雕刻出《大衛》一樣，細胞凋亡也是在協助雕塑器

---

12. Morris, et al., "Dynamics of Anterior-Posterior Axis Formation," 673.
13. I. Bedzhov and M. Zernicka-Goetz, "Self-Organizing Properties of Mouse Pluripotent Cells Initiate Morphogenesis upon Implantation," *Cell* 156 (2014): 1032–1044, doi:10.1016/j.cell.2014.01.023.

官與身體部位。細胞在經歷凋亡的過程時，細胞核會壓縮，並由一組特殊的酵素將其中的DNA剁碎。

　　但令人吃驚的是，小鼠胚胎會出現內腔並不是因為細胞凋亡。相反地，無論是在母體內或外，當細胞因為與細胞外基質接觸後而產生極化時，就會在著床當下開始出現驚人的自我建構。包括PAR蛋白等我們之前提過的細胞內容物進行不對稱的重新分布後，每個細胞的兩端都會產生差異：一端變成「頂端」，另一端變成「底端」。頂端會先聚集而後變得鬆弛，並分泌出特殊蛋白來打開一個洞口以形成內腔。

　　正如我之前說過的，我的實驗室同事安娜・胡帕洛斯卡不只是位科學家，也是一位藝術家。我問安娜是否可以找到一種方式來展現這個三維玫瑰花形結構的形成，讓我可以在演講中向一般大眾展示說明時，她提出了一個絕佳的二維模擬：她將其模擬為水上芭蕾，也就是上胚層的細胞就像是隨機分布的泳者，當這些細胞因極化而聚集時，就好像泳者聚在一起形成一個玫瑰花形似的。當細胞以這種方式排列，特定的亞細胞（subcellar）部分會朝內，並分泌液體以擴大空腔及打開玫瑰花形結構以形成所謂的原始羊膜腔（proamniotic cavity），就像是一個較大的中空甜甜圈。這個過程就是所謂的體腔形成（lumenogenesis）。沒有體腔形成這個過程，胚胎就會發育失敗而流產。

自我建構的人類胚胎

你可能會說，那下一步就很明顯了：我們是否可以將小鼠胚胎著床時的培養方式應用到人類胚胎上，看看人類胚胎在這個階段是怎麼發育的呢？我們是否也會在胚胎發育到第七天時看到由細胞組成的花瓣所形成的玫瑰花形，而其中的空腔也會發育成為胎兒的臨時住所呢？我們的生命是否就起始於這些小小的「花朵」呢？

人類胚胎需要特別的關注與照料，這我會在下一章中說明。取得研究人體組織所需的許可是一項重大任務，這些原因我們也可以理解。為了決定這是否值得這麼大的投資以及去檢視我們是否有任何成功的機會，我們在另一個已經取得這類研究許可的實驗室中進行了先導研究。

我們在 2013 年 5 月首次嘗試將人類胚胎培養至著床之後的階段，一開始只用了兩個胚胎。值得注意的是，我們的培養方式有效，而且其中一個胚胎開始成長並發育。

我們成功的消息出現在一個神奇的日子，這種日子並不常見。那天我在與大衛及賽門一起下廚時，接到阿格涅斯卡・傑德魯西克的電話，他問我實驗當下進行到第十一天，是否要停止了呢？我們決定再多進行一天。當晚我太過興奮以至於睡不著覺。

這小小的細胞球成功發育了 12 天。這天數是一般情況下的兩倍長，而且就我們所知，這是第一個能在實驗室中發育這麼久的人類胚胎。這燃起了我們心中的希望，相信總有一天，我們能夠運用這個方法來獲得人類生命如何開始的新科學見解與深度知識，對於流產這樣的問題也能有進一步的了解。許多人問我是否有去慶祝一下。我們並沒有慶祝，當下還為時過早。若我們的進展很重要，那麼我們不只要重製這個實驗，還要運用這項技術來發現一些重要的東西。儘管如此，我還是開心到有好幾天都無法專心在任何事情上。

為了進行必要的後續實驗，我們向英國的監管機構「人類受精與胚胎學管理局」（Human Fertilisation and Embryology Authority）申請許可。然而，這讓我陷入了一團混亂的現實與官僚問題中。恰巧當時我的實驗室得從劍橋大學的格登研究所，搬到我於2010年獲得終身教授職的生理學、發育學與神經科學系。

實驗室搬遷是件艱辛的工程，特別是有關精密昂貴設備的部分，這都得要小心打包、運送、組裝、測試與重新校準。同樣麻煩的另一件事是，要將研究許可從一個實驗室空間轉移到另一個實驗室空間。讓情況更加複雜的是，我們在系所中的永久空間還沒整理好。格登研究所的所長希望我們的實驗室空間要有擴展出另外一個研究團隊的餘裕，所以我們一開始不得不搬到臨時的空間中，而那裡沒有空房間擺放我們的顯微鏡或當成組織培養實驗室。最後我們在18個月中搬了兩次實驗室。

　　實驗室的搬遷讓我們的研究陷入停頓，我們的人類胚胎研究不得不擱置一年。這是段辛苦的日子，不過也讓我思考我在這一生中想做什麼，以及什麼對我來說是最重要的。我著重在可以讓我們探索的新想法，以及將自己的生活與職業託付給我的團隊成員。儘管我們能做的實驗有限，但我想讓他們跟我在一起時可以保持開心與動力。幸運的是，只有一個人離開，還有些優秀的同事在那個關鍵時刻加入了我的行列。我們利用這段時間向歐洲研究理事會（European Research Council, ERC）申請高級研究補助金以進行我們的五年研究，這非常適合研究「創意」想法。我們很榮幸地申請到這份補助金，而這份補助金就在我們搬進永久實驗室時撥款下來，助了我們一臂之力。

　　我們的實驗室終於在 2015 年準備就緒。這是我人生中首次擁有足夠空間可以進行所有的研究，還可以進行人類胚胎及胚胎幹細胞的研究，這裡還有我們第一間的組織培養室（萬歲！）以及配備齊全的顯微鏡室，這間大型暗房讓我們可以拍攝活生生的胚胎並研究生命之舞的細節。我非常開心。對於我的系主任比爾·哈里斯（Bill Harris）的信任與支持，以及讓我們跨出重要一步的歐洲研究理事會與惠康基金會獎助金，我不勝感激。

　　一將研究人類胚胎的許可轉移到新的實驗室，我們就展開研究。我們取得進行不孕症治療夫婦的同意，可以使用他們在試管嬰兒療程中所剩餘的胚胎。我們與兩個進行試管嬰兒療程的診所及臨床單位合作進行此項研究計畫，一間是關心不孕症診所（CARE Fertility clinic），賽門・費希爾（Simon Fishel）與艾莉森・坎貝爾（Alison Campbell）在這裡提供了重要的協助；另一間是倫敦的蓋伊醫院（Guy's Hospital），彼德・布勞德（Peter Braude）、雅庫布・哈拉夫（Yacoub Khalaf）與杜斯科・伊利克（Dusko Ilic）在此與我們通力合作，非常感謝他們的協助與專業見解。在前述這些人士以及三位我團隊同事（瑪爾塔・沙赫巴茲〔Marta Shahbazi〕、薩娜・沃里斯托〔Sanna Vuoristo〕與阿格涅斯卡・傑德魯西克）的協助下，我們開始培養人類胚胎至著床階段，想要發現它們如何產生對所有後續發育具關鍵性的重大轉變。

眾多趣味盎然的細節浮現出來。雖然理論上胚胎能以任何方位在母體內著床，但我們看到的是，它們著床的部位就是之後會形成胚胎本體的細胞群那一側。小鼠胚胎著床的方式就不一樣了。如同我早先所提過的，雖然人類與小鼠囊胚起初很相像，但是幾天後它們的結構看起來就截然不同了。

我們首先聚焦於一組在人類發育早期形成的關鍵細胞群。這組細胞群會形成下胚層與上胚層兩種組織。下胚層之後將會形成卵黃囊這個支持組織，而上胚層則會變成胚胎本體並發育出三種主要組織：外胚層（ectoderm）、中胚層（mesoderm）與內胚層（endoderm）。外、中、內胚層原文中的ecto、meso與endo是希臘文中的「外部」、「中間」與「內部」之意，而derm則是皮膚之意。

　　大約在受精的8天後，我們看到上胚層會形成在小鼠研究中令人看得目不轉睛的玫瑰花形。與小鼠胚胎一樣，人類的上胚層玫瑰花形也會打開，形成羊膜腔。

　　人類胚胎的另一個重組步驟，則是在盤狀胚胎的下胚層那一側產生了第二個更大的空腔。這是初級卵黃囊，其在自然的發展過程中會為發育中的胎兒提供血液供給。在人類胚胎中，第二空腔顯然是在第十一天形成的。

　　為了能對分子機制有初步了解，我們以螢光抗體為人類胚胎上色，好找出是哪些細胞在運用哪些基因。這項技術為我們提供了可以確認細胞身份的分子圖樣。我們運用抗體找出哪些細胞中出現OCT4與NANOG（我們在會變成胚胎本體的上胚層中發現到具有這些轉錄因子的細胞），又是哪些細胞中擁有GATA3（這些就是滋養層細胞，之後會變成胎盤）。這些基因在哪裡被表現出來的圖樣本身就帶有一種詭異的美感，而這些圖樣也揭開了人類生命故事的新細節。

　　如同我們所預期的，上胚層的細胞中只有一個細胞核，而胚胎周邊的細胞則可能會有一個或多個細胞核，這是滋養層的著名特性，專門用於發展為子宮中胎兒提供血流的洞孔（空腔）。這是個令人安心的發展，因為這就表示胚胎就像在母體中那般地在發育。

　　有人可能會認為從胚胎著床在子宮壁上起，胚胎的發育就得仰賴胚胎與母體組織之間按順序精心編排的物理與生化相互作用。但實際情況並非如此。在著床後的幾天,胚胎顯然可以自我引導,也擁有發育所需的一切。人類胚胎在著床時的重組,是懷孕是否成功的關鍵。我們已經向大家展示了,胚胎是否能夠成功發育取決於胚胎自我建構的驚人能力。

2013年,在我們首次成功培養人類胚胎至著床後的不久,我在紐約長島冷泉港實驗室的一場研討會中遇見了來自紐約洛克菲勒大學(Rockefeller University)的阿里·布里萬盧(Ali Brivanlou)。阿里對於培養非人的靈長類胚胎(猴子胚胎)有興趣,所以我給予幫助。科學因合作而興盛。阿里的同事阿萊西亞·德格林塞蒂(Alessia Deglincerti)來到我們實驗室學習如何培養人類胚胎至著床後。結果阿里的團隊也應用我們的方式來培養人類胚胎,因此最後在2016年5月發表的論文不是一篇而是兩篇,一篇刊登在《自然》上,另一篇刊登在《自然細胞生物學》(Nature Cell Biology)上。[14]科學是最大的贏家,因為兩間實驗室各自獨立的研究出現類似的進展,讓兩方的研究結果相輔相成並相互驗證。

對於我們雙方而言,從這些研究中所得到的最迷人整體

---

14. A. Deglincerti, G. F. Croft, L. N. Pietila, M. Zernicka-Goetz, E. D. Siggia, and A. H. Brivanlou, "Self-Organization of the In Vitro Attached Human Embryo," *Nature* 533, no. 7602 (2016): 251–254, doi:10.1038/nature17948; and M. N. Shahbazi, A. Jedrusik, S. Vuoristo, G. Recher, A. Hupalowska, V. Bolton, N. N. M. Fogarty, A. Campbell, L. Devito, D. Ilic, Y. Khalaf, K. K. Niakan, S. Fishel, and M. Zernicka-Goetz, "Self-Organization of the Human Embryo in the Absence of Maternal Tissues," *Nature* Cell Biology 18, no. 6 (2016): 700–708, doi:10.1038/ncb3347.

見解是：即使在母體外，人類胚胎仍然擁有自我建構的能力，至少在我們研究的時期當中是這樣沒錯。人類胚胎這種過去從未被證實的能力，強調了胚胎必定具有可以持續建構自己的工具，即使是在母體之外也是一樣。在正常發育的情況下，胎兒與母體細胞相互依賴的生命之舞當然會發生。[15]因為我們的研究著重在胎盤還未發育出來的那段著床後時期，所以還不是很清楚我們的體外培養模型可否套用到此階段之後的人類胚胎發育上。

　　我們的實驗結果顯示人類與小鼠的發育在某些方面是類似的，例如胚胎中第一個空腔是經由細胞極性與細胞間的接觸重組而非細胞凋亡所產生。但其他許多方面就大不相同了。舉例來說，不同於小鼠胚胎，人類胚胎的上胚層會分化成上胚層盤與羊膜兩種組織。我們在自己的研究中可以看到這個分化的發生。這強調了一件事，雖然我們可以經由研究其他哺乳動物來取得寶貴見解，但只有透過研究人類胚胎，我們才能夠了解人類發育。

細胞、潛能與結構

　　細胞在胚胎中分化成特別的世系，但是因為它們有了特定

---

15. H. Suryawanshi, P. Morozov, A. Straus, N. Sahasrabudhe, K. E. A. Max, A. Garzia, M. Kustagi, T. Tuschl, and Z. Williams, "A Single-Cell Survey of the Human First-Trimester Placenta and Eecidua," *Science Advances* 4 (2018): eaau4788, doi:10.1126/sciadv.aau4788.

的細胞身份，它們就可以觸動胚胎結構的改變，這接續又會改變細胞的位置。但胚胎是如何同步進行這些分化與形態發生的週期呢？它們協調生命之舞的一個方式是設立檢查點，這些檢查點會制止胚胎發育，直到某些條件達成才會放行。

《自然》在2017年刊登了我們第二篇人類胚胎研究，瑪爾塔・沙赫巴茲在這篇研究中運用我們的技術培養小鼠與人類胚胎，發現到在哺乳動物發育早期存在有這樣一個檢查點。[16]她發現上胚層細胞必須變得更為分化，才能打開一個內腔以創造出能夠容納液體並包覆發育胚胎的羊膜腔。

細胞起初會排列成類似的玫瑰花形，細胞的頂端會向著中心。在接下來的步驟中，含有液體的囊泡會被運送到細胞頂端的交界處。瑪爾塔發現隸屬於唾液酸黏蛋白群（sialomucin protein family）中的足萼素（Podocalyxin）這種跨膜蛋白，必須在細胞頂端細胞膜接觸的地方製造，這樣它們才會互相排斥，進一步讓液體可以在它們之間累積並擴大空腔。

在找尋此過程的機制中，瑪爾塔發現到我們的老朋友OCT4也涉及其中。一旦小鼠上胚層細胞的潛能退去幼時狀態轉而進入蓄勢待發的新狀態，OCT4與OTX2兩個轉錄因子之間所發展出來的夥伴關係，就會啟動製造醣基化唾液酸黏蛋白，以形成

16. M. N. Shahbazi, A. Scialdone, N. Skorupska, A. Weberling, G. Recher, M. Zhu, A. Jedrusik, L. G. Devito, L. Noli, I. C. Macaulay, C. Buecker, Y. Khalaf, D. Ilic, T. Voet, J. C. Marioni, and M. Zernicka-Goetz, "Pluripotent State Transitions Coordinate Morphogenesis in Mouse and Human Embryos," *Nature* 552 (2017): 239–243, doi:10.1038/nature24675.

羊膜腔。

　　不過只除去足苷素並不足以阻止空腔打開，因為還有其他的蛋白可以代償。其中一種名為扣帶蛋白（Cingulin），其作用是將囊泡拴在細胞的頂端。一如往常，天底下沒有什麼是簡單的，這讓發育生物學更吸引人。瑪爾塔日以繼夜地不停工作，才讓我們能對此有所了解。

　　誘發細胞更為分化，並讓細胞形成空腔，然後進入下個發育階段都需要蛋白，要確認所有這些蛋白的身份就需要更努力進行實驗。而這些實驗也顯示，將細胞保持在幼態具有生物學上的意義，它們會如同檢查點那般作用，確保羊膜腔只會在細胞正確啟動時才會形成。它們也會顯示胚胎如何在形態發生的過程中同步分化，協調細胞夥伴在生命之舞中的身份與位置。

人類胚胎在體外發育的時間可以有多長？

　　我們現在有能力培養胚胎發育至過去的兩倍時間，這份能力或許會引導出未來眾多的發現。許多發現目前還無法想像，不過有一個我們可以預測得到，那就是這項壯舉應該有助於確認哪些異常胚胎可以進行自我校正並修復缺陷。

　　這項知識有助於改善輔助生殖技術的效用。即使已經有百萬個試管嬰兒出生，不孕症療程仍然是個折磨，而且成功率非常低，我們會在第十章中提到這一部分。我們還要更努力，讓它變得更安全、成功率更高。

　　捐贈給研究使用的剩餘試管嬰兒胚胎，只能在實驗室中研究到胚胎經體外受精創造出來後的14天之內。在我劍橋實驗室與阿里紐約實驗室取得進展之前，科學家們都很樂於遵守這項規定。不過現在是否是時候就科學需求以及更廣泛的社會共識來進行新的對話，以找到一個方法能夠延長人類胚胎許可的發育時間呢？這類問題在第一位試管嬰兒路易絲・布朗（Louise Brown）在1978年出生時就已經提出了，那是醫學界的關鍵性時刻，後續也對數百萬人的生命以及社會都產生了巨大的衝擊。

7 人類胚胎應該 供研究使用嗎？

　　我心裡想著：「真棒！」不敢相信這是真的。我們培養人類胚胎至著床後的成功研究，成為《科學》讀者票選的年度突破研究。[1] 這份殊榮在2016年公布，而那年正是全球研究發光發熱的年份，物理學家就是在這一年發現重力波這個時空結構漣漪存在的證據，證實了愛因斯坦在一個世紀前的預測。這是真正的突破。

　　榮獲讀者票選為年度突破研究對我們而言意義重大，因為這讓我們覺得大眾重視這個研究的潛力，認為它有助於了解胚胎發育初期，而我們或許能夠從事更多研究來避免早期流產。這個新方式讓我們可以研究人類胚胎在子宮自然著床時期是如何發育，這是過去所無法做到的。我們現在可以了解到，當形

---

1. "Cambridge Study Named as People's Choice for Science Magazine's 'Breakthrough of the Year 2016'," University of Cambridge, accessed April 4, 2019, www.cam.ac.uk/research/news/cambridge-study-named-as-peoples-choice-for-science-magazines-breakthrough-of-the-year-2016.

成未來身體的幹細胞以新方式產生與建構時，每個細胞在細胞及分子層級上會發生什麼改變，以及它們在胚胎生命的第二個星期中是如何進行編舞的。這讓我們至少可以在許多懷孕失敗時，確定某些情況是會干擾發育，也讓我們可以研究特定飲食或其他化學物質在生命這個脆弱時期對於胚胎成形過程可能造成的傷害。總有一天，我們將可以創出新的檢測方式，在胚胎植入準媽媽體內前，確定哪些胚胎會具有最高的正常發育機率。這也讓我們可以研究染色體異常胚胎與鑲嵌胚胎中非整倍體細胞（aneuploid cells）的命運，就像我們對小鼠胚胎所進行的實驗一樣。一條新的研究路徑正在開啟，在這條路徑上的未來見解可能會導引出新的治療方式，好在一開始就避免這類問題的發生。

有些人以我們的研究為契機，提出了一個問題：我們是否應該重新思考14天的限制？我們培養的胚胎還不到這個限制天數，而且也似乎無法讓胚胎發育至更長時間，我之後會解釋理由。儘管如此，我們已經將胚胎實驗的時間拉長到更為接近14天，14天是過去就設下的關卡，人們也大範圍地遵守了人類胚胎不應該繼續在母體外生長超過14天的界線。而這條界線已明文規定在12個國家（包括英國在內）的法律中，也條列在另外5個國家（包括美國在內）的準則中。雖然美國不允許聯邦政府資助人類胚胎的研究，不過若使用非聯邦資金進行研究則不受規範，除非該州的法律另有規定。

談到 14 天限制這類議題上時，胚胎具有什麼樣的道德地位就成了核心議題。我想每個人都同意我們必須要給予人類胚胎尊重，不過尊重確切是什麼樣的概念就很難去解釋了。[2]舉例來說，天主教教會認為，從受精的那一刻起就應該被視為人，並取得一個人應有的尊重與對待。而另一個極端則有人認為，早期人類胚胎不過就是一群幹細胞，所以應該與實驗室中的其他人類細胞一視同仁。[3]

對於那些想在胚胎地位上找出折衷觀點的人來說，挑戰就在於要在這兩個極端之間找到一條令大家都滿意的路徑。這可能就意味著，要為早期人類胚胎提供保障，並在動物胚胎研究無法提供所有答案時，去權衡這個保障與研究之間的利弊得失。那麼我們到底要在哪裡畫下界線？

我與其他人一樣，主張採取謹慎作法，我實驗室與洛克菲勒大學實驗室的研究成果，才剛剛讓我們能培養胚胎多一星期的時間，我們首先應該要針對這段時間進行研究，以更加深入了解人類胚胎的發育。[4]在此同時，我們還可以停下來權衡利弊得失，並向大眾解釋擴大人類胚胎研究的潛在好處。

---

2. Human Embryo Culture, Nuffield Foundation for Bioethics, August 2017, http://nuffieldbioethics.org/wp-content/uploads/Human-Embryo-Culture-web-FINAL.pdf.

3. 2019 年 4 月 4 日於網站 http://w2.vatican.va/content/john-paul-ii/en/encyclicals/documents/hf_jp-ii_enc_25031995_evangeliumvitae.html#%241N. 所參考的若望保祿二世通諭（John Paul II encyclical）。

4. J. Rossant and P. P. L. Tam, "Exploring Early Human Embryo Development," *Science* 360 (2018): 1075–1076, doi:10.1126/science.aas9302.

生命之舞

體外發育的人類胚胎

讓人類胚胎可以在實驗室中發育的這項進展，可以追溯至20世紀中葉。人類卵子在體外受精的第一篇報告出現於1944年，研究作者是約翰・洛克與米莉安・門肯（Miriam Menkin）。[5] 這項開創性的研究顯示，人類有可能體外受精而懷孕。不過接下來花費了15年的時間，也就是直到1959年，才由美國麻州士魯斯柏立的伍斯特實驗生物學基金會（Worcester Foundation for Experimental Biology）的張明覺（Min Chueh Chang），成功讓哺乳動物於體外受精後產下後代。張明覺以兔子成功進行了實驗，他採用黑母兔的卵子與黑公兔的精子進行體外受精，並將胚胎植入白母兔體內，結果生出了黑色的幼兔。[6]

人類體外受精懷孕（也就是試管嬰兒）故事的一個重要角色是英國生理學家羅伯特・愛德華茲（Robert Edwards），他一開始研究的是小鼠，之後對人類卵子的突變與染色體異常產生了興趣。[7]

愛德華茲在劍橋尋找能供研究之用的人類卵子，這時有人介紹倫敦艾奇韋爾綜合醫院（Edgware General Hospital）的婦

5. John Rock and Miriam F. Menkin, "In Vitro Fertilization and Cleavage of Human Ovarian Eggs," *Science* 100 (1944): 105–107, doi:10.1126/science.100.2588.105.

6. Roy O. Greep, *Min Chueh Chang 1908–1991: A Biographical Memoir* (Washington, DC: National Academies Press, 1995), www.nasonline.org/publications/biographical-memoirs/memoir-pdfs/chang-m-c.pdf.

7. R. G. Edwards, "Meiosis in Ovarian Oocytes of Adult Mammals," *Nature* 196 (1962): 446–450.

科醫生莫莉‧羅斯（Molly Rose）給他認識，羅斯在接下來10
年間提供了活體組織檢查的卵巢樣本給愛德華茲。[8]愛德華茲積
極尋找可以治療輸卵管阻塞患者的方法，這種病症會讓卵子無
法從卵巢進到子宮中。在某些醫生研究輸卵管手術的同時，愛德
華茲則認為體外受精提供了另一種治療不孕症的新式強大方法。

　　1968年，愛德華茲遇到了婦產科醫生派屈克‧史特普托
（Patrick Steptoe），史特普托是率先將腹腔鏡應用到婦科微創
手術的人士，他們決定一同合作。他們給予患者荷爾蒙以刺激
排卵，然後再取卵進行受精。後來有一天，愛德華茲試著在巴
里‧巴維斯特（Barry Bavister）為倉鼠實驗所開發的培養基中
培養人類受精卵，竟然成功了。[9]（巴維斯特就在愛德華茲劍橋
實驗室旁的走廊從事實驗工作。）晚餐後，他們檢查巴維斯特
的培養基，看到了許多不同發育階段的人類胚胎。愛德華茲後
來說這是個「美妙的夜晚」。1968年12月，愛德華茲與巴維斯
特及史特普托投稿了一篇關於人類首次體外受精成功的論文到
《自然》。[10]即使是當時，愛德華茲也意識到體外受精會造成廣
泛影響，並在1971年向大眾提到體外受精會引發的法律與道德
問題。[11]

---

8. Martin H. Johnson and Carol Ann Ziomek, "The Foundation of Two Distinct Cell Lineages Within the Mouse Morula," *Cell* 24, no. 1 (1981): 245–262, doi.org/10.1016/0092-8674(81)90502-X.

9. Johnson and Ziomek, "The Foundation of Two Distinct Cell Lineages," 245–262.

10. R. G Edwards, B. D. Bavister, and P. C. Steptoe, "Early Stages of Fertilization In Vitro of Human Oocytes Matured In Vitro," *Nature* 221 (1969): 632–635.

不過第一篇以體外受精方式來懷孕的論文報告並不是出現在英國而是在澳洲，這是由蒙納許大學與墨爾本大學的團隊於1973年所進行的。這次嘗試的結果是早期流產。[12] 兩年後，劍橋研究團隊提出了體外受精後異位妊娠（ectopic pregnancy，也就是子宮外孕）的報告。到了1977年，愛德華茲與史特普托已經歷了5年的失敗。他們申請經費時一開始就被拒絕，並被要求得先進行靈長類動物的實驗，大多數提出大膽想法的經費申請案都會被這樣要求。[13] 感謝日本發展出來的檢測，愛德華茲與史特普托現在可以預測何時會排卵，因此他們決定要放棄用來刺激排卵的雞尾酒藥物，將他們的希望放在成效比較低的自然週期上。[14]

　　當時有對布朗夫婦（Lesley and John Brown）非常想要一個孩子，他們覺得一定會有手術可以修復阻塞的輸卵管。布朗太太被轉診到史特普托這裡。布朗太太說：「他（史特普托醫生）對我們說，截至目前為止，這個方法都還行不通。但我不想聽

11. R. G. Edwards and D. J. Sharpe, "Social Values and Research in Human Embryology," *Nature* 231 (1971): 87–91.

12. 2019年4月從網站 https://monashivf.com/about-us/history/ 所取用的蒙納許大學體外受精研究歷史資料。

13. Martin H. Johnson, Sarah B. Franklin, Matthew Cottingham, and Nick Hopwood, "Why the Medical Research Council Refused Robert Edwards and Patrick Steptoe Support for Research on Human Conception in 1971," *Human Reproduction* 25, no. 9 (2010): 2157–2174, doi:10.1093/humrep/deq155.

14. A. Lopata, I. W. Johnston, I. J. Hoult, and A. I. Speirs, "Pregnancy Following Intrauterine Implantation of an Embryo Obtained by In Vitro Fertilization of a Preovulatory Egg," *Fertility and Sterility* 33, no. 2 (1980): 117–120.

這個。」史特普托與他的團隊在 1977 年 11 月對布朗太太與其他
兩位女性再嘗試一次。「他們發現一顆孤零零的卵子，那就是
路易絲，」布朗太太回憶說。愛德華茲與史特普托那時決定，
只讓胚胎在體外發育到例行時間的一半，也就是只發育到 8 個
細胞時就將其植入母體內。這次成功懷孕，也造成了轟動。

　　1978 年 7 月，布朗太太出現輕微的子癇前症，這會對懷孕
產生影響。史特普托決定不再等待，便與婦產科醫師約翰・韋
伯斯特（John Webster）一同進行剖腹產。路易絲・喬伊・布朗
（Louise Joy Brown）在 1978 年 7 月 25 日午夜前不久呱呱落地，
這是第二個美妙的夜晚。隔天，第一個體外受精嬰兒（試管嬰
兒）的故事就成了全球新聞，路易絲也成了「世紀嬰兒」。[15]

　　路易絲的誕生緩和了科學家的擔憂，也為更多成功案例以
及取得醫學研究委員會對試管嬰兒的支持鋪路。[16]但若是在今日
的法律機制與準則下，愛德華茲還能進行他的研究嗎？答案恐
怕是不行的。在愛德華茲的每個實驗背後，都有一對甘願冒著
侵入性程序風險的夫婦，因為他們非常想要一個孩子，而在此
同時，與愛德華茲同領域的人士卻深深質疑他的動機，甚至害
怕他的實驗會產生異常胚胎，最終造成災難。[17]

15. John Webster, email to Roger Highfield, February 24, 2019; Louise Brown, *Louise Brown: 40 Years of IVF* (Bristol, UK: Bristol Books, 2015), 32; Duncan Wilson, *The Making of British Bioethics* (Manchester, UK: Manchester University Press, 2014), 152.
16. Johnson, et al., "Why the Medical Research Council Refused," 2157–2174.
17. Wilson, *The Making of British Bioethics*, 152.

生命之舞

促成試管嬰兒這項開創性成就的不只是史特普托與愛德華茲，還有其他許多人的努力。像是奧爾德姆皇家醫院（Oldham Royal Infirmary，舊名奧爾德姆地區綜合醫院〔Oldham and District General Hospital〕）手術室主管穆里爾‧哈里斯（Muriel Harris）帶領所有護理人員釋出善意的幫忙，還有愛德華茲於1968年招募的技術助理珍‧珀迪（Jean Purdy），她也協助了研究的進行。[18]愛德華茲在幾十年後提到珀迪時，他是這樣說的：「體外受精最初的開創者不是兩位，而是三位。」[19]

還有，重要的是，要向所有接受試管嬰兒實驗的女性表達敬意。他們的實驗筆記本中記載了，這10年來共有282位匿名女性接受實驗、457次嘗試取卵、331次嘗試受精與221個胚胎。這麼努力的結果只有五次懷孕及兩個成功生下的孩子。今日我們應該要記得這些女性，儘管現在試管嬰兒已成常規治療，但仍然非常不容易成功。

對體外受精（試管嬰兒）進行規範

第一個試管嬰兒的誕生，見證了生殖科學從實驗室果斷走

---

18. M. H. Johnson and K. Elder, "The Oldham Notebooks: An Analysis of the Development of IVF 1969–1978. V. The Role of Jean Purdy Reassessed," *Reproductive Biomedicine and Society Online* 1 (2015): 46–57, doi:10.1016/j.rbms.2015.04.005; M. H. Johnson, "IVF: The Women Who Helped Make It Happen," *Reproductive Biomedicine and Society Online* 8 (2019): 1–6, doi.org/10.1016/j.rbms.2018.11.002.
19. Johnson and Elder, "The Oldham Notebooks," 46–57.

入臨床，也引發了許多議題。一旦繞著路易絲・布朗打轉的歡欣鼓舞退去，大眾就日益擔心起為了實驗而讓人類胚胎在實驗室中發育的這種情況。有一種看法認為，由於植入人工受孕胚胎的結果並不穩定，那些不完美的胚胎可能會被丟棄。

　　大體上來說，雖然大眾對於試管嬰兒療程可以處理不孕症感到開心，但他們也對這種可能會對胚胎造成破壞的療程感到不安。愛德華茲在一部電視記錄片中承認，他對無法再植入的胚胎進行了實驗，因為「這些胚胎可以協助我們了解有關早期人類生命的知識」，而這部記錄片播出後引發了人們的驚恐。[20]

　　接下來，瑪麗・沃諾克（Mary Warnock）與安・麥克拉倫這兩位才華洋溢的女性，將會具體化我們社會應對路易絲誕生所造成之廣大影響的方式，至今也仍影響著我們研究人類胚胎的方式。

　　英國政府決定不仰賴科學專家進行體外受精這項議題的公眾調查，並在1982年邀請當時為牛津大學哲學家暨教育家的沃諾克擔任首相顧問。沃諾克並不認為自己是特別具有獨創性的哲學家，但她決心讓自己的專業派上用場。[21]她非常尊重大眾，她相信大眾「有權知道，甚至是控管」專業實務。[22]

---

20. Wilson, *The Making of British Bioethics*, 154.

21. "Legislation and Regulation of IVF," Baroness Mary Warnock, interview with Roger Highfield for the Science Museum, June 4, 2018, video, 19:19, https://youtu.be/phwVo-W-G_I.

22. Wilson, *The Making of British Bioethics*, 140.

生命之舞

　　政府要求沃諾克所組成的委員會，要慎重思量關於人類生育與胚胎學的醫學與科學，對於涉及這方面發展的社會、道德與法律層面，提出適用的相關政策與保護措施建議。但沃諾克本身對人類發育的早期階段了解不多，而這也就是安·麥克拉倫出場的時間點。安是一位自然老師，她在其中扮演著關鍵角色。如同沃諾克之後回憶的：「沒有她，我根本做不到。」

　　沃諾克與她的委員會在第一年進行商議時，就認定胚胎實驗因為體外受精技術而產生的道德問題最為重大。[23]他們意識到主要問題在於，要確定胚胎在何時會具有任何人都不能故意對其造成傷害的非常明確道德地位。根據這樣的思維，委員會在報告中建議，人類胚胎必須受到保護，並只有在取得許可後才能對其進行研究。就我的觀點而言，這一步很重要，而且時至今日依然非常重要。

　　然而，究竟應該允許人類胚胎在實驗室發育多長時間呢？由於人類發育是個持續自我建構的過程，所以這就代表人類發育的某個階段不會比其他階段更為重要。安·麥克拉倫建議委員會，對於人類胚胎實驗可採用受精後第14天就終止的界線，因為那時人類胚胎會開始形成原線（primitive streak），細胞會經由原線這個結構移動形成具有頭尾與前後方位的胚胎本體，而這之後就會逐步發育成胎兒。

---

23. Wilson, *The Making of British Bioethics*, 140–173.

　　胚胎發育的此一時期是個重要標竿。[24] 細胞沿著原線移動的這個過程就是所謂的原腸化，此時胚胎是橢圓盤狀，並具有「三胚層」：形成腸胃道與呼吸道的內胚層；形成結締組織、心臟與肌肉組織的中胚層；與形成神經系統與包覆胚胎之上皮層的外胚層。

　　安還主張可用「前胚胎」一詞代表前 14 天的胚胎，以與之後名為胚胎的這個較為複雜的生物體做出區別。我依然記得當時與安討論前胚胎此一概念的情景，因為我不喜歡這個概念，結果沃諾克也不喜歡，她認為人們會抱怨「我們在玩弄文字伎倆，好讓人類胚胎研究可以過關。」[25]

　　簡單來說，早期胚胎可以被視做三種幹細胞的「母親」，這三種幹細胞的其中一種會形成新的生命個體，而另外兩個會提供養份支持。這個早期胚胎具有能達成原腸化的能力，還有最重要的是，它還擁有能夠自我建構成為複雜結構的能力。這些能力如此卓越，「前胚胎」一詞似乎會削弱它的重要性。我覺得「胚胎」一詞更能適當概括它必須轉變與成長的所有力量。

　　原腸化的開始被採用為胚胎研究的限制。但沃諾克想要一個明確的時間限制（以 14 天為基準），而不是一個特定的發育階段，因為若是胚胎發育延遲，就會產生各自解讀的空間。沃

24. Ingmar Persson, "Two Claims About Potential Human Beings," *Bioethics* 17, nos. 5–6 (2003): 503–517, doi.org/10.111/1467-8519.00364.
25. Baroness Mary Warnock, email to Roger Highfield, January 21, 2019.

諾克的委員會以這樣的思維採取漸近性的路線，也就是胚胎的道德地位會隨著它們的生理發育而增加，後期的胚胎會比前期胚胎更像嬰兒，而後期的流產也會比前期流產（有時媽媽本身根本不知道）更令人難受。[26]

　　雖然早期胚胎還不是人，但我相信它必須受到保護，我也完全明瞭，在科學研究與保護之間的平衡取捨相當不容易。沃諾克在其報告開頭所寫的註記，在三十多年後仍然迴蕩在我腦海中：「這個議題的出現反映了基本的道德問題，這也常常是宗教問題，自古以來這就是哲學家與其他人士的沉重負擔。由於我們得要考慮到某些具有爭議的問題，所以像這樣的一份報告不可能讓所有人都樂於接受。過猶不及都必定有人會批評……總之，我們已經試著在公共與私人道德上都給予應有的考量了。」[27]

　　英國人類生育與胚胎學調查委員會在1984年的報告（通常被稱為沃諾克報告），在今日被視為是體外受精（試管嬰兒）的道德分析標竿，也同時是多項議題的道德分析標竿，包括：透過卵子與胚胎捐贈來協助受孕、代理孕母、冷凍精子與卵

---

26. "Legislation and Regulation of IVF," https://youtu.be/phwVo-W-G_I.
27. Mary Warnock and the Committee of Inquiry into Human Fertilisation and Embryology, Department of Health and Social Security, Report of the Committee of Inquiry into Human Fertilisation and Embryology, July 1984 (London: Her Majesty's Stationery Office, 1988). Copy on the Human Fertilisation and Embryology Authority website, www.hfea.gov.uk/media/2608/warnock-report-of-the-committee-of- inquiry-into-humanfertilisation-and-embryology-1984.pdf.

子、性別選擇、人類胚胎在研究中的使用等等。

　　對於認定早期胚胎就是人的人士以及認為早期胚胎不過是一群細胞的人士，沃諾克在她的報告中找到一種方法來調停這兩方的對立觀點。但反應好壞摻半。或許是因為她那位最直言不諱的對手：首席拉比（猶太人士領袖）伊曼紐爾・雅各布維茨（Immanuel Jacobowitz）一再地攻擊委員會的建議所致。於是《泰晤士報》上出現了一篇名為〈沃諾克破壞道德〉的頭條文章。[28]沃諾克苦笑著回憶起這個頭條讓她身為哲學家的老公傑佛瑞（Geoffrey，後來成為牛津大學的副校長）哈哈大笑的情景。

　　在提出報告與議會討論的6年間，瑪麗・沃諾克與安・麥克拉倫「踏遍全國」說明她們的想法。最終擺在她們面前的立法情況是，議員要在禁止所有胚胎研究與在特定情況下允許研究之間做出選擇。公眾辯論當下再次展開，那時的焦點在於體外受精技術是否有可能應用於篩檢遺傳疾病。[29]知道有這種可能性後，議員選擇允許進行體外受精及實驗，但也立法規定，胚胎在超出14天限制後就不能保留或使用。

　　沃諾克就以這種方式，在大眾、媒體、議員與科學家間，建立起如何規範此類研究的共識。英國當前仍依循她委員會所

---

28. "Legislation and Regulation of IVF," https://youtu.be/phwVo-W-G_I.
29. 這主要是因為神經學家約翰・沃爾頓（John Walton）的緣故。"Legislation and Regulation of IVF," https://youtu.be/phwVo-W-G_I.。

給的建議，而這些建議早在1990年時就納入英國人類生育與胚胎學法案中了。沃諾克曾說過，當她感到沮喪時，就會想想她的報告來安慰自己：「嗯，至少我做到這件事了。」

這些年來，最初認為試管嬰兒是「不自然」的反對聲浪已被接受的聲音所取代，提供經費補助的公共與科學機構已經明白這在治療不孕症上的潛力，而且有超過10%的夫婦都會遭遇不孕症的問題。愛德華茲也因其在體外受精發展上的重要貢獻，而榮獲了2010年的諾貝爾獎。（史特普托已於1988年過世。）

試管嬰兒目前已經全球普及，至少有六百萬名試管嬰兒出生，實際數量應該更多。這意味著這些本來不會存在的人，還有約一千二百萬對父母、兩千四百萬對祖父母及曾祖父母（包括沃諾克在內）與他們數以千萬的親朋好友，都間接受惠於體外受精技術。[30]

體外受精技術後續也經過多次改良。例如目前可以在培養皿中直接將精子注入卵子中，而且從胚胎中取下少許細胞就可以進行基因檢測，選出沒有基因異常的胚胎。過去40年來的進展頗為驚人。

目前是否有在實驗室中進行人類胚胎研究的其他方法呢？我們研究的哺乳胚胎發育模型主要都來自小鼠，然而由於小鼠

---

30. "Legislation and Regulation of IVF," https://youtu.be/phwVo-W-G_I.

與人類胚胎在發育上有顯著差異，要完全了解人類本身的發育，直接研究人類胚胎就很重要了。

　　不過，我們一定要重視與保護這個珍貴的資源。舉例來說，英國從1991年到1998年間所進行的試管嬰兒療程中共創造出763,509個胚胎，這其中有238,000個胚胎因為不適合移植而被摧毀。[31]實用主義者主張，應該好好利用這些重要的資源（當然是要在身為當事人的那對夫婦知情且許可的情況下），以取得更深入的科學知識而不是將其丟棄。

我們應該要重提 14 天限制的這項議題嗎？

　　2016年12月，我的團隊發表了一篇研究論文，其中提到我們首次讓人類胚胎在實驗室中多發育了7天，也就是達到第13天。同個月份，我受到進步教育信託基金會（Progress Educational Trust）之邀在倫敦的一場研討會中演講，進步教育信託基金會是個推動大眾去了解胚胎研究的機構。瑪麗・沃諾克也在同場研討會中受邀演講，她的主題是〈重新思考胚胎研究的道德問題：14天與這個天數之後的基因編輯〉。這是我們第一次見面的時間點。

　　她後來在接受羅傑・海菲爾德的訪談時表示，她非常驚訝

---

31. Stem Cell Research and Regulations Under the Human Fertilisation and Embryology Act 1990 (Revised Edition), House of Commons Library, www.files.ethz.ch/isn/44586/rp00-093.pdf.

花了三十多年的時間才找到如何讓胚胎發育到接近 14 天的限制，那是她在 1984 年的報告中所建議的天數，這或許只是單純反映出她對於這方面的科學細節並不熟悉。人類胚胎的發育存在一個非常重要轉折點，就是這個轉折讓人類胚胎在發育一個星期後會變得特別難以培養。人類胚胎在第一個星期中不會長大，而是在輸卵管中分裂成愈來愈小的細胞飄浮著。輸卵管這個環境相對單純，也比較容易在實驗室中模擬出來。受精的一個星期後，發育中的胚胎會進行著床，適當地附著在母體的子宮上。

從這個時候起，胚胎由於獲得來自母體的因子與荷爾蒙的滋養，才會開始長大。因此這是一個更加複雜且營養的環境，也被證實在實驗室的條件下難以複製。一旦我們找出可以創造此種環境的方法，就可以揭開人類胚胎如何成長，又是如何確立出會開始相互作用的不同組織（上胚層盤、羊膜與下胚層）。無論如何，在倫敦的研討會中也討論到因這篇研究所引發的道德問題：若我們有能力培養胚胎超過 14 天，那在道德上是否允許這樣的情況發生？

我走進倫敦大學學院兒童健康研究所的演講廳時，正巧趕上沃諾克開始討論 14 天法規，她表示由於我們有了技術上的突破，是否應該重提這件事。是的，沃諾克同意放寬這個界線可以讓我們學習到更多知識，但她不贊成，因為我們目前才剛剛接近這條界限，要求放寬還為時過早。

　　跟我在自己演講中所發表的意見相同，她也主張大眾需要更多時間去了解相關知識基礎，才能明瞭科學家可以用更長時間培養的胚胎來做什麼，以及科學家又想從中獲得什麼。畢竟，之前也花費了6年的時間，才將1984年報告中的建議轉變成1990年的法案。就是這6年給了大眾時間去熟悉人類胚胎研究的想法。7到14天之間的胚胎研究可以提供我們嶄新的視角，去檢視早期流產的原因或是避免或治療這段發育期間所產生的問題。這些研究所帶來的好處還有：藉由讓科學家找到代表發育成功的標記，進一步改善試管嬰兒療程的效率；更了解早期胚胎在懷孕中流失的原因；進一步檢視藥物、不健康生活形態、有毒化合物對胚胎的影響；揭開從先天心臟缺陷到生化與染色體問題等發育異常的機制。從事這些研究所需的時間提供了一個喘息的空間，協助大眾判斷現行法規是否值得或是有理由因為這些研究而改變。

　　在我撰寫這本書的當下，許多人都認為，放寬14天的限制再多加一個星期左右，可以促成在科學與治療上的重大進展。不過，我們必須像瑪麗・沃諾克與安・麥克拉倫在數十年前所做的那樣，要謹慎建立用於確立新界線的道德框架才行。

　　超過14天後，有幾個時間點可以當做新界限。一個可能的點是中樞神經系統最早開始的那個時間點，也就是形成神經管的時間，這比原線形成的時間晚7天，大約是第21天左右。[32]這裡還要補充說明一下，痛覺要在與大腦皮質的連結建立後才有可能產生，所以大約是在懷孕的第24週左右。另一道可能的界線是胚胎心臟的最早發育期，大約落在第16到24天之間，心臟是第一個形成與運作的器官，跟在原線形成後的10天左右出現。[33]

這場討論也與我對自己研究中所有生物的想法息息相關。我在實驗室中教育每個人對於早期小鼠細胞都要抱持尊重之意。我有個規定是，無論是會議、專題報告、午茶時間與其他事宜，都要等到小鼠胚胎的實驗結束且胚胎被安全送回培養箱（就像送回媽媽的身體中那樣）繼續發育才能開始。任何在我實驗室中不尊重生命的人都會倒大楣。

絕非滑坡效應

本書的共同作者羅傑・海菲爾德在2018年7月25日舉辦了一系列慶祝路易絲・布朗40歲生日的活動，當天吸引了大約3,500人在倫敦科學博物館共襄盛舉。[34]路易絲本人與羅傑一同

32. "Fetal Awareness: Review of Research and Recommendations for Practice," Royal College of Obstetricians & Gynaecologists, June 25, 2010, accessed April 4, 2019, www.rcog.org. uk/en/guidelines-research-services/guidelines/fetal-awareness---review-of-research-and-recommendations-for-practice/.

33. R. C. Tyser, A. M. Miranda, C. Chen, S. M. Davidson, S. Srinivas, and P. R. Riley, "Calcium Handling Precedes Cardiac Differentiation to Initiate the First Heartbeat," *eLife* 5 (2016): e17113, doi:10.7554/eLife.17113.

34. Roger Highfield, "First IVF Baby Louise Brown Celebrates 40th at the Science Museum," *Science Museum blog*, July 26, 2018, accessed April 4, 2019, https://blog.sciencemuseum.org. uk /firstivf-baby-louise-brown-celebrates-40th-at-the-science-museum/.

在博物館IMAX放映廳現身，在博物館為〈試管嬰兒：六百萬
嬰兒後期展覽〉所進行的特別生日派對上擔任嘉賓，其中還有
以我實驗室研究圖樣裝飾的杯子蛋糕。

　　大約有兩百人參加派對，包括了愛德華茲的女兒珍妮·喬
伊（Jenny Joy）；第二位試管嬰兒的母親葛瑞絲·麥當勞（Grace
MacDonald）；愛德華茲前博士生及劍橋大學生育科學榮譽教授
馬丁·強森（Martin Johnson），他的細胞極化實驗帶給我研究啟
發；史特普托的臨床助理凱·艾爾德（Kay Elder）；協辦路易
絲生日活動的約翰·韋伯斯特（John Webster）；許多經由體外
受精技術而誕生的人士；不孕症專家等等。我們清楚地看到體
外受精技術為許多人帶來快樂，感謝人類生育與胚胎學管理局
這個全球第一個不孕症治療與胚胎研究的管理機構，是他們的
努力讓大眾與患者能放心，而這也是在沃諾克的努力下所開創
出來的局面。

　　在英國，14天法規所訂下的限制已經實行了三十多年，要
改變這個限制必定要有上下議院的同意。雖然14天的法規無法
調和社會所表達出的各種不同價值與意見，但無可否認地，這
條法規促進了科學進展，同時也確保了大眾對於研究與管理系
統的信心。現在是時候可以開始重新思考這條界線了，因為我
們知道任何改變都不會造成混亂，我們可以放心去做。

　　不過我們不能下意識地就直接把英國的作法視為對錯的基
準，不同國家間有不同的文化規範與價值，對風險與利益也有

不同的看法，我們對此必須要有敏感度。我們也不可以因為辯論可能導致研究受到更多限制的風險，就迴避辯論。

人類胚胎研究強烈觸及到既有的道德信念並帶出深層問題。我的朋友亞利桑那州立大學生命科學院的教授班・赫布特（Ben Hurlbut）在他見解深入的卓越著作《民主體制下的實驗：人類胚胎研究與生物倫理學政策》（*Experiments in Democracy: Human Embryo Research and the Politics of Bioethics*）中就有提到這些議題。[35]他說這不只是胚胎道德地位的問題，也是在控管研究時如何提出與解決有關人類身份與完整性的問題：這些問題是否是在公開的情況下，穩健地緩步提出，還是在閉門造車的情況下，莽撞又草率地提出呢？我再同意不過了。

我相信採取慎重的方法，能讓研究完全與我們的價值觀一致，並受到我們經過考驗的管理能力所控管，否則我們可能就要付出代價。我們可能就得放棄有助於未來世代的寶貴治療與人道利益，因為會造成傷害的不是抓住機會做好事，而是什麼都不做。

至於在我的研究上，這種延長胚胎培養時間的新方式，可以讓我們探討某些胚胎細胞產生異常的染色體數目時會發生什麼情況。所謂的鑲嵌型非整倍體（mosaic aneuploidy）在人類早期胚胎中並非什麼罕見情況，重要的是要去了解到什麼樣的

---

35. J. Benjamin Hurlbut, *Experiments in Democracy: Human Embryo Research and the Politics of Bioethics* (New York: Columbia University Press, 2017).

程度胚胎就不能正常發育。[36]這裡有許多假設：非整倍體細胞是
否會被忽視及容忍呢？它們會被優先引導到胚胎中形成胎盤或
卵黃囊的部分嗎？如果是，這些異常是否可以被容忍？還是這
些細胞除了在形成胎兒的部位會被清除之外，在胚胎的其他部
位中都能成長呢？我緊緊抓住可以回答這些問題的希望。驅使
我去探討問題的是好奇心，還有就是意識到有許多夫婦跟我一
樣，面臨到妊娠檢測結果為胚胎具有異常染色體數目的困境，
了解任何可以協助這些夫婦的知識，也是驅使我去探討問題的
其中一個原因。

36. Amy Lee and Ann A. Kiessling, "Early Human Embryos Are Naturally Aneuploid—Can That Be Corrected?," *Journal of Assisted Reproduction and Genetics* 34, no. 1 (2016): 15–21, doi:10.1007/s10815-016-0845-7.

8 賽門

　　我沒有計畫要生另一個小孩，不過這不代表我不想要小孩。我已經有個女兒，而大衛則有四個小孩。我有數量不斷擴增的科學夢想要探索，也要給學生上課、撰寫經費申請案與論文，還常為了去其他地方上課與開會而頻繁出差。我工作起來從早忙到晚，能留給家人朋友與其他愛好的時間已經極少。我覺得自己好像做了三份全職工作那麼多。不過幸好生命就是喜歡帶來驚喜。

　　我有幾個星期都感覺到異樣，但因為我當時要準備面試好再度爭取惠康基金會的補助金，所以我試著忽略這件事。每五年，身為科學家的我為了要讓實驗室能夠持續運作，就得要經歷這個壓力極大的過程。

　　就在面試這個大日子之前不久，我下意識地明白到我那種「事情不太對勁」的感覺，跟我剛開始懷上娜塔莎的奇特心中感受如出一轍。我真的懷孕了嗎？

　　就在大約20位傑出科學家對我面試後，我驗孕並發現自己懷孕了。要說我當時的心情很複雜，那真是太過輕描淡寫了。我太震驚了。我跳上火車回到劍橋，一方面覺得開心，另一方面也感到擔憂，因為這次懷孕不在大衛的計畫之中。所以一開始我並沒有跟任何人說。

從那一天起，每件事似乎都發展得極快。因為我已經42歲，所以我的醫生建議我們要進行檢測以確保懷孕順利。他建議我進行絨毛膜取樣檢查（chorionic villus sampling, CVS），這是一項可以在我肚子明顯大起來之前，檢測出會造成先天缺陷的基因異常。

絨毛膜取樣檢查大約在懷孕的第三個月進行，這個檢查會從胎盤中進行細胞採樣，胎盤就是供給發育胎兒營養的器官。因為胎盤與胎兒都是從同個早期胚胎成長而來，所以胎盤細胞可以用來做為胎兒是否可能帶有基因異常的指標。

絨毛膜取樣檢查可將針插進腹部進行，或是經由子宮頸進行。我進行的是經腹部的檢查。在局部麻醉後，透過超音波影像的引導，一根長針會插入腹部溫和地將絨毛膜上的細胞吸起來，絨毛膜是胎盤組織的細微指狀凸起。這個檢查有一些風險，大約每一百至二百名接受此項檢查的孕婦會有一個因此而流產。這聽起來讓人很不舒服，但這種不舒服其實主要來自心理層面而非身體上的。若是檢查結果異常，你就要面對令人心碎的選擇。同樣地，若結果正常，我知道自己就可以大大地鬆一口氣。

　　大約一個星期後，我在辦公室中接到了那通命中注定的電話。我的絨毛膜取樣檢查的結果是異常。採樣的胎盤細胞中有四分之一具有三條 2 號染色體而非正常的兩條。胎盤是我與發育中胎兒共有的組織，而這個結果當然也只能確定胎盤有異常，所以我告訴自己或許胎兒並沒有受到影響。但我也知道這仍存在可能性，甚至可能就是我的胚胎不健康，才會帶有大量的異常細胞。畢竟，胎盤與胎兒都來自同一個胚胎，而絨毛膜採樣檢查就是用來預測胎兒是否可能會帶有基因異常。

　　我感到難過，我拿起紙跟筆，當我需要跟自己對談時，我總會這麼做，於是我開始就我的了解去列出可能會造成這種檢查結果的原因。若你在這個當下進到我辦公室，你會以為我正在勾勒某個研究計畫的想法。

　　雖然這個異常出現在基因層級，但不是 DNA 序列出了問題，而是被檢查細胞中所包含的 DNA 數目出了問題，也就是出問題的是染色體的數目。正常情況下，胎兒會經遺傳而獲得 23 對染色體，包括一對性染色體（男性是 XY 染色體，女性是 XX 染色體）。總的來說，有一半的 DNA 是來自母親，也有一半的 DNA 是來自父親。但我的胎盤細胞中帶有多條的特定染色體，代表這些細胞負擔了大量的額外基因，也就是多了許多會引導細胞製造蛋白質的 DNA 指示。這條額外染色體帶給胚胎細胞的額外基因，會造成發育問題。

　　但這些問題真的發生時的風險是什麼？基於數十年胚胎學

研究的知識與直覺，我認為不能那麼直接了當地去解讀這項檢查結果。

三染色體症

染色體異常的最著名例子就是遺傳到三條21號染色體（這是人類最小的一條染色體）而非正常的兩條，這就稱為21號三染色體症（trisomy 21）。這條特別的染色體帶有大約兩百個基因，三染色體症會造成細胞中基因產物出現微妙的平衡偏移，因而導致唐氏症。

大多數時候，多一條染色體是精子或卵子細胞在發育時出現異常細胞分裂所致。有時則是因為受精後出現異常細胞分裂，而受到影響的胚胎就成了鑲嵌型胚胎，這是正常細胞與具有額外染色體之細胞的混合體。還有另一個原因就是在受孕之前或當下，有某塊染色體附著到另一條染色體上，這個過程就是所謂的易位。

但我進行的檢查所顯示的結果是，我的胎盤細胞帶有額外的2號染色體，這是人類第二大的染色體，比21號染色體要大上許多。這個染色體帶有1300個負責製造蛋白質的基因。

具有額外的這條大染色體，代表擁有更多額外的基因。若這個染色體異常出現在我發育中的胎兒身上，可能會導致一系列的生長發育障礙，這都取決於這些異常細胞的數量及位置。

大衛與我列印出所有我們能找到的相關文獻，想要了解即使胎兒只帶有少數三染色體症的細胞，是否也能平安出生。我們發現這些孩子會出生，但會帶有嚴重缺陷。然而奇怪的是，我對未出世孩子的母愛卻變得益發強烈。

或許我絨毛膜採樣檢查所獲得的異常結果只出現在胎盤細胞中而已，這就意味著胎兒有很高的機率完全正常。若是如此，異常必定發生在胎盤發育的極早期，因為受到影響的胎盤細胞眾多，這些細胞都出現三染色體。這是我內心希望的情況，但我並不確定。

另一種可能性是在早期胚胎決定哪些細胞成長為胎盤、哪些細胞又要成長為胚胎本體之前就出現異常了。這大多會造成嚴重問題，除非這些細胞以某種方式被清除掉。但這可能會發生嗎？真的會進行自我修復嗎？當時的科學並沒有答案。

想要了解混合正常與異常染色體細胞的胚胎，就要聚焦於了解正常胚胎中異常細胞的命運。有人相信，非整倍體與這類鑲嵌現象，是人類正常受孕與體外受精後早期懷孕失敗率高的原因。然而，在發育中胚胎裡異常細胞的命運，我們一點也不清楚。

這個意外的絨毛膜採樣檢查結果，幾乎在一夜之間讓我更改了研究方向，我開始在實驗室中進行有關此問題的研究。我知道我的研究結果完全來不及幫助我自己的孕程——科學研究需要時間。但我希望我的研究可為那些發現自己處在同樣情況

下的夫婦帶來一些幫助。這樣的話，我的這段經歷最終還可以
產生出一些正向的東西。

按照科學研究的慣例，我得先提出假設。我獲得檢查結
果時，我的研究團隊已經追蹤了大量胚胎的命運，這讓我有了
一個想法，胚胎細胞之間或許存在競爭的情況，最合適的細胞
會更具多能性，因此之後會形成胎兒，而比較不具多能性的細
胞，最終會成為胚胎中最後會形成胎盤的部分。正常與異常細
胞之間或許存在類似的競爭，所以異常細胞可能會偏向成為之
後會形成胎盤而非胎兒的那一部胚胎，因為異常細胞的多能性
比正常細胞來得低。不過這當然還只是假設。我保持著開放的
心態。

科學所揭開的真相，常常比我們想像的任何事物都還更有
趣。我的研究計畫將會讓我們知道，我的假設並不正確。我的
想法大致是沿著正確的方向前進，但是實際的細節卻令人十分
吃驚的大不相同。

鑲嵌型與嵌合體

因為我們一定無法在人類胚胎上測試我的假設，所以我用
小鼠胚胎來測試。為了理解染色體異常細胞對鑲嵌型胚胎的影
響，我們必須要創造出數百個小鼠胚胎，並研究數千個胚胎不
同部位的細胞。這麼龐大的工作量需要有一位專職的科學家，

也需要資金。

在匯整如何測試這個假設的思緒時，我在絨毛膜採樣檢查後又進行了另一個羊膜穿刺檢查，這個檢查一樣在超音波影像的引導下，將針插入包圍發育胎兒的羊膜囊中，以取得少量的透明羊水樣本來進行分析。保護胎兒的羊水會帶有胎兒細胞，可以用來確認是否具有染色體問題。這次的檢查結果是沒有問題的，我們都鬆了一口氣。不過，得要到我把孩子抱在手上那時，我才能百分之百地放心。

還有其他的好消息是，我有了資源可以進行了解我檢查結果的研究。我在發現懷孕那天所進行的面試，讓我獲得惠康基金會的資深研究補助金。這筆補助金原本打算用在另一個計畫上，不過他們給我足夠的自由度，可以直接挪用其中部分資金來為鑲嵌型胚胎建立模型。

我開始尋找願意接手這個研究的新實驗室成員。

很幸運地，具有醫學學位的海倫・博爾頓（Helen Bolton），那年夏天申請到我這裡來攻讀博士學位。我們見了幾次面一起討論這個計畫，她喜歡這個想法。為了讓她能有份支持生活的獎學金，我們決定向惠康基金會申請額外的補助，申請成功時我們都很開心，並著手擴展這項研究。

我們有一大堆事情要做。首先，我們得要找到一種可信的方式（最好不只一種）來製造染色體異常的細胞。然後我們還要找到一種方式來標記這些細胞，好讓它們在正常細胞旁發

育時，我們可以追蹤到它們。製造異常細胞比我們原先所想得
更加困難。海倫測試許多種不同的方法來干擾染色體分離的過
程，我們最後用到一種名為逆轉素（reversine）的藥物，這是
我們實驗室中另一個研究計畫使用過的藥物。

　　逆轉素是種小分子抑制劑。我們想要使用逆轉素來抑制
染色體分離中的一個關鍵過程。那是一個分子檢查點，在正常
情況下會暫停細胞分裂（有絲分裂），直到有正確數目的染色
體（帶有DNA）被拉開，並分離到兩個不同的子細胞間為止。
逆轉素會阻斷名為單極紡錘體蛋白激酶1（monopolar spindle 1
kinase）的酵素，而這種酵素會在細胞分裂時確保染色體公平分
配。[1]

　　為了確認逆轉素確實會造成染色體異常，我們經由標記
隨機選出的三個染色體來分析有用藥及無用藥的胚胎。我們
所使用的標記方法名為螢光原位雜合技術（fluorescence in situ
hybridization, FISH），這種技術會外加一個探針（短DNA序列）
及一個螢光標記。當探針在樣本中碰到類似的DNA片段時，就
會在螢光顯微鏡下發光。經由螢光原位雜合技術的追蹤，確認
了海倫使用逆轉素後，確實會增加染色體異常胚胎的數量。

　　逆轉素的效用是暫時性的，海倫一把藥劑洗掉，檢查點就

---

1. S. Santaguida, A. Tighe, A. M. D'Alise, S. S. Taylor, and A. Musacchio, "Dissecting the Role of MPS1 in Chromosome Biorientation and the Spindle Checkpoint Through the Small Molecule Inhibitor Reversine," *J. Cell Biol.* 190 (2010): 73–87.

恢復正常功能。這很重要，因為這表示我們可以將胚胎染色體
異常的發生限制在特定的發育期間內。

　　確信可以製造出染色體異常的胚胎後，我們需要確定這些
施用過逆轉素的胚胎是否會完全發育。海倫對四細胞胚胎施用
逆轉素，並觀察到在發育4天後，它們的細胞數量比未施藥的
胚胎要來得少。不過雖然細胞數量較少，還是可以形成三組基
本的細胞世系。

　　為了找出施用內逆轉素的胚胎是否可以長成小鼠，我們將
這些胚胎植入母體中。這個時間點是在我們創造出體外培養胚
胎的技術之前。每10個正常胚胎有7個會著床，而這個比例在
施藥後的胚胎上則降了一半。最重要的是，施用逆轉素的胚胎
沒有一個能夠成長為活生生的老鼠。這個實驗顯示，當胚胎中
大多數的細胞都出現染色體異常時，它們的發育最終會以失敗
收場，即使它們著床了、也發育了一陣子。

　　現在我們可以進一步來探討那個重要的問題：若是只有部
分胚胎細胞帶有染色體異常，發育又會受到何種程度的影響？
為了找出答案，我們必須製造出鑲嵌型胚胎，也就是混合了染
色體異常細胞與染色體正常細胞的胚胎。因此我們決定經由製
造嵌合體來達到這個目的，這與第五章中卡羅琳娜所做的實驗
類似。

　　因為我們無法在對同個胚胎施用逆轉素時只讓其中一些
細胞出現染色體異常，所以無法經由這個方式製造出鑲嵌型胚

胎，因此我們想到了運用嵌合體的作法，將來自不同胚胎的細胞結合建構成嵌合體（鑲嵌型胚胎是由單顆受精卵生長發育而成的）。創造嵌合體而非鑲嵌型胚胎的好處是，我們可以系統性地去研究要具有多少異常細胞才會干擾到發育。很幸運地，這個作法成功了。

海倫在小鼠胚胎從兩細胞階段分裂到四細胞階段時，經由口吸管的方式施用逆轉素，並在八細胞階段將細胞一個個地分開。然後她將來自正常胚胎的四個細胞與來自施藥胚胎的四個細胞結合創造出八細胞嵌合體胚胎。

我們要追蹤細胞的命運就需要標記。我朋友凱特·哈迪安東納基斯（Kat Hadjantonakis）與金妮·帕帕約安努在紐約對小鼠進行基因改良，讓牠們的細胞核具有綠色螢光蛋白，所以我們就採用了具有這種特性的小鼠。[2]我們將這類小鼠胚胎施予逆轉素，施過藥的細胞會與未施過藥的細胞有不同的顏色，這樣我們就可以做出區別。具有綠色螢光蛋白的細胞讓我們可以明確看到新細胞是在何時與何處誕生以及新細胞的後續分裂，還有，若是細胞死亡了，我們也可以看到是在何時與何處死亡的。我們可用此種方式為個別細胞建立「譜系圖」。

我們為這些鑲嵌型胚胎拍攝了影片，以精準追蹤每個細胞的命運，就如同在第四章中我們試著了解胚胎細胞何時開始偏

---

2. A. K. Hadjantonakis and V. E. Papaioannou, "Dynamic In Vivo Imaging and Cell Tracking Using a Histone Fluorescent Protein Fusion in Mice," *BMC Biotechnology* (2004).

向特定命運時一樣。海倫在螢幕上看見，異常細胞數量的下降主要發生在產生新個體組織的那一部分胚胎，也就是上胚層。這些異常細胞會在凋亡的過程中死去，也就是經歷程序性的細胞死亡。在注定成為胚胎本體的那一部分胚胎中，施用過逆轉素的細胞經歷凋亡的頻率是未施藥細胞的兩倍以上。

　　這個結果表示，在注定成為胎兒的那一部分胚胎中，異常細胞有被清除的傾向。這支持了我的假設，也就是在這一部分的胚胎中，異常細胞競爭不過正常細胞，不過實際運用的機制跟我原來所想的不一樣。

　　我簡直不敢相信。這是我們真的會研究出重要成果的第一個徵兆，發育中的胚胎不僅可以自我建構，也同樣可以自我修復。幾年前當我懷著賽門那時，絨毛膜採樣檢查所檢測到的染色體異常細胞的後代，有沒有可能在成長為賽門的那部分胚胎中自我毀滅了呢？我那天到學校接賽門時，將這全都解釋給他聽——我懷疑他是否有聽懂。不過，由於我們在那天傍晚不但一起跳舞，也一起畫起畫來，我想他知道剛剛必有大事發生。

　　雖然我心裡冒出的念頭認定這就是答案了，但我的科學頭腦卻認為這只是有可能性而已。在我們做出穩固的結論之前，還有許多東西要檢視。其中一個疑問是：從我的（或任何）絨毛膜採樣檢查異常結果可知，異常細胞可以進駐到之後會形成胎盤的滋養層中。但是為何它們沒有被凋亡程序所摧毀？是否這一部分的胚胎對於染色體異常細胞的耐受度較大？啟動清除異常細胞機制的訊號是什麼？這些異常細胞是自己清除了自己，還是周圍那些「勝出」的正常細胞提供了協助？

　　基於許多從一般到科學的理由，我們可能要花上好幾年的努力才能解開答案，然而這還只是部分問題的答案。舉例來說，我們發現異常細胞在滋養層中仍然可以活下去，不過分裂的速度緩慢許多。在我們研究的所有1346個細胞中，有2%的細胞出現凋亡程序，這個頻率並不高。不過情況又再次重現，異常細胞的凋亡頻率（3.3%）明顯高過控制組正常細胞的凋亡頻率（0.6%）。異常細胞緩慢持續增生，之後成為胎盤的一部分，這就是為何像我接受過的絨毛膜採樣檢查會檢測出異常細胞。當然，這是假設人類胚胎也會發生同樣的情況。

　　這些研究揭開的證據顯示，會發育成胚胎本體之後形成小鼠的那一部分胚胎，就會擺脫染色體異常的細胞。胚胎可以自我修復也可以自我建構。這是個重要的研究結果。然而，重點在於並非所有的異常除細胞都會被清除掉。那麼它們之後會被清除嗎？著床後還會進行自我導正嗎？因為我們當時還未掌握培養著床時期胚胎的技術，所以我們無法找出答案。不過這個未解問題賦予我更多動機去找出如何讓胚胎在著床之後還能以培養的方式進行發育。

　　我們的研究尚未完成。核心問題在於鑲嵌型胚胎中仍然正常的細胞是否可以補足被清除掉的異常細胞。還有最重要的是，如果它們可以，那我們想要知道鑲嵌型胚胎中要有多少正常細胞才能修復胚胎。

　　為了解開這個問題，我們決定製造鑲嵌型的嵌合體胚胎，其中正常細胞（不施藥）與異常細胞（施用逆轉素）的比率為1:1或1:3，並將這些胚胎植入小鼠母體內。海倫會在胚胎著床後馬上將它們取出。令人吃驚的是，所有1:1的鑲嵌型胚胎跟對照組的正常胚胎一樣，外觀都很正常，這表示即使一個胚胎只有半數的正常細胞，仍然可以挽救發育。至於1:3的胚胎，就如同人們會預期到的那樣，能正常發育的胚胎明顯要少了許多，不過就算這些胚胎內有將近75％的異常細胞，仍然有部分胚胎可以被救回。

　　這代表只要胚胎中有足夠的正常細胞，染色體數目異常所產生的致命影響是可以被導正的。

　　但我們不能將其視為理所當然。為了完全確定，海倫再次製造鑲嵌型胚胎，而這次胚胎被植入小鼠母體後，會讓它們經歷完整的懷孕發育階段。她發現在13隻幼鼠中有7隻找不到出現異常細胞的證據。所有幼鼠都存活下來，也沒有健康不良的狀況。

　　就我們所知，這是首次有人可以直接證實哺乳類胚胎中非整倍體細胞逐漸被清除的情況，並確認這得透過仰賴細胞世系的不同機制來發生。

　　我們可以下這樣的結論：只要鑲嵌型胚胎中具有足夠比例的染色體正常細胞，這些胚胎似乎就可以存活下來。驚人的是，一旦異常細胞被清除，健康細胞就會取而代之，也因此胚胎就被修復了。不過會形成胚盤的那一部分胚胎就會容忍異常細胞的存在，分裂的速度也會比較緩慢。我總是希望像這樣的事情會是真的，不過得到明確的證據可以證實我的直覺是對的，還是讓我非常興奮。我在這裡要再次強調，這是關於小鼠胚胎的研究，若要套用在臨床上，重要的是要進行更多的研究以確認這是否同樣適用於人類胚胎。無論如何，我們將會在第十章中提到，最新的證據顯示，某些鑲嵌型胚胎確實可以發育成健康的新生兒。

發表論文從來就不簡單

在我們準備要將海倫鑲嵌型胚胎的研究成果寫成論文並投稿至期刊前，她已經以這份研究結果順利完成論文答辯，並離開實驗室繼續從事醫療方面的工作了。這篇論文對我非常重要，因為這不只是代表我們有了科學上的進展，也讓我們了解絨毛膜採樣檢查的結果，希望這可以提供遇到同樣困境的夫婦一點協助。

不過我們第一次投出的稿件被拒絕了，審稿人要求我們要進行更多更多的實驗。那時我團隊中另一位博士生莎拉・葛拉漢（Sarah Graham）剛完成論文，並接受了由我的惠康補助金所資助的博士後職位。葛拉漢是位有天份且細心的胚胎學家，她傑出地完成了這項工作。

　我也非常幸運地可以獲得其他具有優秀技能科學家的效力。為了解開逆轉素所造成的詳細DNA異常，我們請求了蒂埃里‧伏特（Thierry Voet）與他團隊的協助。位於附近桑格中心（Sanger Centre）的他們正在研究基因改造，並發展在單一人類細胞中研究基因變化的方法。在伏特的協助下，我們得以使用單細胞DNA排序來分析施藥與未施藥胚胎細胞的DNA變化，結果證實了逆轉素確實可以造成染色體異常。這確認了在施用逆轉素後會出現高比例的非整倍體。

　科學是建立在疑問之上。一位審稿人要求我們想出另一種造成染色體數目異常的方式，然後運用這種新方法再進行一次我們的實驗。這就表示論文在發表供大眾閱讀之前，還要再花一年的時間做這些工作。但是當審稿人請你做什麼時你就得去做，否則論文將無法發表。

　莎拉用來製造染色體異常細胞的第二種方法，是一種名為小分子干擾核糖核酸（small interfering RNA）的技術，我的第一位博士後同事佛羅倫斯‧維尼（Florence Wianny）與我在1990年代末期，曾運用這種技術在特定時間與位置上關閉小鼠卵子與胚胎中的基因。[3] 我們可以運用核糖核酸干擾（RNA-i）對準目標基因，降低此基因的表現程度，這個基因負責另一個

---

3. Florence Wianny and Magdalena Zernicka-Goetz, "Specific Interference with Gene Function by Double-Stranded RNA in Early Mouse Development," *Nature Cell Biology* 2 (1999): 70–75.

涉及紡錘體組裝檢查點的蛋白，而這個蛋白就是所謂的有絲分裂停滯缺陷蛋白2（mitotic arrest deficient 2），較為人所知的是它的簡稱：MAD2。莎拉在運用這些基因工具進行分子層級的實驗後，她又再次得到同樣的結果，不過這種方式的影響要比逆轉素來得微弱。

在進行一系列馬拉松式的實驗後，莎拉寫下這篇論文，而論文也終於在2016年3月發表在《自然通訊》上。[4]那時賽門都已經九歲。從我得到異常檢查結果到我們可以分享協助了解檢查結果的小鼠胚胎研究之間，整整花了九年的時間。

從事科學研究

簡單來說，科學發現的過程分成三項行動。第一項行動是去產生一個新的想法以及針對此想法設計出解決方法，還有同樣重要的是，得要確保擁有從事此研究所需的資金與適合的人員。第二項行動則是進行實驗以證實或挑戰這個想法，通常兩者都有。第三項行動是寫下你的實驗並投稿到期刊，讓你的發現公諸於世，以對整體知識有所貢獻，並依據同領域人士的判斷來推動它的發展。

---

4. H. Bolton, S. J. L. Graham, N. Van der Aa, P. Kumar, K. Theunis, E. Fernandez Gallardo, T. Voet, and M. Zernicka-Goetz, "Mouse Model of Chromosome Mosaicism Reveals Lineage- Specific Depletion of Aneuploid Cells and Normal Developmental Potential," *Nature Communications* 7 (2016): 11165, doi:10.1038/ncomms11165.

第 8 章　賽門

　　這三項行動通常都要花上同樣多的時間與努力。我們一開始常常只有部分答案，然後還要重覆進行許多次以說服我們自己這個答案是正確的，並讓我們對此有更深層的了解。

　　科學上的成功也意味著做出犧牲。對我的團隊來說，這代表花費長時間做實驗，而且時常得跟我或彼此進行激烈的討論，以找出我們實驗結果所代表的意義。對我而言，這代表犧牲與家人及朋友相處的時間，也沒有時間去做我喜愛的事情，像是去看場我熱切期盼的電影或藝術展。雖然走完一段艱難旅程自有回報，但我們一直以來總是會以香檳來慶祝重要的研究發現。我們對於鑲嵌型胚胎的研究成果就不只慶祝過一次。我們在實驗室開了場派對，莎拉不只是位傑出的科學家，也是位很棒的廚師，她的拿手絕活是榛果蛋糕。另一場派對在我家，出席的有大衛與朋友們。在這場派對中，我們設法將現場演出的樂隊融入我們家的小花園中，並隨著樂隊的音樂翩翩起舞。

　　但這個研究又帶出了新的問題。異常細胞在什麼時候會被清除？什麼時候又不會？這個自殺程序是由特定的細胞異常所觸發嗎？鄰近的正常細胞會參與嗎？或許在胚胎生命初始時，存在有某些缺陷會被修復的關鍵時刻。我們是否能找到這些控管它們的檢查點與法則呢？胚胎是否也會運用凋亡來清除在子宮著床後還殘存在它們本身中的異常細胞？在進行這個研究那時，我們最長只有辦法培養胚胎到著床之前，所以也只能觀察胚胎細胞到著床前的命運。而在我寫下這段文字的當下，我們

227

與我現任博士生什魯蒂‧辛格拉（Shruti Singla）正運用這些方
法將胚胎培養得更久一點，以回答一部分的前述問題。

賽門

　　科學研究的孕育時間要比任何人的懷孕時間都要來得長。
在我實驗室中的研究揭開胚胎清除染色體異常細胞驚人自我修
復機制的許久以前，也在我們小鼠實驗結果發表的許久以前，
我就在劍橋的羅西醫院生下了賽門。在有了娜塔莎後，我又再
次成為媽媽，我的情感重心有了變動。嬰兒有一陣子會把你的
生命搞得天翻地覆。

　　當時大衛與我決定從大格蘭斯登搬到劍橋，這樣我們就不
用每天在尖峰時段得花上好幾個小時接送娜塔莎上下學。在我
懷孕的最後幾個星期，我經手了搬家的所有準備工作，不斷地
打包、打電話與擬定計畫。

　　然後在我預產期的一個月前，我們的舊房子沒有賣出去。
不過即使我們當時沒有錢付款給新房子的原屋主，同情我們的
原屋主還是讓我們在1月生產之前搬進了新房子中。

　　為了避免出現任何可能的問題，我選擇了剖腹產。很幸運
的是，後來證實這是個明智的決定。負責接生賽門也是後來碰
巧共同指導海倫的醫生戈登‧史密斯（Gordon Smith），在剖腹
產時讓我們看了連結我與賽門之間的臍帶上有兩個結。若我選

擇自然產，必然會有風險。

在手術結束前，孩子就交到我手上讓我抱著了。我幾乎難以相信這小小的人兒這輩子都將是我的孩子。他很完美，我得到了幾個月以來一直為其奮鬥的孩子。即使羊膜穿刺的結果讓我感到寬心，但看到自己的寶寶完全正常還是著實鬆了一口氣。我真的太高興了，所以我才會同意與一位記者對談，記者打電話到羅西醫院來不是為了賽門（除了朋友與家人外，我沒有告訴其他人），而是要詢問我們在《自然》上有關四細胞胚胎詳細細胞命運的論文所代表的含意，這篇論文恰巧也是在同一天刊登。[5]回憶當下，我不敢相信我竟然接了電話。

我只在醫院待了一個晚上，那晚有鮮花圍繞著我，而我的新生兒就睡在我身邊的搖籃中。隔天早上我就熱切地與大衛、娜塔莎及我的母親將寶寶帶到我們的新家，我的母親特意從華沙飛來陪伴我們。我回到家時，我的母親幫我拍了一張照片，照片中的我一手抱著嬰兒餵奶，另一手則拿著刊登我們論文的那本期刊。我現在可以細細品味我生命中最開心的其中一個時刻。

有太多事情要做。我們得要買個娃娃給娜塔莎，因為她堅持她也要有一個寶寶；還要給我們家的新成員取個名字。我們

5. Maria-Elena Torres-Padilla, David-Emlyn Parfitt, Tony Kouzarides, and Magdalena Zernicka-Goetz, "Histone Arginine Methyl ation Regulates Pluripotency in the Early Mouse Embryo," *Nature* 445 (2007): 214–218, doi:10.1038/nature05458.

列了張表，不過最終我們決定以我們的朋友歷史學家賽門‧沙馬（Simon Schama）的名字來命名，他是我密友金妮‧帕帕約安努的丈夫。

我第一次遇到賽門是在2003年到紐約的那次旅程中，我與金妮要去現代藝術博物館看「馬蒂斯／畢卡索之後」的展覽，而賽門就陪著她一起來。當時我還不知道賽門是多麼了不起的人物，也不知道他是名人，撰寫與主持過做為標竿的BBC電視紀錄片系列《英國歷史》（*A History of Britian*）以及我最喜愛的《藝術的力量》（*Power of Art*）。他在《藝術的力量》中描述了八部傑出創作的高潮劇情片段。我其實不相信神奇的力量，但事實證明，他就是完全正確的啟發。我的賽門也非常具有文藝特質。

在我寫下這些文句的當下，我們仍住在劍橋的紐漢姆（Newnham），而賽門也在今天慶祝他的12歲生日。看著賽門這樣一個優秀的孩子，我覺得幸好他出現在我的人生中。他將他的幽默、厚臉皮、藝術以及最重要的強大熱情帶到我的生活之中。他在許多方面都豐富了我的人生。

當然，我仍不知道他出生前那幾個月在我體內所發生事件的全貌，不過我認為絨毛膜採樣檢查首先提醒了我引發這個問題的原因可能有兩種。

最有可能的情況是，所檢測到的染色體異常細胞只存在於胎盤中，而賽門本身並沒有問題。我的小鼠嵌合體實驗則顯示了還有第二種可能性。他有可能一開始是個鑲嵌型胚胎，其中大部分是正常細胞，但也帶有一些異常細胞。我與海倫所做的研究顯示，即使胚胎中只有半數細胞是正常的，仍然足以導正問題，並使胚胎正常發育。

　　有小小賽門出現在我身旁這快樂的一年，我們的研究將出現新的轉折，我們將運用我團隊多年磨練出的標記、追蹤與組合個別細胞的技術，創造出全新的生物實體：我們不使用精子與卵子，而是在實驗室中運用不同類型的幹細胞來建造出類胚胎結構。

9 探索合成胚胎

1988年理查·費曼過世那時，有人將他在加州理工學院的那塊黑板拍照下來，供後世留念。黑板左上角留有一句簡單的話：「我不能創造的東西，我就不了解。」

生物學家用這個句子作為以工程方法來了解生命機制（特別是合成生物學）時的寫照。若你可以在實驗室中重現大自然的奧妙，那麼你必定會了解大自然是如何完成這項壯舉。事實上，現今的生物觀點已經從純粹簡化論的分子視角，轉移到整個生物的整體視角。[1]

我們在創造出鑲嵌型胚胎後，合乎邏輯的下一個步驟就是：從幹細胞創造出類胚胎結構，而費曼的那一句話也就從這裡開始變得意義重大。（幹細胞是身體的母細胞，也就是基本的細胞類型，具有分化成為建構身體所需之各類細胞的能力。）

我的前導師馬丁·埃文斯從早期胚胎中所分離出的胚胎幹

---

1. C. R. Woese, "A New Biology for a New Century," *Microbiology and Molecular Biology Reviews* 68, no. 2 (2004): 173–186.

細胞（ES）具有神奇的特性：這些胚胎幹細胞在植入宿主胚胎後，可以長成所有種類的細胞並形成任何組織。然而幹細胞本身是無法長成一個胚胎的。我們想知道，若不使用具有全能性的受精卵而改用幹細胞的話，需要什麼要素及用什麼樣的方式才能在體外形成胚胎。

　　用於建造身體也就是會形成胚胎幹細胞的那些細胞，都被另外兩種細胞圍繞著。多能胚外滋養層幹細胞（TS）以及胚外內胚層幹細胞（XEN）這兩種細胞提供了滋養胚胎的重要訊息來源，但它們不會直接成為胚胎的一部分。至此，我們接下來應該要採取的步驟似乎就很明顯了：我們是否可以重新創造出由三種細胞所組成的單一個體，讓這些細胞可以自我建構，並沿著圖靈在一個世紀多以前探索的那些路線成長呢？若是我們可以達成這項創舉，並在實驗室中建構出「合成胚胎」，或許我們就可以真正了解讓胚胎進行自我建構的細胞之舞。

類胚胎體

　　在實驗室中合成類胚胎結構的夢想已經不是什麼新鮮事了。每個人對於里程碑的認定都不一樣，對我而言，在建立胚胎發育活體模型上的一項重大里程牌就是美國緬因州巴爾港（Bar Harbor）傑克森實驗室（Jackson Laboratory）的一項觀察發現，這項觀察發現讓我們及早洞察到胚胎幹細胞建構身體

的潛力。1950年代，里洛伊・史蒂文斯（Leroy Stevens）發現
一株小鼠品系會自發性地受到睪丸畸胎瘤（testicular teratomas,
teratocarcinomas）的影響，這是一種由胚胎與成體組織混合形
成的腫瘤。[2] 當史蒂文斯與同事唐・瓦納姆（Don Varnum）將
畸胎瘤移植到小鼠腹部時，細胞就會聚集成團。即使這些細胞
長得雜亂無序，但它們在某些方面還是讓史蒂文斯想到幾天大
的小鼠胚胎。[3] 這個由胚胎幹細胞所形成的組織就是所謂的類胚
胎體（Embryoid Bodies）。

由於這種腫瘤是由各種不同身體部位的細胞所組成，因此
人們認為這種腫瘤不是源自成體細胞，而是源自未分化的多能
細胞，這種細胞與胚胎細胞非常相像。它們就是所謂的胚胎癌
細胞。[4]

這裡就是馬丁・埃文斯出場的時間點了。在1970年代所進
行的一系列實驗（包括理查・加德納的實驗）之後，馬丁的研
究顯示這些細胞的分化不是異常現象（abnormal occurrence，
惡性細胞的一種特性），而是類似於在胚胎中會看到的那種分
化。雖然這表示我們應該可以從早期胚胎中分離出細胞並讓
細胞在實驗室中成長，但是這項壯舉將需要再花上5年的時

---

2. Leroy C. Stevens Jr. and C. C. Little, "Spontaneous Testicular Teratomas in an Inbred Strain of Mice," *Proceedings of the National Academy of Sciences* 40 (1954): 1080–1087.
3. L. C. Stevens, "Embryonic Potency of Embryoid Bodies Derived from a Transplantable Testicular Teratoma of the Mouse," *Developmental Biology* 2 (1960): 285–297.
4. G. B. Pierce and F. J. Dixon, "Testicular Teratomas. I. Demonstration of Teratogenesis by Metamorphosis of Multipotential Cells," *Cancer* 12 (1959): 573–583.

生命之舞

間才能完成。[5] 1980年，馬丁與胚胎學家麥特·考夫曼（Matt Kaufman）合作組成團隊，並在隔年的《自然》上發表了類腸嗜鉻細胞（EC-like cells）的發現，這種細胞會形成畸胎瘤，也可以用來讓嵌合體製造出具有功能性的生殖細胞，這些細胞就是現在著名的胚胎幹細胞。[6] 加州大學洛杉磯分校的蓋爾·馬丁（Gail Martin）也在同一年裡，設法從胚胎中培養出類腸嗜鉻細胞。[7]

馬丁·埃文斯在他於《自然》發表的開創性論文中，指出使用胚胎幹細胞進行基因改造的可能性，並在1986年表示這些細胞為進行基因改造或基因轉殖動物提供了一種有效的方式。他因為這項發現而與其他研究學者共同獲得2007年的諾貝爾獎。由於這些細胞所具有的彈性，讓它們可以產生胚外組織之外的所有其他種細胞或胚胎組織，所以認為我們應該可以藉由培養胚胎幹細胞來重現胚胎發育的過程，似乎也很合理。然而情況並非如此。胚胎幹細胞可以形成類胚胎體，但是這些類胚胎體看起來與發育起來都不像胚胎。

---

5. Martin Evans, "Origin of Mouse Embryonal Carcinoma Cells and the Possibility of Their Direct Isolation into Tissue Culture," *Journal of Reproduction and Fertility* 62 (1981): 625–631, doi. org/10.1530/jrf.0.0620625.

6. M. J. Evans and M. H. Kaufman, "Establishment in Culture of Pluripotential Cells from Mouse Embryos," *Nature* 292 (1981): 154–156.

7. G. R. Martin, "Isolation of a Pluripotent Cell Line from Early Mouse Embryos Cultured in Medium Conditioned by Teratocarcinoma Stem Cells," *Proceedings of the National Academy of Sciences* 78, no. 12 (1981): 7634–7638.

　　當然，我從馬丁那裡學到許多胚胎幹細胞的知識，不過受到類胚胎體的啟發則是在很久之後的一次偶發事件中才出現。那時賽門大約兩個月大，由於大衛要在日本沖繩的一場研討會中演講，所以我們帶著賽門與女兒娜塔莎同行，途中在史丹福大學停留了一下。我的朋友麥特・史考特（Matt Scott）是著名的發育生物學、基因與生物工程的教授，他邀請我到史丹福大學進行一場演講。在這個行程中，我遇見羅爾・努斯（Roel Nusse）以及他的同事德克・坦貝格（Derk ten Berge）。他們大方與我分享他們近來在類胚胎體上的發現，因為他們知道我正在追蹤胚胎中的對稱性是如何形成與打破的。他們發現類胚胎體會自發性地打破對稱性，以啟動結構形成與活化像*Brachyury*這類基因，再進一步形成中胚層。[8]

　　這是個有趣的觀察發現。不過當時我並沒有想到有一天我也會嘗試創造類胚胎結構來了解打破對稱性的事件。僅僅幾年後，我的研究結果顯示：未極化的多能細胞在著床期間會轉變成為高度極化的玫瑰花形結構。這個結果讓我受到啟發，因而想到我們或許可以開始在實驗室中運用胚胎幹細胞來建立類胚胎結構，以重新創造這個過程。不過我們採用了相當不同的作法。

8. D. ten Berge, W. Koole, C. Fuerer, M. Fish, E. Eroglu, and R. Nusse, "Wnt Signaling Mediates Self-Organization and Axis Formation in Embryoid Bodies," *Cell Stem Cell* 3, no. 5 (2008): 508–518, doi:10.1016/j.stem.2008.09.013.

如何建構胚胎？

　　當我們最後設法創造出一個可以培養胚胎到著床階段的
方式，並開始追蹤胚胎如何成長與建造自己的細節時，我們不
只發現到涉及其中的確實細胞數目，更重要的是，還發現到這
個創建過程的來龍去脈。我指的是，當胚胎處於首次成長與轉
變形態的關鍵發育階段時，每種細胞的編舞以及它們如何相互
作用。我們從許多哺乳動物發育生物學家的卓越研究中得知，
不同種細胞間的相互作用是胚胎適當發育的關鍵，但是究竟在
這個特別的發育階段中確切出現了什麼樣的相互作用，而胚胎
發育又是依循什麼的路徑，目前仍然不清楚。我們藉由在體外
培養胚胎到著床階段，得以開始發現到一些化學與機械跡象，
這些跡象顯示無固定形狀的上胚層會轉變成由極化細胞所組成
的玫瑰花形。我們發現，涉及細胞外基質的訊號會啟動自我建
構，而這些訊號是由胚外原始內胚層與名為 β 組合蛋白（beta
integrin，位於上胚層細胞表面）所提供。[9] 若我們提供適當的
環境，是否就能用幹細胞模擬這個過程的初始階段呢？
　　我們的第一個作法很簡單。我們只使用一種細胞，也就是
胚胎幹細胞，將它嵌入由基底膠（Matrigel）所構成的三維支架

9. I. Bedzhov and M. Zernicka-Goetz, "Self-Organizing Properties of Mouse Pluripotent Cells Initiate Morphogenesis upon Implantation," *Cell* 156 (2014): 1032–1044, doi:10.1016/j.cell.2014.01.023.

中,基底膠含有包覆細胞的物質,這些物質正常是由原始內胚層所提供。我們認為這應該會誘發細胞進行極化,而細胞極化或許足以誘導胚胎幹細胞自我建構。

我的團隊成員伊凡・貝卓夫負責這項研究計畫,在培養36小時後,他看到胚胎幹細胞所增生的細胞群,確實以極化細胞將自身建構為三維的玫瑰花形結構。這個玫瑰花形就跟我們在真正胚胎著床時所看到的那個玫瑰花形一樣。然後這個玫瑰花形「演變」成一個凹洞,也就是一個內腔,就像胚胎打開它的羊膜腔一樣。

這時我們意識到,我們只用胚胎幹細胞就可以模擬胚胎發育的最初步驟。即使我們只使用了生命初期所出現的三種基本幹細胞中的一種,只要以正確數量的細胞開始,並提供讓它們可以進行自我建構的適當化學環境,這一種幹細胞就可以補足(至少一部分)另外兩種幹細胞的缺席。

伊凡運用了我們第一個胚胎發育模型,來了解開始形成羊膜腔的分子訊號。當他使用缺少 β 組合蛋白的胚胎幹細胞時,這些細胞就無法形成空腔,這就表示由 β 組合蛋白所傳導的胚外組織與胚胎組織間之訊號非常關鍵。這只是用於說明這些簡化胚胎模型對於了解胚胎形成極有用處的其中一個例子。我們有關於玫瑰花形的發現,還有胚胎形成玫瑰花形的背後機制,以及我們如何以胚胎幹細胞進行模擬,這些全都發表在2014年的《細胞》中。[10]

不過我們有辦法再現胚胎發育的下一個步驟嗎？就是那個會打破對稱性並造成原腸化的步驟，這個步驟對於所有胚胎組織的形成至關重要。對於發育生物學家而言，要回答這個問題的方法非常明確。就是不只使用胚胎幹細胞，還要加入來自滋養層，也就是會建造胎盤的幹細胞，以及來自原始內胚層也就是會建構卵黃囊的幹細胞。這樣的組合是否可以讓整個胚胎都進行自我建構，接續打破對稱性呢？

我們狂熱的研究計畫

當時正是莎拉・哈里森（Sarah Harrison）博士生涯的第一年，她在選擇博士題目之前，得要在各個實驗室中輪流進行短期研究計畫。莎拉來問我，我可否擔任她的指導教授。我欣然接受，並請她來協助我實現夢想，那就是使用不同種類的幹細胞在體外創造出小鼠的類胚胎結構。莎拉擁有強大熱忱，也具有智慧及雄心壯志去從事困難但意義重大的研究。這是個重大的請求，所以為了讓她安心，我承諾在整個研究過程中都會全力支持她，不過我猜想這個過程並不簡單。

在莎拉結束博士生涯的第一年時，她已經學會要如何利用胚胎幹細胞模擬發育的首要步驟，也就是極化與空腔形

---

10. Bedzhov and Zernicka-Goetz, "Self-Organizing Properties," 1032–1044.

成。（當時伊凡已離開實驗室到德國馬克斯・普朗克研究所下的研究機構組建自己的研究團隊。）她接著讓這些結構更進一步發育，並觀察到細胞啟動了 *Brachyury* 基因，這種基因的運作就代表出現了一個打破對稱性的事件，也說明了中胚層的細節狀況。這個發現很好，但 *Brachyury* 基因的表現亂無章法，它隨機出現在合成胚胎的各個地方，但在真正的胚胎中它不會這樣表現，它總是會表現在胚胎組織與胚外組織之間，而且是不對稱地只出現在胚胎組織與胚外組織的某一側交界處。

　　當我們還在思考要怎麼將莎拉的初步研究結果再向前推進一步時，一篇有著類似發現的論文就出現了。這是由我們的鄰居阿方索・馬丁內斯・阿里亞斯（Alfonso Martinez Arias）領軍的劍橋大學遺傳學系所發表的。[11] 他們的研究方法與我們不同。他們不是從少數胚胎幹細胞形成玫瑰花形結構以打開空腔開始（如同在胚胎中那樣），而是以數百個胚胎幹細胞形成類胚胎體來開始，這個作法類似於史丹福大學德克・坦貝格與羅爾・努斯那篇最初研究論文中的作法。[12] 運用這種作法，也會誘發 *Brachyury* 基因的表現，不過我們也發現到，這不會產生真正的原腸化。雖然一開始使用的技術不同，但最終結果與我們的

11. Susanne C. van den Brink, Peter Baillie-Johnson, Tina Balayo, Anna-Katerina Hadjantonakis, Sonja Nowotschin, David A. Turner, and Alfonso Martinez Arias, "Symmetry Breaking, Germ Layer Specification and Axial Organisation in Aggregates of Mouse Embryonic Stem Cells," *Development* 141 (2014): 4231–4242, doi:10.1242/dev.113001.

12. ten Berge, et al., "Wnt Signaling Mediates Selforganization," 508–158.

發現類似。對許多學生來說，看著其他團隊早一步發表研究成果會感到非常沮喪，不過莎拉並不是這樣的人。

我們覺得，與其花時間將我們的實驗寫成一篇與他人結果類似的論文，倒不如深呼吸一下，繼續進行下一步研究。那就是按照我們原先的計畫，經由讓胚胎幹細胞與滋養層幹細胞以及胚外內胚層幹細胞共同合作，重建胚胎的所有部位結構。我們希望在這樣的情況下，*Brachyury* 基因的表現會具有章法，不再呈現隨機分布。

但是要在體外讓不同的幹細胞成功合作，說起來簡單做起來難。總而言之，我們一開始無法讓三種細胞在同一種介質中生長並彼此「對話」。不過我們最後設法誘導胚胎幹細胞與滋養層幹細胞在基底膠所形成細胞外支架中相互作用。這個支架很重要，因為它取代了所欠缺的第三種組織「原始內胚層」，因為它可以誘發自我建構的首要關鍵步驟「細胞極化」。

胚胎的數目

如果我們真的要進行細胞工程的話，我們就得要以孩童拼樂高積木的方式，一次一個地將細胞組合成胚胎。但我們並沒有經由口吸管的方式（請參考第五章）來這樣做，而是把一切都留給機率來決定。我們在培養皿中混合了不同濃度的兩種細胞，並讓它們自由接觸。我們在第二天透過顯微鏡看到，有些細胞確實開始相互作用並形成結構。但為數不多，因為這取決於無法預測的機率。不過當胚胎幹細胞與滋養層幹細胞結合時，它們就會以驚人的方式進行自我建構，它們好像知道自己要做什麼，也有個目標。

我們在實驗室暗房的顯微鏡下，看到許多胚胎發育的基本過程。我們首先看到細胞極化。接著幹細胞會自我建構，胚胎幹細胞會聚集在一端，而滋養層幹細胞則聚集在另一端。由於胚胎幹細胞衍生出的胚胎部分與滋養層幹細胞衍生出的胚外部分會進行對話，所以在每個細胞群中的空腔後續會打開並創造出三維的8字形。我們發現這涉及到一個名為 Nodal 的蛋白所傳送的訊號。這兩個空腔之後會融為一體，最終形成一個對胚胎發育至關重要的大型羊膜腔。這種體腔形成的過程似乎就跟真正胚胎在著床不久後會發生的情況一樣。我們看見了自我建構的驚人創舉。

不過，我們當然總是想要更進一步，讓合成胚胎中胚胎幹細胞所衍生部位裡的那些類胚胎細胞，能夠適當地打破對稱性。我們的意思是讓這些細胞設法進行原腸化，也就是提供未來身體體制基礎的關鍵步驟。

我們發現若是可以讓胚胎幹細胞與滋養層幹細胞結構再發育久一點，它們確實會打破對稱性。像 *Brachyury* 這類基因就會在胚胎與胚外部位之間開始表現，就跟真正胚胎的情況一樣。*Brachyury* 基因至關重要，因為它會影響中胚層的形成與前後軸線。[13]這個發現不但讓我的心跳差點停止，也讓實驗室中的每個人都大為驚奇。

這些類胚胎結構與正常胚胎結構非常相像，足以用於揭開在母體著床時期的某些發育謎團。很明顯地，胚胎幹細胞與滋養層幹細胞一同建造的結構所模擬出的胚胎形態與結構模式，要比只使用胚胎幹細胞要來得精確許多——這是更值得信賴的發育模型。

感覺起來，這兩種幹細胞就好像兩名舞者彼此都告訴對方，自己在胚胎中的所在位置。沒有這場雙人舞，正確形狀與形式的發育以及關鍵生物機制的適時運作就不會適當發生。我們也發現這個結構模式的發育，得仰賴Wnt與骨成形性蛋白質（bone morphogenetic protein, BMP）的訊號路徑，這與真正胚胎的發育情況一樣。

當莎拉與我觀察到第一個看似有些奇怪但又有些完美的結構出現時，感覺非常不真實。我那時覺得這很了不起，即使在寫這段文章的當下，依然也這樣覺得。那年秋天，我放下人生中的大多數事情，全力將數據統整起來並撰寫成一篇論文。我的工作強度可能要把莎拉逼瘋了，因為我要求她做更多的實驗、進行更多的確認等等，而這些就只是要確保我們沒有遺漏任何東西，並可以正確解讀所有數據。

---

13. R. S. Beddington, P. Rashbass, and V. Wilson, *"Brachyury*—A Gene Affecting Mouse Gastrulation and Early Organogenesis," *Development Supplement* (1992): 157–165.

　　莎拉非常有條理，也全力以赴。但這裡有一個現實的問題。莎拉要拿到博士學位的一個條件是有幾個月的時間要進行產業合作。為了幫忙莎拉完成她的學位，我詢問我實驗室中從土耳其安塔利亞市（Antalya）阿克德尼茲大學（Akdeniz University）來的另一位博士訪問生可否伸出援手。

　　因此柏娜・索任（Berna Sozen）加入了莎拉的研究。我想這是正確的選擇。柏娜原先只會在我們實驗室待上一年，但這份經歷改變了她的人生，柏娜留下來進行博士後研究。

　　我們將這篇論文投稿至《自然》。由於許多論文在初始階段就會被退回，所以我們知道編輯將稿子送去審閱時，士氣不由得為之一振。編輯們的知識淵博，經驗也豐富，能走到這一步就是一種重要的認可，所以我們有場小小的慶祝活動，因為即使是小小的成功也能做出改變。不過最終他們沒有接受我們的論文，除非得像一位審稿人要求的那樣，提供合成胚胎在自我建構時所用基因的詳細資料，以及這些基因的表現模式在自我建構的每個階段是如何變化的。這將會是一件大工程。然而這彷彿算不上是什麼壞消息，因為我的實驗室中並沒有技術可以研究這些基因所運用的轉變形態模式。我需要尋求經費來購買我負擔不起的設備，我們也需要找到合作夥伴。感謝在澳洲雪梨的一場週日漫步，我們最後找到的夥伴不在劍橋，而是在地球的另一邊。

在澳洲的冒險

在這場具有重大影響的漫步的一年前，我受邀到澳洲獵人谷為歐洲分子生物學組織大會進行講座。獵人谷是個著名的葡萄酒區，位於雪梨北方兩小時車程處。與我同行的貴賓也是一位細胞藝術的實踐者，荷蘭奈梅亨市拉德保德大學（Radboud University Nijmegen）與美國休士頓安德森癌症研究中心（MD Anderson Cancer Center in Houston）的彼得・弗里德爾（Peter Friedl）。他研究腫瘤細胞如何成長與入侵，其研究所得出的視覺影像提供了令人吃驚的細節。

那時正值學校放假，所以我帶著賽門一起踏上這次的冒險旅途。我們在香港轉機，順便停留一天拜訪當時的行政長官梁振英，他是我最好的前博士生之一梁傳昕的父親。梁振英夫婦對我們非常慷慨，在這一天當中待我們如貴賓。他們家有一隻漂亮的哈士奇犬，賽門也很開心地跟牠玩在一起。隔天我們前往雪梨，賽門將在那裡首次遇見袋鼠。

事實證明，我很幸運，所以才能在那次研討會上演講。前一晚有個生蠔派對，還好我沒有給賽門吃任何生蠔，因為我整晚都非常不舒服，直到隔天。當時負責照顧我的就是賽門。

我的演講是由小鼠發育生物學家譚秉亮（Patrick Tam）開場，我感到非常榮幸，因為我向來就對譚秉亮的研究極為崇拜。賽門與我加入譚秉亮與他太太伊莉莎白（Elizabeth）的行列，一起到雪梨的海邊走走，一路上譚秉亮告訴我有關他與上海生命科學研究院景乃禾（Naihe Jing）的合作，景乃禾利用雷射切割胚胎，揭露了胚胎基因的表現模式。我非常幸運，因為在我回到劍橋不久後，景乃禾就到劍橋來拜訪，所以我能夠親自與他見上一面。我們同意一起合作揭開我們類胚胎結構中基因表現的模式。景乃禾團隊的貢獻將是我下一章故事的重心。那時我們才意識到，可能要花上一年的時間才有辦法確實做到這一點，而我也不確定我們是否願意為了讓《自然》的編輯滿意（或者還是不滿意，誰知道呢）而等這麼久。

　　那時，莎拉與柏娜已經累積了更多的數據，所以我們決定將研究結果投稿到我比較不熟悉的《科學》。事實證明這是正確的選擇。跟過往一樣，審稿人要求我們再多做一點實驗。但這次的要求還做得到，只是我們就得在2016年的聖誕節假期長時間的工作，以便在新學期開始前完成手稿。大衛也一起下來幫忙，他成為這篇論文的共同作者，這樣我們在聖誕假期中就有一些時間可以在一起。為了提振我們的精神，我點了英國知名品牌True Grace具有新鮮松木香氣的溫感琥珀色香氛蠟燭。這是我們奢侈的享受。我們的論文最後終於被接受了，萬歲！

　　命名很重要，因為「珠子」那個命名的前車之鑑，所以我們對於要怎麼為我們的類胚胎模型命名進行了漫長的討論。這些模型讓我們知道胚胎結構是如何從幹細胞自我建構而成，所以我們想要給它們取個特別的名字。但是我們最後沒有得到共識。

《科學》的編輯不喜歡「合成」類胚胎結構這個名字。我在期中假期得知這個消息，那時我正與家人及朋友滑雪度假中，所以我請他們一起來想想其他的名字。這或許就是為何我們會想到「ETs」這個名字的原因之一。史蒂芬・史匹柏有部科幻電影講述到從異世界來的訪客，而從幹細胞自我建構出的第一個類胚胎結構似乎也帶給我們這樣的感受。不過這個E不是代表「另外（extra）」的意思，而T也不是「地球人（terrestrials）」的意思。E代表的是胚胎幹細胞（ES），而T代表的則是滋養層細胞（TS）。

論文最終於2017年4月被刊登出來時，標題是〈在體外運用胚胎幹細胞與胚外幹細胞的合成結構來模擬胚胎發育的情況〉。[14]它們現在就以「ETS胚胎」之名為人所知，它們提供給我們無需研究真正胚胎就能了解小鼠發育的簡化模型，或許有一天這也可應用到人類身上。

第一個 ETS 胚胎

論文從被接受到刊出的時間總是會有落差，有時候刊登的

---

14. S. E. Harrison, B. Sozen, N. Christodoulou, C. Kyprianou, and M. Zernicka-Goetz, "Assembly of Embryonic and Extraembryonic Stem Cells to Mimic Embryogenesis In Vitro," *Science* 356 (2017): eaal1810, doi:10.1126/science.aal1810.

時間點不是太理想。當我們的ETS胚胎論文在《科學》上刊出時，我正搭著歐洲之星列車前往巴黎參加一個有關形態發生的專門會議。由於我的許多學界朋友都會參加，所以我不想取消這項行程。我們已經告知劍橋大學的新聞辦公室，我還是可以接幾通記者的電話，並建議莎拉也可以接幾通。協助記者去了解我們做了什麼以及確保新聞不會扭曲或變得聳動，是很重要的一件事。

　　搭火車期間以及在巴黎的大多數時候，我都在與記者通話。我們沒有人預料到外界對此會有如此巨大的興趣。

　　記者往往都會提出同樣的問題：這篇論文的重點是什麼？我們告訴記者，我們如何使用類胚胎結構協助我們確認建立生物體的核心過程，包括細胞發展彼此溝通工具的方式。藉由從基因改造的幹細胞來建立ETS胚胎以及運用特定抑制劑，我們揭開了建立細胞夥伴關係的訊號路徑，這對於從著床到產生胚層的這幾個發育階段至關重要。ETS胚胎比起真正的胚胎要來得單純點，所以比較容易解析在胚胎成長與形態發生期間傳達胚胎與胚外細胞對話的物理、細胞與分子機制。在ETS胚胎所訴說的發育故事中，這些類胚胎結構非常強大。但它們並不完美。它們缺少了一種細胞，所以它們可以告訴我們的故事當然也就有所限制。

　　我們的下一步很明確。我們要更加努力地將小鼠胚胎模型從以兩種細胞來建立，再進一步到以三種細胞來建立，就像自

然界中的真實情況那樣。這會讓類胚胎結構變得完整，或許還
可以帶給類胚胎結構更進一步發育的力量。這必定會帶給我們
更好的模型系統去了解胚胎形成的原理。

胚外內胚層幹細胞的藝術

兩種細胞組成的ETS胚胎無法告訴我們胚胎形成的完整故
事，因為真正的胚胎還需要第三種細胞：提供胚胎發育線索且
之後會形成卵黃囊的原始內胚層細胞。這些細胞會形成「前訊
號結構」（anterior signaling structure）這種特徵，也就是我們前
面提過的前端內臟內胚層，人們相信這裡負責打破胚胎的對稱
性以建立前後軸。那麼，我們是否能夠在類胚胎中成功加入會
形成原始內胚層組織的幹細胞，也就是所謂的胚外內胚層幹細
胞呢？

我認為，除了讓細胞自我建構之外，我們還可以試著引導
它們如何去建構，或至少幫助它們。既然我們已經具有等同於
著床後胚胎的類胚胎結構，那麼這也有可能對於在發育早期階
段（囊胚階段）的結構生成具有用處。

那時在我的實驗室中可以看到團隊成員來來去去。柏娜
在土耳其的母校對於她在胚胎模型上的研究印象深刻，所以
願意讓她多花一些時間留在劍橋。莎拉拿到博士學位後，到
惠康基金會任職。來自加拿大多倫多大學的吉安盧卡・阿瑪

迪（Gianluca Amadei）加入我們的團隊，進行博士後研究。但吉安對於早期小鼠胚胎的研究了解不多，再加上我對這項研究將開創的可能性懷抱著強大的夢想，所以我打了電話給我所知最厲害的實驗胚胎學家卡羅琳娜・皮奧特羅斯卡－尼采（Karolina Piotrowska-Nitsche），問她可否從亞特蘭大埃默里大學飛到這裡來加入我們，她答應了。

卡羅琳娜只能跟我們一同工作兩個星期，這是她所能給出的最大承諾了。我想，若是卡羅琳娜可以待久一點，我們那時就可以製造出合成囊胚，因為我們的研究方向正確。我甚至考慮自己親自操作這項實驗工作，但其實我不願意，因為這就表示我的家人與學生在這項工作結束之前就看不到我。這時，好運又降臨在我身上。

我很榮幸受到柏林馬克斯・普朗克分子遺傳學研究所的青睞，邀請我前去擔任所長，這是個絕佳的機會。我極為慎重地考慮這個機會，當然也到柏林去拜訪了好幾趟。在其中一次訪程裡，我在演講中提到我們在建構類胚胎結構上的研究。當時有一位聽眾是來自柏林夏里特醫學大學（Charité-Universitätsmedizin）的艾倫・納（Ellen Na）。她正在研究類胚胎體，所以請我去看看她所製造出的結構。即使不清楚這些類胚胎體中結合了幾種細胞，但它們的結構看起來仍大有可為，而且艾倫想要跟我們合作。合作在我們的研究中以及我喜愛科學的理由中都佔了極大的比重，所以我邀請艾倫跟我們一起進行實驗。雖然她只能來我們實驗室幾個星期，但這短短的時間已經足夠。吉安與艾倫在這段時間中設法創造出第一個由三種細胞世系所組成的胚胎結構。他們的實驗結果讓人非常激動，所以我們在週末時全都跑到實驗室與艾倫及吉安一同慶祝，因為這也是艾倫在我們實驗室的最後一天。

但很快我們就清楚發現到，這個製作出三種細胞胚胎的方式再現性不高。某一天它是可行的，但另一天又不行了。於是我們發起了「合成胚胎俱樂部」，在會議上針對作法排除問題，好讓這個作法能夠變得更加可靠。我們決心持續下去。那時，柏娜從土耳其回來加入我們。

柏娜與吉安每天都努力進行實驗，我也鼓勵其他實驗室成員一起加入他們的行列。其中最重要的可能是安迪・考克斯（Andy Cox），他是博士後研究員，也是我實驗室的管理者。他不但是位具有天賦的胚胎學家，也是位具創造力的發明家。在我們從格登研究所搬到劍橋大學時，安迪協助設計我們的新實驗室，而在我撰寫這本書的當下，他也在協助設計另一間實驗室。安迪就是一位非常為團隊著想的成員，他本著這樣的精神，專注於為科學與每個人的利益去完成工作，不會只考慮到自己的好處。當實驗計畫或實驗室成員在實驗上遭遇某些困難時，我常常會請安迪幫忙。他也總是會幫忙。所以我們的三種細胞類胚胎模型團隊最終有了核心成員：吉安、柏娜與安迪。

在2017年11月那時，我們每天都會為接下來的最佳實驗作法腦力激盪。在吉安、柏娜與安迪進行實驗時，我則去找尋其他作法及科學家以補足我們的研究。桑格中心的蒂埃里‧伏特與他的博士後研究員莉亞‧查佩爾（Lia Chappell）以及上海的王然（Ran Wang）與景乃禾都加入我們，對我們類胚胎結構進行基因表現模式的分析。

即使這些結構的發育似乎十分井然有序，但我們仍仰賴隨機的結合方式。吉安、柏娜與安迪現在要結合的不只是之前的胚胎幹細胞與滋養層幹細胞，還要再加上胚外內胚層幹細胞。他們將這三種細胞放入小小錐形槽的培養基中進行混合，好讓它們相遇結合。我們每天都會以新鮮的營養物質來小心滋養這些細胞混合物。

針對加入錐形槽培養基中的細胞濃度進行多次試誤後，我們最終取得了一個類似胚胎的東西。在顯微鏡下觀察這些結構的發育，就好像在觀看揭開這三種細胞自我建構的精彩紀錄片，而這也可能是真正胚胎如何整合自己的方式。真是令人十分震驚。這就是我們科學人生中的重大時刻之一。我們採用之前的命名方式，將這些結構取名為ETX胚胎，每個字母都技術性地代表著一種細胞。

ETX胚胎跟真正的胚胎一樣，會形成三組細胞群：胚胎幹細胞衍生出的上胚層（這在我們最初的模型中就可以看到）、滋養層幹細胞所衍生的胚外中胚層，以及胚外內胚層幹細胞所衍生出的原始內胚層（嚴格來說，在這個發育階段應該要稱為內臟內胚層）。原始內胚層會成長到將整個結構都覆蓋起來，不過目前仍然不清楚這是如何發生的。真正的胚胎會在特定的時間點與位置上打破對稱性，而且上胚層會形成原線，原線會潛入胚胎之中並發育出新的細胞層，也就是中胚層。接下來還會出現另一個細胞層，也就是內胚層，其會在原腸化的過程中將內臟內胚層擠開。為此，細胞要能夠進行所謂的上皮間質轉化（epithelial-mesenchymal transition），這是它們要離開上皮組織的關鍵事件。這有點類似癌細胞離開腫瘤向身體擴散的那種致命程序，也就是癌轉移（metastasis）。

令人感到欣慰的是，在此胚胎模型中出現的基因活動順序、結構與模式，都與正常原腸化胚胎中發生的一致。我們以第三種幹細胞來取代之前實驗中所使用的細胞外基質後，不只能形成由三種組織所構成的結構，還可以進行上皮間質轉移，讓類胚胎結構可以原腸化。這些實驗結果令人嘆為觀止，美妙到完全無法用言語來形容。

現在我們擁有了可以進行原腸化的胚胎模型，所以就更能去了解這三種細胞如何相互作用以使胚胎發育出自身特有的形態。舉例來說，我們將可以經由實驗改變其中一種幹細胞的生物路徑，然後去觀察這會如何改變其他兩種（或一種）幹細胞的行為。

我們整合所有資料，試著去解析這些資料所代表的意義，

並準備投稿，這花費了數個月的時間。我們都覺得《科學》是
這篇論文投稿的最佳選擇，因為《科學》刊登過我們的ETS胚
胎模型發現。但我們錯了。編輯認為這篇論文並不具有超越上
篇論文的根本性進展。我們感到震驚。在我們的眼裡，ETX胚
胎更好，而且技術也不一樣，再加上實驗最後結果非常接近真
正的胚胎，因為我們誘導了三種幹細胞進行自我建構，也達成
了一項發育的里程牌。在此同時，我們取得更多實驗結果，將
我們論文內容更進一步擴展，並著手投稿至《自然》。

讓我們吃驚的是，大約在2018年5月那時，由胡布勒支研
究所（Hubrecht Institute）尼可拉斯‧里夫隆（Nicolas Rivron）
所領導的團隊提出了另一個幹細胞胚胎模型。他們運用兩組小
鼠幹細胞群（胚胎幹細胞與滋養層幹細胞）形成了看起來像是
著床前的囊胚結構。[15]雖然這些結構在著床後沒有繼續發育，但
這個結果已經很令人振奮了。在他們的論文結尾可以看出，里
夫隆與他的團隊花費許多時間去滿足審稿人的要求。他們最初
是在2015年9月投稿至《自然》，所以前後花了二年半的時間
才被刊出。科學研究真是不容易。

我們論文的審稿人有兩位抱持正面的態度。但第三位則
說，這不過是另一個合成胚胎模型。我們的論文被退回，但他

15. N. C. Rivron, J. Frias-Aldeguer, E. J. Vrij, J.-C. Boisset, J. Korving, J. Vivié, R. K. Truckenmüller, A. van Oudenaarden, C. A. van Blitterswijk, and N. Geijsen, "Blastocyst-Like Structures Generated Solely from Stem Cells," *Nature* 557 (2018): 106–111, doi: 10.1038/s41586-018-0051-0.

們建議我們可以考慮改投《自然細胞生物學》，於是我們的論文最終於2018年7月發表在這本期刊上。[16]ETX胚胎或許迄今仍是最為先進的小鼠胚胎模型，而且具有非凡的潛力可以教導我們關於自身發育的知識。

截至目前為止

我們首次著迷於生命之舞時所展開的那些研究，將會由類胚胎模型的實驗美妙地來補足。在那之前，我們會把所有精力都置於觀察生命之舞上。我們觀察到，即使受精卵才剛分裂一次，其中一個細胞就會偏好發育成胚胎，而另一個偏好發育成支持結構，儘管兩個細胞在發育潛能上都具有高度彈性。接著我們經由拍攝螢光標記細胞的影片，揭露了細胞舞者如何進行合作，不只是編舞者會對細胞舞者下達指示，細胞舞者也會運用蛋白與其他分子因子彼此對談，並對周遭做出反應。當相互競爭的細胞開始合作，就會發育形成新層次的組織結構。[17]合作促成分化與細胞的多元性，而這會刺激胚胎進行自我建構，舉例來說，在分裂幾次後，胚胎會發育成一個自由漂浮的幹細胞

16. B. Sozen, G. Amadei, A. Cox, R. Wang, E. Na, S. Czukiewska, L. Chappell, T. Voet, G. Michel, N. Jing, D. M. Glover, and M. Zernicka-Goetz, "Self-Assembly of Embryonic and Two Extra-Embryonic Stem Cell Types into Gastrulating Embryo-Like Structures," *Nature Cell Biology* 20 (2018): 979–989, doi:10.1038/s41556-018-0147-7.
17. Martin A. Nowak, "Five Rules for the Evolution of Cooperation," *Science* 314 (2006): 1560–1563, doi:10.1126/science.1133755.

球團，此細胞球具有三組細胞，其中一組會變成細胞盤（上胚層），這組細胞注定會形成胚胎本體。另外兩組細胞則會形成胚外支持結構。

　　我們也設法追蹤生命之舞至著床後的那一刻，也就是母體開始參與其中的那個時間點。我們在第一個星期邁入第二個星期的這段期間，觀察到人類胚胎準備要原腸化，這預告著胚胎會將細胞球團（囊胚）重組成內腔打開的玫瑰花形結構。這個結構後續會發育成具有三軸的多層生物體，這三軸為前後軸、背腹軸與左右軸。

　　我們現在可以運用三種幹細胞建造出類胚胎結構，其中一種幹細胞負責形成內胚層、中胚層與外胚層，另一個負責形成後續會成為胎盤的滋養層，還有一個負責形成之後會成為卵黃囊的原始內胚層。我們可以更進一步地去了解是什麼觸發與引導原腸化。原腸化是從上胚層而來一串細胞開始，這串細胞就是所謂的原線。沿著身體中線從尾端延伸到最終形成頭部的原線，將左右兩側對稱地分開，以使胚胎能夠適當發育。

　　潛入原線最深處的那一層成為內胚層，接著就是中胚層及外胚層。細胞間的競爭性相互作用與訊號會造成它們被隔開，無論是在細胞命運上或是在空間位置上都是。這揭開了表觀遺傳修飾與細胞極化之類的因子是如何形塑這三組細胞世系的發育。

　　即使我們已經知道許多負責細胞間交流的分子訊號路徑，

要了解細胞如何相互作用以產生穩固胚胎結構模式的一些方式還有待我們去找出來。儘管如此，我們還是取得了巨大的進展，例如我們開始了解到為何小鼠與人類的發育如此不同，即使它們實際上擁有差不多一樣的基因組。[18]小鼠與人類從受精卵到囊胚的這段發育過程依循著相當類似的規則，而著床之後小鼠胚胎會產生圓柱形胚胎，人類則會產生盤狀胚胎。他們的發育軌跡之所以會有不同，是因為三種基本細胞以不同的方式相互作用。

在體外運用幹細胞建造胚胎，為我們提供了新的見解。不像從受精卵所形成的胚胎，幹細胞胚胎可以為高通量基因測試與藥物篩檢，進行大量製造與基因編輯。[19]還有，將人類細胞移植到另一個物種中以創造新軸線的這種嵌合體，也能為我們提供其他的重要見解。[20]「合成胚胎學」將以這種方式，測試我們是否能夠從各個部位了解整體發育。我們今日可以比之前更清楚觀察到生命之舞的細節，細胞在自我建構的胚胎中同時進行合作與競爭。

18. Why Mouse Matters," National Human Genome Research Institute, accessed April 5, 2019, www.genome. gov/10001345/importance-of-mouse-genome/.

19. Nicolas Rivron, Martin Pera, Janet Rossant, Alfonso Arias, Magdalena Zernicka-Goetz, Jianping Fu, Susanne Van den Brink, Annelien Bredenoord, Wybo Dondorp, Guido de Wert, Insoo Hyun, Megan Munsie, and Rosario Isasi, "Debate Ethics of Embryo Models from Stem Cells," *Nature* 564 (2018): 183–185, doi:10.1038/d41586-018-07663-9.

20. I. Martyn, T. Y. Kanno, A. Ruzo, E. D. Siggia, and A. H. Brivanlou, "Self-Organization of a Human Organizer by Combined Wnt and Nodal Signalling," *Nature* 558 (2018): 132–135, doi: 10.1038/s41586-018-0150-y.

幹細胞胚胎模型的倫理

創造類胚胎結構的研究引發了更廣泛的問題，領導哈佛合成生物學研究的著名美國科學家喬治・丘奇（George Church）在《e生命》（*eLife*）中探討了這些問題。[21]丘奇與他的同事對於「具有類胚胎特性之合成人類組織」的興趣，可追溯到他們在2011年進行的一項名為胚胎支架輔助組織工程的實驗，他們在這項實驗中將人類幹細胞注入小鼠的胚胎支架中。他們將胚胎中的細胞移除，只留下由基質構成的支架，並希望訊號因子可以誘發幹細胞同時發育成多種人類細胞。有人已經試過以這種方式製造大鼠心臟。[22]那篇刊登在《e生命》上的文章主張，這類實驗「只要發育出足量的組織並在功能性上能夠互相連結，就有可能會產生類胚胎組織」。

我們在不同司法管轄地區的現行道德與法律規範中，如何去定義從類胚胎體到類胚胎模型等等的實體？我們現在或將來在法律上應該要像對待人類胚胎那樣地對待這些類胚胎模型嗎？倘若這些類胚胎模型經設計建造而發育出更多特性，那又會是什麼樣的情況？14天的限制不適用於這些類胚胎模型，

21. John Aach, Jeantine Lunshof, Eswar Iyer, and George M. Church, "Addressing the Ethical Issues Raised by Synthetic Human Entities with Embryo-Like Features," *eLife* 6 (2017): e20674, https://elifesciences.org/articles/20674, doi:10.7554/eLife.20674.
22. H. C. Ott, T. S. Matthiesen, S.-K. Goh, L. D. Black, S. M. Kren, T. I. Netoff, and D. A. Taylor, "Perfusion-Decellularized Matrix: Using Nature's Platform to Engineer a Bioartificial Heart," *Nature Medicine* 14 (2008): 213–221, doi:10.1038/nm1684.

因為它們的發育時間所依據的是不同的時程表。就像我同事在《自然》的評論中所指出的那樣，在這些議題上保持透明度並讓大眾能夠有效參與是非常重要的。[23]

　　無疑地，將類胚胎結構植入小鼠體內以產出首隻健康小鼠，將會是生殖學界的重大時刻，這所產生的爭論將會與其所製造的科學機會一樣多。跟任何實用的研究一樣，生殖與幹細胞科學同時帶來新的機會與倫理問題。無論如何，在這篇文章中，我們建議應該要禁止對於類胚胎結構在臨床生育上的運用。至於考量類胚胎結構在科研使用上的倫理問題時，對監管機關最為重要的應該是研究的意圖，而非這些結構與真正胚胎的相似程度。我們建議，只複製胚胎其中一部分的結構時，應該要與完整的胚胎有不一樣的考量。我們也主張，運用人類幹細胞進行這類研究的任何科學家，都要遵守現有規範。以幹細胞為基礎的胚胎模型能夠改變醫學，但我們必須小心行事。

---

23. Rivron, et al., "Debate Ethics of Embryo Models," 183–185.

10 創造生物學的新世紀

單一細胞如何變成人類的新科學已經對我們造成了衝擊，無論是在讓生命更有機會開始的不孕症治療發展上，還是在新興的試驗與治療上，或是從避免天生遺傳性缺陷到誘導細胞以全新曲調跳出生命之舞的再生醫學上等等。

舞蹈是一種對於空間與時間的編排，需要依循某些動作順序、沿著曲線或直線的軌跡舞動，也要配合曲調或拍子。生命之舞也是一樣，我們團隊與其他團隊的研究都顯示，發育胚胎中的細胞會受到一系列的基礎過程所引導，這些過程讓胚胎可以自我建構成你我這些個體。雖然還有很長的一段路要走，但是了解早期胚胎的細胞與分子是如何進行控管的已經對我們產生巨大的影響。

再生醫學這門新科學關注於揭露幹細胞是如何變成組織與器官。當我的團隊聚焦於發育胚胎最初百個細胞左右的生命之舞以及發現引導這場舞的基本原則時，也有其他團隊在揭露胚胎如何發育成為胎兒，也就是可以開始辨識出嬰兒的特徵那時。一個成人身體中的細胞數量，是地球人口數的五千倍，這還不包括在過程中因程序性死亡或是留在胎盤中而喪失的數十億個細胞。這支生命之舞目前只能觀察並無法操控，而其中群聚細胞的移動是最容易被視覺化的部分。

其中一項視覺化研究是製作胚胎從第二個星期到第二個月間如何發育的互動三維圖。胚胎在二個星期時直徑還小於0.05公分，到了二個月時就有3公分，並具有胎兒的外形。阿姆斯特丹學術醫療中心的人類胚胎學三維圖集研究計畫（請參考www.3dembryoatlas.com）是由阿姆斯特丹大學的伯納黛特・德貝克（Bernadette de Bakker）所主持。[1] 這個團隊針對卡內基收藏的大約一萬五千個染色組織切片（我們在第六章有提過）進行數位照片分析，並以明亮的顏色標記發育中的器官與組織。他們總共分析了來自34個胚胎的切片，17個不同發育階段的胚胎各有兩個。他們使用平板與數位筆來為發育中的結構標上明亮顏色。

在發育的最初兩個月中，胚胎呈指數級增長，它的體積每天增大25%，並在第60天時達到2.8立方公分，差不多是半茶匙的大小。[2]

---

1. 3D Atlas of Human Embryology, Carnegie Stage 7, accessed April 5, 2019, http://3datlas.3dembryo.nl/3DAtlas_CS07-8752-v2016-03.pdf; 3D Atlas of Human Embryology, Carnegie Stage 23, accessed April 5, 2019, http://3datlas.3dembryo.nl/3DAtlas_CS23-9226-v2016-03.pdf; and 3D Atlas of Human Embryology, accessed April 5, 2019, www.3dembryoatlas.com/.

　　他們發現到標準教科書的內容有誤,「腎臟上升」的情況並沒有出現。形成卵巢與睪丸的性腺似乎不像料想中那樣會下降,而是相對於成長中的脊椎有縮短的情況。在動脈的發育上也出現差異。

　　這個圖集顯示,人類某些器官的發育要比小雞或小鼠胚胎來得早或來得晚,這也告誡著我們,要從動物研究的結果去推斷某些因素(例如毒素)對發育的影響絕非易事。這個圖集是個對於稀少人體素材進行分析的優美發育評估,並強烈提醒著我們對於自己的胚胎所知甚少。我們揭開的事實愈多,我們就愈容易展開與形塑生命之舞。

創造生物學

　　全球實驗室最近的發展,宣告著創造生物學的新世紀來臨。我們運用可以觸發特定細胞命運的因子,來操控細胞在發育路徑上的定位。我們甚至可以運用山中因子(Yamanaka factors)來逆轉細胞的命運,山中因子是為紀念發現者山中伸彌(Shinya Yamanaka)而命名的,山中伸彌與我的導師約翰・格登一同榮獲諾貝爾獎。這些因子與其他迄今為止所發現

2. B. S. de Bakker, K. H. de Jong, J. Hagoort, K. de Bree, C. T. Besselink, F. E. C. de Kanter, T. Veldhuis, B. Bais, R. Schildmeijer, J. M. Ruijter, R. J. Oostra, V. M. Christoffels, and A. F. Moorman, "An Interactive Three-Dimensional Digital Atlas and Quantitative Database of Human Development," *Science* 354(2016): aag0053, doi:10.1126/science.aag0053.

的因子，可用於將成體細胞轉變成胚胎細胞，讓它們的能力回復到可以發育成許多具有強大潛力的其他細胞類型，我將在本章後續再回頭談談這一部分。

另一個具有影響力的科技以新一代基因組編輯技術的形式出現，與可追溯到1970年代初期的舊式基因操作比較起來，新一代的技術更為準確。[3]這種科技就是精妙的基因剪刀，可應用在我經常使用的另一項重要技術「DNA與RNA定序」中，以確認基因手術的確切效用，無論我們是要用它來修正造成疾病的突變，或是讓細胞走上新的發育路徑。

我們也可以經由引發表觀遺傳的變化去調節基因在細胞中使用（表現）的方式，這是在不直接改變基因的情況下去操控基因。當然，雖然我大部分的研究都以小鼠胚胎為主，但我是相對少數會培養人類胚胎的科學家之一，在體外受精技術出現後，興起了一系列的生殖科學方法，我們也應用這些方法讓人類胚胎成長與茁壯。

隨著這些科技的融合，我們進入了新世紀，可以像陶藝家揉捏黏土那般熟練地操控生命的細胞單位。科學家現在開始開發名為類器官（organoids）的模型系統，用於了解器官如何形成並測試藥物。目前已有地中海貧血症、馬凡氏症（Marfan

3. D. A. Jackson, R. H. Symons, and P. Berg, "Biochemical Method for Inserting New Genetic Information into DNA of Simian Virus 40: Circular SV40 DNA Molecules Containing Lambda Phage Genes and the Galactose Operon of Escherichia coli," *Proceedings of the National Academy* 69, no. 10 (1972): 2904–2909.

syndrome）、肌肉萎縮症與亨丁頓舞蹈症（Huntington disease）等等的細胞模型。科學家們還可以運用免疫系統的主力T細胞，作為攻擊癌症的武器。[4]如同我在上一章中所解釋過的，我們已經發展出著床後早期小鼠胚胎的幹細胞模型，而且現在正嘗試要將這項研究成果延伸套用到人類幹細胞上，以建立出早期人類胚胎模型。這將會協助我們探究過去難以深入了解的人類早期發育階段。

　　我們也嘗試在動物身上培養人類器官，以克服移植器官短缺的問題。我們真的希望最終可以運用幹細胞來協助修復或甚至替換損壞的器官與組織，就像技工更換故障的零件那樣。

　　若是依照當前的速度持續發展下去，將來有一天或許可以將皮膚細胞再次重新編程為胚胎，然後培養成生殖細胞，這樣因癌症治療而無法生育的男性，就可以再次製造自己的精子。[5]同樣地，或許有一天有相同處境的女性也可以再次製造自己的卵子。[6]有沒有可能在未來的某個時間點，每個人都可以擁有自己的孩子？

　　即使是今日，我們都能想像到科學可以挑戰一些基本的生

4. CAR T Cells: Engineering Patients' Immune Cells to Treat Their Cancers," National Cancer Institute, accessed April 5, 2019, www.cancer.gov/about-cancer/treatment/research/car-t-cells.

5. M. Saitou and H. Miyauchi, "Gametogenesis from Pluripotent Stem Cells," *Cell Stem Cell* 18 (2016): 721–735, doi:10.1016/j.stem.2016.05.001.

6. O. Hikabe, N. Hamazaki, G. Nagamatsu, Y. Obata, Y. Hirao, N. Hamada, S. Shimamoto, T. Imamura, K. Nakashima, M. Saitou, and K. Hayashi, "Reconstitution In Vitro of the Entire Cycle of the Mouse Female Germ Line," *Nature* 539 (2016): 299–303, doi:10.1038/nature20104.

物學定律，例如哺乳動物的同性生殖障礙。最近的研究顯示，在複雜基因操作技術的協助下，兩隻母鼠已經可以產出牠們倆的下一代。[7] 源自兩隻公鼠的小鼠也已經出現，這表示有些障礙可以運用幹細胞與標靶基因編輯技術來克服。[8]

體外生殖與精準基因編輯、定序、重新編程及其他方式的融合，創造出類似細胞煉金術的技術。若這門藝術變得普及，它將為永久改變人類基因組鋪上大道。這不難想像，因為光是在中國，就有一百萬人是試管嬰兒。從治療疾病到加入理想特徵並剔除負面特徵來強化自身等等的科技，經過融合促使大量的人們出生，於是這就存在一個風險，若不對這些技術程序進行控管，人類演化有朝一日會走上新的路徑。

不過就算這一切都有可能發生，它仍然是遙遠的未來。我們想要向你介紹的是，科學知識如何應用於發展新療法的當前狀態。有鑑於全球科學家與工程師的研究範圍與廣度都相當驚人，所以我們後續所提到的內容當然只佔其中的一小部分。但這讓我們瞥見了，當新見解與科技從實驗室進入診所與醫院時醫學會如何發展的未來。經由整合幹細胞、分子、細胞與發育生物學的見解，科學以相當快速的步調發展到這個層級。

---

7. Z.-K. Li, L.-Y. Wang, L.-B. Wang, G.-H. Feng, X.-W. Yuan, C. Liu, K. Xu, Y.-H. Li, H.-F. Wan, Y. Zhang, Y. F. Li, X. Li, W. Li, Q. Zhou, and B. Y. Hu, "Generation of Bimaternal and Bipaternal Mice from Hypomethylated Haploid ESCs with Imprinting Region Deletions," *Cell Stem Cell* 23 (2018): 665–676, e4, doi.org/10.1016/j.stem.2018.09.004.

8. Li, et al., "Generation of Biomaternal Mice," 665–676, e4.

再生醫學

我之所以從事研究的動機，是想去了解人類最早發育階段的基本原則、胚胎可塑性以及胚胎如何從個別細胞中自我建構出來。我的大多數研究都聚焦在小鼠上，不過我們也研究人類胚胎，因為小鼠與人類在發育上有眾多差異，也因為我們現在擁有可以了解人類胚胎的技術。經由研究早期細胞如何轉變形態及變成各種細胞，我的研究（與其他許多研究）最顯著的影響就在再生醫學與人類生殖的領域中。

再生科學革命的其中一位先驅就是約翰‧格登。他因 1962 年發表的一篇研究，成為證明細胞可以重新編程的第一人，也因此開闢了新天地。[9] 當時與他同領域的學者一般都認為細胞分化是單行道，是一種無法逆轉的過程，所以皮膚細胞一直都只會是皮膚細胞，腦細胞永遠不會變成肌肉。

面對大量的質疑與批評，約翰經由實驗推翻了這項教條。他移除了青蛙卵子細胞中的細胞核，以蝌蚪腸細胞的細胞核來取代。神奇的是，雖然蝌蚪的腸細胞核已經歷過分化，但植入青蛙卵子中後，仍然可以引導蝌蚪的正常發育。[10] 這些實驗展示

9. J. B. Gurdon, "The Developmental Capacity of Nuclei Taken from Intestinal Epithelium Cells of Feeding Tadpoles," *Journal of Embryology and Experimental Morphology* 10 (1962): 622–640.

10. J. B. Gurdon, "The Egg and the Nucleus: A Battle for Supremacy (Nobel Lecture)," Angewandte Chemie (International Edition in English) 52 (2013): 13890–13899, doi:10.1002/anie.201306722.

了我們可以逆轉細胞時鐘的方式，因此可以想見，我們可取用成體細胞，例如皮膚細胞，讓其再次成為胚胎細胞。

多年後，約翰因為這項發現與日本京都大學（Kyoto University）的山中伸彌共同榮獲2012年的諾貝爾獎。山中伸彌確認出哪些基因可用於將成熟細胞再次重新編輯成未成熟的胚胎細胞。這項秘密超級簡單：只需活化四個基因。雖然這個作法的成效極低，但它對我們展示了基本原理。

羅傑‧海菲爾德是最先報導這項進展的記者之一，他強調山中伸彌不是經由拆解複製胚胎來創造組織，而是採用一種不會涉及複雜道德問題的方式來培養患者自身細胞與組織。[11]

這類誘導性多能幹細胞（induced pluripotent stem cells, iPS）可被引導形成各種不同的成熟細胞，例如心臟細胞與神經細胞，這為幹細胞醫學提供了碩大的契機。

幹細胞應用在醫療上的時間點，要比許多人意識到的要早上許多。唐納爾‧湯瑪斯（Donnall Thomas）在1990年因骨髓移植的研究榮獲諾貝爾獎，而他的骨髓移植研究是在1950年代進行的。[12]骨髓含有造血幹細胞，這種細胞可製造更多的骨髓

---

11. Roger Highfield, "Scientists 'Close to Holy Grail' of Stem Cells," *Daily Telegraph*, August 25, 2006, accessed April 5, 2019, www.telegraph.co.uk/news/1527209/Scientists-closeto-Holy-Grail-of-stem-cells.html.

12. "The Nobel Prize in Physiology or Medicine 1990: Press Release," accessed April 5, 2019, www.nobelprize.org/prizes/medicine/1990/press-release/; and E. Donnall Thomas, "A History of Haemopoietic Cell Transplantation," *British Journal of Haematology* 105 (1999): 330–339, doi:10.1111/j.1365-2141.1999.01337.x.

細胞或血球細胞。骨髓移植在治療白血病這種與血液及骨髓有關的癌症上應用已久。患者在經過化療後會接受這種移植來修復身體,但只有在捐贈骨髓配對成功的情況下,這些骨髓才有辦法作用。若是配對不成功,移植的細胞認定受贈者的細胞為「外來」細胞並進行攻擊,就會造成生命危險。

　　患者自身細胞所長成的幹細胞,提供了一個取得各種基因相容組織的方式。舉例來說,未來某一天有人在心臟病發後,或許可用他自身的皮膚細胞來轉換成心臟細胞修復損傷之處。幹細胞也有潛力可以製造出分泌胰島素的細胞來治療糖尿病。當前也存在有運用幹細胞製造神經細胞以修復脊椎損傷或是心臟或肝臟損傷的未來前景。這也為那些因阿茲海默症而喪失心智或因帕金森氏症而有肢體問題的患者,提供了希望。

　　但在可以常規性地培養替代細胞之前,我們需要了解引導幹細胞走向正常發育路徑的方式。若這個細胞沒有被適當引導,它有可能會以意想不到的方式成長,甚至發展成癌症。[13]這就是為什麼在實驗室科學轉變成為可信賴的臨床治療之前,需要花上數年,甚至是數十年的時間。

　　這也是為什麼對最具有創造力的基礎科學進行投資是如此重要的一件事。當約翰‧格登首次發現細胞核可以重新編程

---

13. N. Amariglio, A. Hirshberg, B. W. Scheithauer, Y. Cohen, R. Loewenthal, L. Trakhtenbrot, et al., "Donor-Derived Brain Tumor Following Neural Stem Cell Transplantation in an Ataxia Telangiectasia Patient," *PLOS Medicine* 6, no. 2 (2009): e1000029, doi.org/10.1371/journal.pmed.1000029.

時，他並未想到這些知識有一天會用來改善健康。大多數從事基礎研究的科學家都有一模一樣的感受。若你掌握了正確的基礎知識並了解生物學運作的方式，那你在治療上應用這些知識時可能就會有較大的成功率。

首批胚胎幹細胞

我在之前的章節中有提到1981年出現重大進展的情況，當時馬丁・埃文斯與麥特・考夫曼的研究以及蓋爾・馬丁的研究促成了胚胎幹細胞被分離出來，而胚胎幹細胞被發現具有發育成所有其他身體細胞的潛力。威斯康辛大學麥迪遜分校的詹姆士・湯姆森（James Thomson）與其團隊，在1998年時從捐贈的多餘胚胎中分離出人類的胚胎幹細胞。這個研究是一項重大科技成就，湯姆森也表示：「這不再只屬於科幻小說的範疇了。我非常希望能在有生之年看到這些方式用來治療疾病。」[14]

從湯姆森與其同事在20年前分離出人類胚胎幹細胞那時起，許多學者就致力於揭開胚胎幹細胞的潛力。創造新治療方式的一個重要因子就是要讓這些治療方式更容易使用。舉例來說，我們發現抑制ROCK路徑可以避免人類胚胎幹細胞從

14. John Gearhart, "Cell Biology: New Potential for Human Embryonic Stem Cells," *Science* 282 (1998): 1061–1062, doi:10.1126/science.282.5391.1061; Eliot Marshall, "Cell Biology: A Versatile Cell Line Raises Scientific Hopes, Legal Questions," *Science* 282 (1998): 1014–1015, doi:10.1126/science.282.5391.1014.

原先成長的群體中移出時死亡。（ROCK 路徑的命名與一個名
為ROCK〔Rho/Rho-associated kinase〕的酵素有關。）這項新
知使得建立新胚胎幹細胞群的成功率從百分之一上升到四分之
一。[15]今日這些珍貴的胚胎幹細胞能夠良好保存在培養基中。

受到控管的分化

　　要將胚胎幹細胞轉變成為治療所需的那類細胞，我們就必
須要了解它們如何在胚胎中形成與產生不同的三個胚層（外胚
層、中胚層與內胚層），以及後續外胚層如何轉變成神經、皮膚
與毛囊；中胚層如何形成心臟、血液與肌肉；內胚層如何形成
腸道、肝臟、胰臟與肺臟等器官。聽起來很簡單，實則不然。

　　要引導胚胎幹細胞沿著正常發育路徑發育成目標細胞類
型，科學家必須絞盡腦汁設計專門的表面、繪製負責維持幹
細胞的基因調節網絡，以及最佳化它們的生長環境。目前已
經可以製造出視網膜細胞、心肌細胞、神經細胞、多種血型細
胞⋯⋯等等，但這都需要時間。美國麻州劍橋市哈佛幹細胞研
究所的道格・梅爾頓（Doug Melton）是一位我非常敬佩的科學
家，他將幹細胞轉變成可以偵測葡萄糖與製造胰島素的胰島 β

---

15. K. Watanabe, M. Ueno, D. Kamiya, A. Nishiyama, M. Matsumura, T. Wataya, J. B. Takahashi, S. Nishikawa, S. Nishikawa, K. Muguruma, et al., "A ROCK Inhibitor Permits Survival of Dissociated Human Embryonic Stem Cells," *Nature Biotechnology* 25 (2007): 681–686, doi:10.1038/nbt1310.

細胞（pancreatic beta cell）。[16]找到方法去製造一種成熟的細胞是糖尿病研究上的重要里程碑，但這要花上好幾年的時間。讓道格如此堅持下去的是一項私人原因：1993年當他正在研究青蛙發育時，他的兒子被診斷出患有第一型糖尿病。[17]從那時起，道格就著重於尋找新的治療方式。

　　這類研究正在產出新的見解，也帶來一些驚喜，即使對於發育生物學家也是如此。直到最近，我們都還以為胚胎中的新血管只在現有血管內皮細胞直接從中胚層分化而來時才會生長。然而，藉由運用螢光標記來追蹤在血流中的幹細胞命運，我們最近發現了內皮細胞的第二個來源。[18]

　　這只是一個例子，告訴我們幹細胞的實質研究如何讓我們更加了解發育的基礎知識。我很有信心的認為，在未來幾年中許多奧秘都會出現解答。

內行人的觀點

　　我的團隊與我花費了多年的時間最佳化標記與標籤，最終

16. David Cyranoski, "The Cells That Sparked a Revolution," *Nature* 555 (2018): 429–430.

17. Roger Highfield, "Doug Melton: Finding a Cure for Diabetes," *New Scientist*, September 3, 2009, accessed April 5, 2019, www.newscientist.com/article/dn17729-doug-melton-finding-a-cure-for-diabetes/.

18. A. Plein, A. Fantin, L. Denti, J. W. Pollard, and C. Ruhrberg, "Erythro-Myeloid Progenitors Contribute Endothelial Cells to Blood Vessels," *Nature* 562 (2018): 223–228, doi:10.1038/s41586-018-0552-x.

也最佳化了拍攝發育胚胎的適當環境，讓我們可以追蹤小鼠胚胎從受精到發育第四天所有細胞的源頭、移動與命運。[19]我們最近試著在胚胎發育的第四天到第六天間，拍攝與追蹤胚胎細胞。[20]這比發育前四天的胚胎更難拍攝，因為胚胎這時開始長大。不過這份努力還是值得的，我們發現到三種基本組織間的相互作用，以及胚胎到原腸化為止的背後重組機制。我們能夠取得這些新知，有很大一部分要歸功於拍攝活體小鼠胚胎。我們以多光子顯微鏡（multiphoton microscope）進行拍攝，這種顯微鏡需要兩個光子被吸收以產生螢光，也因此有了多光子顯微鏡之名，它可以拍攝厚度達0.1公分的活體組織。我的實驗室同事尼奧菲托斯・赫里斯托杜盧（Neophytos Christodoulou）、克里斯托・基普里亞努（Christos Kyprianou）、安東尼亞・韋伯林（Antonia Weberling）在這方面的研究值得讚揚。他們研究的第一部分才剛發表在《自然細胞生物學》上。[21]

珍利亞農場研究園區（Janelia Research Campus）的凱特・麥克多爾（Kate McDole）與菲利普・凱勒（Philipp Keller），近

19. S. A. Morris, R. T. Y. Teo, H. Li, P. Robson, D. M. Glover, and M. Zernicka-Goetz, "Origin and Formation of the First Two Distinct Cell Types of the Inner Cell Mass in the Mouse Embryo," *Proceedings of the National Academy of Sciences of the United States of America* 107 (2010): 6364–6369, doi:10.1073/pnas.0915063107.

20. N. Christodoulou, C. Kyprianou, A. Weberling, R. Wang, G. Cui, G. Peng, N. Jing, and M. Zernicka-Goetz, "Sequential Formation and Resolution of Multiple Rosettes Drive Embryo Remodelling After Implantation," *Nature Cell Biology* 20 (2018): 1278–1289, doi:10.1038/s41556-018-0211-3.

21. Christodoulou, et al., "Sequential Formation and Resolution," 1278–1289.

來開發了一種新式顯微鏡來拍攝受精後6天至8天的小鼠胚胎發育。[22]在這種新型顯微鏡的中心處有兩束會掃過胚胎的光線，這是要避免長時間將光線投射到整個胚胎上，因為這可能劣化胚胎的環境。這些影片讓人感到驚奇，它們顯示了其後會形成大腦與脊髓的神經管，如何像拉鍊一樣結合並延伸到整個小鼠胚胎上。這些影片也展示了心臟形成的過程，從心房到心內膜，最後出現心跳。

有人說這不過是些影片。但是比起靜態的照片，這些影片讓我們可以更容易分析細胞動力學，對於胚胎發育的機制也能夠有更深入的了解。雖然這些不是人類胚胎，但因為人類與小鼠之間有相當的類似性，所以這項研究可以為再生醫學提供資訊，並提供工具去研究會出問題的地方。舉例來說，當人類胎兒在子宮內發育時，若有一部分的神經管未能適當密封，就會發生脊柱裂（spina bifida）這種天生缺陷。

在培養皿中模擬疾病進程

我們觀察到早期胚胎中的細胞如何進行分化，這在我們追蹤細胞環境、遺傳學與其他的影響因子時，提供了有關胚胎發

22. Katie McDole, Léo Guignard, Fernando Amat, Andrew Berger, Grégoire Malandain, Loïc A. Royer, Srinivas C. Turaga, Kristin Branson, and Philipp J. Keller, "In Toto Imaging and Reconstruction of Post-Implantation Mouse Development at the Single-Cell Level," *Cell* 175 (2018): 859–876, e 33, doi:10.1016/j.cell.2018.09.031.

育上的新知。但同樣的問題也可以經由幹細胞來解答，無需培
育出整個生物體。舉例來說，我們可以透過培養視網膜來確認
可看見顏色的細胞是如何形成的。[23]基於相同的理由，我們也可
以透過幹細胞來研究若基因遺傳過程出了差錯時會發生什麼情
況。

　　舉例來說，小鼠與人類的皮膚細胞可以轉化成為痛覺神經
元。只要使用遺傳性神經疾病患者所捐贈的皮膚細胞進行轉化，
就可以模擬化療後患者所經歷的家族神經病變與過敏反應。[24]早
發性阿茲海默症患者的皮膚細胞可以轉變成為受此病症影響的
那類神經元，這讓我們可以研究這種病症對人類細胞的各種影
響；[25]思覺失調症患者與唐氏症患者的皮膚細胞也可以這樣運
用。[26]科學家還可以運用來自特定基因問題胚胎中的幹細胞
庫。[27]若我們可以接受在實驗室或動物中所培養出來的神經細
胞會有與人類大腦神經細胞相似的複雜度，那麼這種創造特定

23. K. C. Eldred, S. E. Hadyniak, K. A. Hussey, B. Brenerman, P.-W. Zhang, X. Chamling, V. M. Sluch, D. S. Welsbie, S. Hattar, J. Taylor, K. Wahlin, D. J. Zack, and R. J. Johnston Jr., "Thyroid Hormone Signaling Specifies Cone Subtypes in Human Retinal Organoids," *Science* 362 (2018): eaau6348, doi: 10.1126/science.aau6348.

24. B. J. Wainger, E. D. Buttermore, J. T. Oliveira, C. Mellin, S. Lee, W. A. Saber, A. J. Wang, J. K. Ichida, I. M. Chiu, L. Barrett, E. A. Huebner, C. Bilgin, N. Tsujimoto, C. Brenneis, K. Kapur, L. L. Rubin, K. Eggan, and C. J. Woolf, "Modeling Pain In Vitro Using Nociceptor Neurons Reprogrammed from Fibroblasts," *Nature Neuroscience* 18 (2014): 17–24, doi:10.1038/nn.3886.

25. Christina R. Muratore, Heather C. Rice, Priya Srikanth, Dana G. Callahan, Taehwan Shin, Lawrence N. P. Benjamin, Dominic M. Walsh, Dennis J. Selkoe, and Tracy L. Young-Pearse, "The Familial Alzheimer's Disease APPV717I Mutation Alters APP Processing and Tau Expression in iPSC-Derived Neurons," *Human Molecular Genetics* 23, no. 13 (2014): 3523–3536, doi:10.1093/hmg/ddu064.

疾病腦組織的方式，有朝一日就可能對某些神經病症的研究提供協助。

　　這種「在培養皿中模擬疾病進程」的方法可以用來檢視治療方式。舉例來說，我們或許可以將患有嚴重心臟疾病患者的皮膚細胞轉變成誘導性多能幹細胞，然後讓這些幹細胞形成患者個人的心肌細胞。雖然這些心臟細胞帶有患者原有的突變基因，但它們仍在初期，也沒有出現成人發病的跡象。要重現這種疾病的秘訣就是找到一個方法，讓肌肉細胞的主要能量來源從葡萄糖（像在胎兒中的情況）轉移到脂肪（像在成人心肌細胞中的情況）。利用以這種方式成熟的細胞，就可以找出在心

26. A. Sarkar, A. C. M. Paquola, S. Stern, C. Bardy, J. R. Klug, S. Kim, N. Neshat, H. J. Kim, M. Ku, M. N. Shokhirev, D. H. Adamowicz, M. C. Marchetto, R. Jappelli, J. A. Erwin, K. Padmanabhan, M. Shtrahman, X. Jin, and F. H. Gage, "Efficient Generation of CA3 Neurons from Human Pluripotent Stem Cells Enables Modeling of Hippocampal Connectivity In Vitro," *Cell Stem Cell* 22 (2018): 6 84–697, e9, doi:10.1016/j.stem.2018.04.009; Raquel Real, Manuel Peter, Antonio Trabalza, Shabana Khan, Mark A. Smith, Joanna Dopp, Samuel J. Barnes, Ayiba Momoh, Alessio Strano, Emanuela Volpi, Graham Knott, Frederick Livesey, and Vincenzo De Paola, "In Vivo Modeling of Human Neuron Dynamics and Down Syndrome," *Science* 362 (2018): eaau1810, doi:10.1126/science.aau1810.
27. S. Deleu, E. Gonzalez-Merino, N. Gaspard, T. M. U. Nguyen, P. Vanderhaeghen, L. Lagneaux, M. Toungouz, Y. Englert, and F. Devreker, "Human Cystic Fibrosis Embryonic Stem Cell Lines Derived on Placental Mesenchymal Stromal Cells," *Reproductive Biomedicine Online* 18 (2009): 704–716, doi.org/10.1016/S1472-6483(10)60018-1; S. J. Pickering, S. L. Minger, M. Patel, H. Taylor, C. Black, C. J. Burns, A. Ekonomou, and P. R. Braude, "Generation of a Human Embryonic Stem Cell Line Encoding the Cystic Fibrosis Mutation ΔF508, Using Preimplantation Genetic Diagnosis," *Reproductive Biomedicine Online* 10 (2005): 390–397; J. C. Niclis, A. O. Trounson, M. Dottori, A. M. Ellisdon, S. P. Bottomley, Y. Verlinsky, and D. S. Cram, "Human Embryonic Stem Cell Models of Huntington Disease," *Reproductive Biomedicine Online* 19 (2009): 106–113, doi.org/10.1016/S1472-6483(10)60053-3; C. K. Bradley, H. A. Scott, O. Chami, T. T. Peura, B. Dumevska, U. Schmidt, and T. Stojanov, "Derivation of Huntington's Disease–Affected Human Embryonic Stem Cell Lines," *Stem Cells and Development* 20, no. 3 (2011): 495–502, doi.org/10.1089/scd.2010.0120.

臟疾病核心處的代謝功能障礙。[28]當然，要確認患者是否也是
經由同樣的代謝缺陷而患上這種疾病，還要再進行許多研究。
此外，若是在培養皿中模擬這項疾病的進程確實反應出現實情
況，那麼就可以利用這種方式來找尋新式療法。

　　我們也可以誘導幹細胞發育為功能近似原器官且包含原器
官主要細胞類型的迷你器官，這就是所謂的類器官。此領域的
其中一位先驅者是荷蘭烏特勒支（Utrecht）胡布勒支研究所的
漢斯・克萊弗斯（Hans Clevers），他的研究為胃、胰臟、大
腦、肝臟與其他器官（例如蛇毒液腺）的研究鋪起大道。[29]還可
運用包含多種大腸直腸癌亞型的「類器官生物庫」來對藥物進
行篩選。[30]我在劍橋大學的朋友馬里・霍希（Meri Huch）曾與
克萊弗斯一同工作過，他也培養出肝癌衍生的類器官，來模擬
腫瘤的生長並測試藥物。[31]目前或許也可以從患者自身的幹細胞

28. C. Kim, J. Wong, J. Wen, S. Wang, C. Wang, S. Spiering, N. G. Kan, S. Forcales, P. L. Puri, T. C. Leone, J. E. Marine, H. Calkins, D. P. Kelly, D. P. Judge, and H. S. Chen, "Studying Arrhythmogenic Right Ventricular Dysplasia with Patient-Specific iPSCs," *Nature* 494 (2013): 105–110, doi:10.1038/nature11799.
29. Gunjan Sinha, "This Scientist Is Building Miniature Guts, Livers, and Lungs That Could Save Your Life One Day," *Science*, August 23, 2017, www.sciencemag.org/news/2017/08/scientist-building-miniature-guts-livers-and-lungs-could-saveyour-life-one-day.
30. M. van de Watering, H. E. Francies, J. M. Francis, G. Bounova, F. Iorio, A. Pronk, W. van Houdt, J. van Gorp, A. Taylor-Weiner, L. Kester, A. McLaren-Douglas, J. Blokker, S. Jaksani, S. Bartfeld, R. Volckman, P. van Sluis, V. S. Li, S. Seepo, C. Sekhar Pedamallu, K. Cibulskis, S. L. Carter, A. McKenna, M. S. Lawrence, L. Lichtenstein, C. Stewart, J. Koster, R. Versteeg, A. van Oudenaarden, J. Saez-Rodriguez, R. G. Vries, L. Getz, L. Wessels, M. R. Stratton, U. McDermott, M. Meyerson, M. J. Garnett, and H. Clevers, "Prospective Derivation of a Living Organoid Biobank of Colorectal Cancer Patients," *Cell* 161 (2015): 933–945, doi: 10.1016/j.cell.2015.03.053.

中培養出肝臟類器官，以協助置換因肝硬化而受損的肝臟。[32]

　　類器官也可以教導我們失調與疾病會如何影響器官的發育，例如我們就可以利用類器官來了解茲卡病毒（Zika virus）與嬰兒天生患有小頭症（microcephaly）之間的關係。[33]巴爾的摩約翰霍普金斯大學醫學院的明國麗（Guo-li Ming）與宋紅軍（Hongjun Song）實驗室，利用人腦類器官證實茲卡病毒的目標就是通常會分化成神經元的皮質神經元祖細胞，而將茲卡病毒的感染與小頭症連結起來。

　　這些例子展現了為何人類對於幹細胞科技的潛力非常樂觀以對。

修復受損細胞

　　每當有記者要我推測一下我的早期發育與幹細胞研究到底會引領我們走到什麼樣的地步，我總說去了解發育的基礎原則

31. L. Broutier, G. Mastrogiovanni, M. M. Verstegen, H. E. Francies, L. M. Gavarró, C. R. Bradshaw, G. E. Allen, R. Arnes-Benito, O. Sidorova, M. P. Gaspersz, N. Georgakopoulos, B. K. Koo, S. Dietmann, S. E. Davies, R. K. Praseedom, R. Lieshout, J. N. M. Ijzermans, S. J. Wigmore, K. Saeb-Parsy, M. J. Garnett, L. J. van der Laan, and M. Huch, "Human Primary Liver Cancer–Derived Organoid Cultures for Disease Modeling and Drug Screening," *Nature Medicine* 12 (2017): 1424–1435, doi:10.1038/nm.4438.
32. H. Willenbring and A. Soto-Gutierrez, "Transplantable Liver Organoids Made from Only Three Ingredients," *Cell Stem Cell* 13 (2013): 139–140, doi:10.1016/j.stem.2013.07.014.
33. G. Ming, H. Song, and H. Tang, "Racing to Uncover the Link Between Zika Virus and Microcephaly," *Cell Stem Cell*, n.d., accessed April 5, 2019, www.cell.com/pb-assets/journals/research/cell-stem-cell/stories/zika-backstory/index.html.

本身就很迷人了，而且這還可以奠定尋找新方法以避免出錯或能進行修復的研究基礎。

　　雖然認為胚胎幹細胞有一天或許會成為替代細胞來源的夢想有可能成真，但是目前的進展比報紙頭條所說還要緩慢許多。

　　黃斑部病變是目前的重點研究之一，根據一些研究報告所示，這是 60 歲以上老人最常見的失明原因，而且 70 歲以上的老人有 30% 會罹患此病症。黃斑部是一個位於視網膜後方負責中央視野的色素斑塊，黃斑部的病變會造成中央視野逐漸喪失，這也成了此種病症的特徵。許多研究團隊嘗試發展幹細胞療法來修復此病變。這個治療的目標不是一開始沒有退化的感光神經細胞透明層，而是被稱為視網膜色素上皮細胞（retinal pigment epithelium, RPE）的底層細胞。

　　2012 年，先進細胞技術公司（Advanced Cell Technology）與洛杉磯朱爾斯史坦眼科研究所（Jules Stein Eye Institute）的眼科專家合作，他們將實驗室培養的視網膜色素上皮細胞移植到患有黃斑部病變以及斯特格氏黃斑失養症（Stargardt macular dystrophy）的患者眼中，並看到了希望。[34] 儘管他們的研究目標是要確認這些細胞是否安全（確實是安全的），但也注意到視力有出現一些改善。由倫敦大學學院眼科研究所（Institute

---

34. Steven D. Schwartz, Jean-Pierre Hubschman, Gad Heilwell, Valentina Franco-Cardenas, Carolyn K. Pan, Rosaleen Ostrick, Edmund Mickunas, Roger Gay, Irina Klimanskaya, and Robert Lanza, "Embryonic Stem Cell Trials for Macular Degeneration: A Preliminary Report," *Lancet* 379 (2012): 713–720, doi:10.1016/S0140-6736(12)60028-2.

of Ophthalmology）的彼特・科菲（Pete Coffey）與加州大學聖芭芭拉分校的研究團隊所合作進行的倫敦治療失明研究計畫（London Project to Cure Blindness）顯示，有兩位黃斑部病變患者在植入視網膜色素上皮細胞後，視力有了改善。[35]

這些例子為我們帶來了治療某些失明病症的希望，但是從防止免疫排斥到延長植入細胞存活時間，以及最重要的植入細胞要能有效作用以回復視力等等的事項上，我們還有諸多細節需要考量。[36]

將幹細胞轉變成為有用的組織很困難，將幹細胞轉變成為器官以供迫切的移植需求又更加困難了。有些人體器官可以在受損後緩慢長回來。若肝臟有一部分因為疾病或受損而喪失，還可以再長回原來的大小，不過形狀不會一樣，而我們的皮膚也一直持續在修復。[37]但還有許多其他人體組織是無法再生的。

我們在許多方面要來得比渦蟲、水螅、青蛙與蠑螈這些動物更高等，但不是所有方面都是這樣。說到再生時，我們就

35. L. da Cruz, K. Fynes, O. Georgiadis, J. Kerby, Y. H. Luo, A. Ahmado, A. Vernon, J. T. Daniels, B. Nommiste, S. M. Hasan, S. B. Gooljar, A. F. Carr, A. Vugler, C. M. Ramsden, M. Bictash, M. Fenster, J. Steer, T. Harbinson, A. Wilbrey, A. Tufail, G. Feng, M. Whitlock, A. G. Robson, G. E. Holder, M. S. Sagoo, P. T. Loudon, P. Whiting, and P. J. Coffey, "Phase 1 Clinical Study of an Embryonic Stem Cell–Derived Retinal Pigment Epithelium Patch in Age-Related Macular Degeneration," *Nature* Biotechnology 36 (2018): 328–337, doi:10.1038/nbt.4114.
36. V. Chichagova, D. Hallam, J. Collin, D. Zerti, B. Dorgau, M. Felemban, M. Lako, and D. H. Steel, "Cellular Regeneration Strategies for Macular Degeneration: Past, Present and Future," *Eye* 32 (2018): 946–971, doi:10.1038/s41433-018-0061-z.
37. "Regeneration: What Does It Mean and How Does It Work?" *EuroStemCell*, accessed April 5, 2019, www.eurostemcell.org/regeneration-what-does-it-mean-and-how-does-it-work.

比不上這些動物了。青蛙的眼睛可以再生，蠑螈的四肢可以完整再生，還有渦蟲若被縱切成兩半，牠會再生為兩個獨立的個體。[38]這些特性與胚胎發育息息相關。

　　麻州劍橋市麻省理工學院懷特海德生物醫學研究所（Whitehead Institute for Biomedical Research）的彼得·雷迪恩（Peter Reddien）近來發現到可以解釋與預測幹細胞如何形成替代結構的詳細再生資訊。彼得發現到渦蟲與無腸動物（一種可以再生的海洋蠕蟲），會運用受損後肌肉的訊號作為資訊來源以引導再生.[39]

　　他的團隊發現了如何協調作用以促使祖細胞再生出眼睛的三個因子：創造出可擴展空間圖的位置線索、吸引祖細胞至現有結構位置的自我建構，以及源自分散區域而非精確位置的祖細胞。[40]了解這些動物在沒有出現腫瘤這類問題的情況下用來再生成體組織的原則與分子，就能為我們提供可應用於再生或建造人體組織的經驗。

38. C. X. Kha, P. H. Son, J. Lauper, and K. A.-S. Tseng, "A Model for Investigating Developmental Eye Repair in Xenopus laevis," *Experimental Eye Research* 169 (2018): 38–47, doi:10.1016/j.exer.2018.01.007.

39. J. N. Witchley, M. Mayer, D. E. Wagner, J. H. Owen, and P. W. Reddien, "Muscle Cells Provide Instructions for Planarian Regeneration," *Cell Reports* 4 (2013): 633–641, doi:10.1016/j.celrep.2013.07.022; and Amelie A. Raz, Mansi Srivastava, Ranja Salvamoser, and Peter W. Reddien, "Acoel Regeneration Mechanisms Indicate an Ancient Role for Muscle in Regenerative Patterning," *Nature Communications* 8 (2017): 1260.

40. K. D. Atabay, S. A. LoCascio, T. de Hoog, and P. W. Reddien, "Self-Organization and Progenitor Targeting Generate Stable Patterns in Planarian Regeneration," *Science* 360 (2018): 404–409, doi:10.1126/science.aap8179.

正如同器官會自然而然地在胎兒中生成一樣，當來自原始器官的組織或細胞植入活體動物中時，也可能會發生器官生成的情況。2018年有個實驗報告表示，在人類胚胎幹細胞注入豬胚胎所形成的嵌合體中，絕大部分都是豬細胞，不過約每一萬個細胞中會有一個人類細胞。豬與人類嵌合體胚胎獲准發育至28天（豬懷孕的第一階段）。這類實驗可否為培養與患者基因匹配並可用於移植的人體器官鋪上大道呢？

很明顯地，有些現實與倫理問題要先處理。舉例來說，豬的懷孕時長為112天，而人類為274天（九個月），所以不同物種的胚胎細胞會以不同的速度發育。加州拉荷亞沙克研究所的胡安・卡洛斯・伊茲皮蘇亞・貝爾蒙特是這個領域的頂尖研究員，他將此比喻為你在車速為平常三倍的高速公路上開車。你必須要掌握速度，否則就會造成意外。[41]換句話說，要在動物體內培養人類器官，還有很長的一段路要走。

基因改造是改善幹細胞在再生醫學應用上的工具之一。這種合作應用的其中一個例子來自摩德納大學（University of Modena）的米凱萊・德盧卡（Michele De Luca）與其團隊，他們結合了基因治療法與幹細胞技術來治療表皮分解性水疱症（junctional epidermolysis bullosa, JEB）這種罕見基因疾病。

---

41. "Scientists Use Stem Cells to Create Human/Pig Chimera Cells," *EurekAlert!*, American Association for the Advancement of Science, January 26, 2017, www.eurekalert.org/pub_releases/2017-01/cp-sus011917.php; Wu, et al., "Interspecies Chimerism with Mammalian Pluripotent Stem Cells," 473–486, e15.

這種病症是由於負責編碼某種蛋白質的幾個基因之一突變所致，這種蛋白質會將表皮安置到下方組織的上面，出了問題就會造成表皮脫落。[42]德盧卡發展出一種可從人類皮膚產生幹細胞的方法，他替換了其中的致病基因，並在實驗室的支架上培養出健康的皮膚。

　　德國的外科醫師從一位患有重度表皮分解性水疱症的7歲男童身上取下一塊拇指大小的皮膚，寄送到摩德納大學，並在之後進行了皮膚移植手術。[43]在一開始取下皮膚的6個月後，男孩回到學校，這代表著這項療法的勝利，也代表著我們對人類皮膚生物學有了新的了解。不過，這類融合了基因治療與幹細胞科學的個人療法不太可能普及，因為這必須要量身制定，而且又很昂貴。

生殖學的未來：著床前測試

　　當我們聚焦於胚胎發育對再生醫學研究的影響時，生殖學

42. Tobias Hirsch, Tobias Rothoeft, Norbert Teig, Johann W. Bauer, Graziella Pellegrini, Laura De Rosa, Davide Scaglione, Julia Reichelt, Alfred Klausegger, Daniela Kneisz, Oriana Romano, Alessia Secone Seconetti, Roberta Contin, Elena Enzo, Irena Jurman, Sonia Carulli, Frank Jacobsen, Thomas Luecke, Lehnhardt Marcus, and Michele De Luca, "Regeneration of the Entire Human Epidermis Using Transgenic Stem Cells," *Nature* 551 (2017): 327–332, doi:10.1038/nature24487.
43. Kelly Servick, "A Boy with a Rare Disease Gets New Skin, Thanks to Gene-Corrected Stem Cells," *Science*, November 8, 2017, accessed April 5, 2019, www.sciencemag.org/news/2017/11/boy-rare-disease-gets-new-skin-thanks-gene-corrected-stem-cells.

本身也有了更多進展，其中一個明顯的例子就是胚胎檢測。

1990 年，倫敦漢默史密斯醫院（Hammersmith Hospital）的艾倫‧漢迪賽德（Alan Handyside）、艾萊妮‧康托吉安尼斯（Eleni Kontogianni）、凱特‧哈迪（Kate Hardy）與羅伯特‧溫斯頓（Robert Winston），實際應用了一種延伸自體外受精技術且能確保重度基因疾病不會遺傳至下一代的胚胎檢測方式。[44] 這類基因檢測方法會從好幾個細胞所組成的胚胎中取出一至兩個細胞，針對其中的 DNA 進行檢測。這個方法一開始只為檢測胚胎的性別，因為有些夫婦會帶有只影響男性後代的病症，像是裘馨氏肌肉失養症（Duchenne muscular dystrophy）這種致命的肌肉萎縮症。大家會知道這個病症可能是因為羅倫佐‧奧登（Lorenzo Odone）這名患者，1993 年的電影《羅倫佐的油》就講述了他的故事。帶有這種基因的夫婦在進行試管嬰兒療程時，醫師會篩除男性胚胎（帶有 Y 染色體的胚胎），以確保只有女性胚胎（健康的胚胎）會被植入母親體內。

圍繞胚胎檢測的倫理問題，向來都不簡單。這引發出公平性的問題，舉例來說：竟然會有失明、失聰或因軟骨發育不全造成身材矮小的夫婦，利用胚胎著床前基因診斷（PGD）來選擇帶有殘疾基因的胚胎，可以這樣嗎？[45] 最重要的是，胚胎著

---

44. Alan Handyside, E. H. Kontogianni, K. R. M. L. Hardy, and Robert Winston, "Pregnancies from Biopsied Human Preimplantation Embryos Sexed by Y-Specific DNA Amplification," *Nature* 344 (1990): 768–770, doi:10.1038/344768a0.

床前基因診斷所提供的選擇，產生了以生殖技術來掌控想要特質的想法，這種想法不但讓人憂心也具有潛在危害。多年來，對於胚胎著床前基因診斷是否應該用於篩選易感基因與疾病基因，以及是否有權使用這個方法來選擇其他想要的特質，我們一直存有疑慮，這是可以理解的。不過這裡還要強調的是，有許多像智力這類的屬性在基因上非常複雜，遠超出胚胎著床前基因診斷之所及。

胚胎著床前基因診斷的最初應用讓我們知道，這個檢測方法提供了另一種選擇孩子性別的方法。然而，在重男輕女的文化中，出生性別比率失衡到令人不安的程度。今日，在某些國家中，產前診斷與殺嬰造成了出生比率變為每100名女嬰對上110至120名男嬰，然而根據生物學所示，正常的男女出生比率應為每100名女性對上104至106名男性。[46] 聯合國人口基金會（United Nations Population Fund）指出，在中國某些省份，這個比率實際上高達130名男性。

生殖科學已經改變了世界，根據歐洲人類生殖學與胚胎學學會（European Society of Human Reproduction and Embryology）所收集的統計資料顯示，大約有2%的胚胎著床前基因診斷是為了

45. Darshak M. Sanghavi, "Wanting Babies Like Themselves, Some Parents Choose Genetic Defects," *New York Times*, December 5, 2006, accessed April 5, 2019, www.nytimes.com/2006/12/05/health/05essa.html.

46. Christophe Z. Guilmoto, *Sex Imbalances at Birth: Current Trends, Consequences and Policy Implications* (Bangkok: United Nations Population Fund Asia, 2012), www.unfpa.org/publications/sex-imbalances-birth.

社會因素而進行性別選擇，因為傳統父權結構的社會強化了重男輕女的觀念。[47]雖然需要使用體外受精技術的胚胎著床前基因診斷目前價格昂貴，但是這有可能會變得更便宜也更為普及。從數字層面來看，若是某些文化重男輕女的觀念沒有改善，生殖技術應用的結果之一可能就是我們會生活在男性愈來愈多的世界。

「設計嬰兒」

著床前檢測的技術也已經用於創造「設計嬰兒」（designer baby），這個用語是反墮胎人士為了表達鄙視之意所產生的誤稱。這個貶義詞大概是為了給人（當然是完全錯誤的）一種印象：父母可以像挑選設計款服飾那般地任意挑選胚胎。

無論如何，選擇並不等同於設計。這與進行一般試管嬰兒療程時挑選健康胚胎的原則，似乎沒有什麼不同。無論身在何處，要產生一名設計嬰兒都不會像在精品店中挑選一雙鞋子那麼簡單，因為沒有任何一個單一基因可以決定金髮或身高，或是任何完美嬰兒該有的樣子。是的，這些特徵都有遺傳因素，但通常都很複雜，而且還需要考慮到諸多環境因素。

---

47. Joyce Harper, L. Wilton, Joanne Traeger-Synodinos, Veerle Goossens, Celine Moutou, S. B. SenGupta, T. Pehlivan Budak, Pamela Renwick, Martine De Rycke, Joep Geraedts, and Gary Harton, "The ESHRE PGD Consortium: 10 Years of Data Collection," *Human Reproduction Update* 18 (2012): 234–247, doi:10.1093/humupd/dmr052.

　　即使是針對單一缺陷基因所進行的著床前檢測，也不像聽起來那麼簡單。女性一次所可以產生的卵子數量有限，而且不是所有卵子都會受精，再加上不是所有的受精卵都可以正常發育。即使這些卵子真能形成胚胎，著床前診斷也不是每次都有用。通過檢測的胚胎中只有少數具有「正常」的結構可以移植，而且胚胎著床時常失敗。令人遺憾地，試管嬰兒通常都不會成功。換句話說，認為胚胎著床前基因診斷為設計嬰兒提供了一條簡單途徑，其實是想太多了。對於決定接受這種方式的夫婦來說，這個過程壓力極大，也很沒有效率。

　　但是至少我們現在可以提供這些夫婦過往所沒有的選項。毫無疑問地，比起絨毛膜取樣檢查與羊膜穿刺檢查，胚胎篩選提供了另一種更為友善的懷孕選擇，因為若是經由絨毛膜取樣檢查與羊膜穿刺檢查才發現到嚴重疾病時，孕婦還得要進行流產手術。

　　著床前檢測已經延伸應用在分析我們早先提過的極體，並擴展到各種其他遺傳病症。最重要的是，這個方式讓我們可以確認胚胎染色體的數目是否正確。那麼，若是一個胚胎被發現是鑲嵌型胚胎時，它有能力進行自我修復嗎？我們現在知道小鼠胚胎具有自我修復的能力，但我們仍然不知道人類胚胎是否具有這樣的能力。

胚胎編輯

　　還有另一種更基本的方式可以取代胚胎檢測：胚胎編輯。我們是否可以直接在卵子或精子或胚胎中修正基因缺陷，而不是試著選出沒有特定基因缺陷的胚胎呢？對於人類DNA所進行的改變被稱為生殖細胞基因治療，也就是運用卵子與精子來傳遞基因改變，由於這種方式有可能會遺傳給一下，所以數十年來人們對此感到不安。

　　在胚胎編輯所引發的爭論中，有一方人士認為這應該被禁止，因為基因會以複雜的方式相互作用，剔除某些所謂的疾病基因可能會有意想不到的副作用，對人類基因池造成影響。這種擔憂的原因在於，雖然我們已經充分了解某些單一基因疾病，但是大多數的疾病似乎都是由數種基因與環境相互作用所造成。此外，像智力這類在人與人之間具有差異性的許多特性都非常複雜，所以基因組編輯似乎不大可能讓我們可以預測出對這些特性的影響。[48]與擔憂這一切會走向何方的人士抱持相反意見的是實用主義者，他們認為這些都是理論上的風險，不應該為此就阻礙了生殖細胞療法能夠降低人類痛苦的真正潛力。

　　近年來人們看待生殖細胞基因療法的態度有了改變，有部

48. *Genome Editing and Human Reproduction: Social and Ethical Issues* (London: Nuffield Council on Bioethics, 2018), accessed April 5, 2019, http://nuffieldbioethics.org/report/genome-editing-human-reproduction-social-ethical-issues/overview.

分是因為基因改造的技術已經更為精準，還有一部分是因為這些技術可能帶來的幸福讓人願意放下運用這些科技的擔憂，這跟當初試管嬰兒的情況是一樣的。英國納菲爾德生物倫理委員會最近的一項調查結果顯示，編輯人類胚胎DNA對未來人類特性所造成的影響（「可遺傳的基因組編輯」）在倫理上是可以接受的。[49]

一種經由女性將基因改變傳遞至後代的方式，目前已被英國人類受精與胚胎學管理局所接受。當局已經批准粒線體置換療法（Mitochondrial replacement）的使用，這讓某些家庭可以擺脫遺傳疾病的重擔。這個療法確實突顯了生殖科學檢測的非凡水準，所以我們接下來就來談談這個療法的一些細節。

粒線體置換療法

粒線體疾病是由一組遺傳性疾病所引發，最嚴重的情況下可能會造成失明、心臟衰竭與死亡。雖然已經有了改善這些患者生活品質的各種治療方式，但對於深受此病症影響的家庭而言，預防這些遺傳疾病的發生非常重要。

由位於英國新堡（Newcastle）的胚胎學家瑪麗・赫伯特（Mary Herbert）與神經科醫生道格・特恩布爾（Doug Turnbull）所組成的團隊，正在追蹤一種新式的基因療法，為治療這類代謝疾病

---

49. *Genome Editing and Human Reproduction: Social and Ethical Issues.*

帶來希望。在他們研究計畫中所要治療的患者是與某些基因缺陷有關疾病的病童，這些基因原本能讓粒線體像細胞電池那般正常運作。

為了預防這種疾病，赫伯特與特恩布爾想要取出受精卵的原核仁（含有來自父母兩方的DNA），並將其植入粒線體功能正常女性所捐贈的卵子中，將有缺陷的粒線體置換成健康的粒線體。

捐贈者卵子中原先的DNA會被清空，不過粒線體會被留下。將原核仁嵌入這個去核的卵子後，就會產生一個帶有父母卵子與精子細胞核DNA以及捐贈者卵子粒線體及粒線體DNA的胚胎。由於粒線體主要是經由母親代代相傳，所以這樣疾病就不會遺傳下去。[50]

1990年的《英國人類生育與胚胎學法案》（*HFE Act*）禁止對人類胚胎進行基因改造。因此，特恩布爾與赫伯特與患者及制定政策的人士合作，倡導放寬捐贈粒線體的法律。2008年在對此法案進行修訂時做出了例外規範，只有在患有嚴重遺傳性疾病且認定是安全的情況下才可以對粒線體進行置換。2015年時，議會投票通過原則上准許這種治療方式，後續於2017年時，《英國人類生育與胚胎學法案》就批准使用捐贈的粒線體

50. Shiyu Luo, C. Alexander Valencia, Jinglan Zhang, Ni-Chung Lee, Jesse Slone, Baoheng Gui, Xinjian Wang, Zhuo Li, Sarah Dell, Jenice Caitlin Brown, S. M. Chen, Y.-H. Chien, W.-L. Hwu, P.-C. Fan, L.-J. Wong, P. S. Atwal, and T. Huang, "Biparental Inheritance of Mitochondrial DNA in Humans," *Proceedings of the National Academy of Sciences* 115 (2018): 13039–13044, doi:10.1073/pnas.1810946115.

來治療病患了。

在爭取批准的那幾年間，有人發展出另一種療法，這種療法運用基因組編輯工具來修改粒線體的DNA，目前只在小鼠身上測試過。[51]以粒線體為標靶的鋅指核酸酶（zinc-finger nuclease），也就是以粒線體為標靶的類轉錄活化因子核酸酶（transcription activator-like effector nucleases），可用於剪下特定DNA序列，所以就能用來辨認突變的粒線體DNA並將其剪除。[52]在接受治療後（核酸酶跟著被心臟細胞接納的改造病毒一起送進去），小鼠心臟的代謝情況獲得改善。運用這種方式就無需用到具有健康粒線體的其他女性捐贈卵子了，這或許可為治療代謝疾病提供另一種療法。

使用 CRISPR 技術進行基因組編輯

不只是在我們的領域，在所有生物科學的領域中，發展出更好的基因編輯技術都十分重要。當然，經由選擇性育種進行

51. P. A. Gammage, C. Viscomi, M.-L. Simard, A. S. H. Costa, E. Gaude, C. A. Powell, L. Van Haute, B. J. McCann, P. Rebelo- Guiomar, R. Cerutti, L. Zhang, E. J. Rebar, M. Zeviani, C. Frezza, J. B. Stewart, and M. Minczuk, "Genome Editing in Mitochondria Corrects a Pathogenic mtDNA Mutation In Vivo," *Nature Medicine* 24 (2018): 1691–1695, doi:10.1038/s41591-018-0165-9.
52. S. R. Bacman, J. H. K. Kauppila, C. V. Pereira, N. Nissanka, M. Miranda, M. Pinto, S. L. Williams, N.-G. Larsson, J. B. Stewart, and C. T. Moraes, "MitoTALEN Reduces Mutant mtDNA Load and Restores tRNAAla Levels in a Mouse Model of Heteroplasmic mtDNA Mutation," *Nature Medicine* 24 (2018): 1696–1700, doi: 10.1038/s41591-018-0166-8.

基因改造已經有數千年歷史，而對DNA進行操控也已經有半個世紀左右的歷史了，但這向來效率極差。

不過，2012年出現了重要進展，人們發明出效率更高也更精準的方法來校正基因缺陷。這種方法採用了化膿性鏈球菌（Streptococcus pyogenes）面對病毒攻擊的防禦機制。這就是所謂的CRISPR誘變，CRISPR是由「規律間隔成簇短迴文重複序列」（clustered regularly interspaced short palindromic repeats）原文首字母縮寫而成，這是指重複的DNA序列運用一組名為Cas的蛋白（與CRISPR相關）形成細菌的免疫系統。入侵的病毒會在鏈球菌中複製自身的RNA，Cas蛋白在這些RNA的引導下，可以切割入侵病毒的DNA以阻止病毒複製。

加州大學伯克萊分校的珍妮佛‧道納（Jennifer Doudna）與瑞典優密歐大學（Umeå University）的埃瑪紐埃爾‧夏彭蒂耶（Emmanuelle Charpentier）找到了一個方法，可將細菌的CRISPR-Cas9轉變成為簡單且可編程的基因組編輯技術。這是一項驚人的發現。

當然無可避免地，一定會出現一些擔憂。其中一個擔憂為「脫靶效應」，就是被切下的DNA位置不是原先預定的標靶區域。[53] 為了解決脫靶的問題，有人開發了Cas9變體來改善標靶

---

53. X.-H. Zhang, Ł. Y. Tee, X.-B. Wang, Q.-S. Huang, and S.-H. Yang, "Off-Target Effects in CRISPR/Cas9-Mediated Genome Engineering," *Molecular Therapy—Nucleic Acids* 4 (2015): e264, doi.org/10.1038/mtna.2015.37.

的命中度。[54]然而，就算正中標靶，還是有可能無法進行精準編輯，而且就算正中標靶也精準編輯，這個方式在某些人身上也可能引發免疫反應。[55]

美國國家學院（US National Academies of Sciences, Engineering, and Medicine）疾呼這必須謹慎行事，但也強調「謹慎並不意味禁止」。[56]他們建議生殖細胞編輯只能對造成嚴重疾病的基因進行，並且只能在沒有任何其他適當的治療方式時才能使用。

2018年11月，有消息指出中國深圳市南方科技大學的賀建奎創造出首批的基因編輯嬰兒，這引發了恐慌。賀建奎表示他使用了CRISPR/Cas9技術去改變編碼愛滋病毒進入白血球細胞所需受體的基因。然而這份首度研究報告不但是糟糕的科學研究案例，也是糟糕的科學倫理案例，其所依據的假設來自具有爭議性的基因編輯分子程序與結果。[57]班‧赫布特（Ben Hurlbut）指出，這個情況「創造出改革全球科學規範的機會與迫切需求」。[58]

54. Janice S. Chen, Yavuz Dagdas, Benjamin Kleinstiver, Moira M. Welch, Alexander A. Sousa, Lucas B. Harrington, Samuel Stern b erg, J. Keith Joung, Ahmet Yildiz, and Jennifer A. Doudna, "Enhanced Proofreading Governs CRISPR-Cas9 Targeting Accuracy," *Nature* 550 (2017): 407–410, doi:10.1038/nature24268.

55. Julie M. Crudele and Jeffrey S. Chamberlain, "Cas9 Immunity Creates Challenges for CRISPR Gene Editing Therapies," *Nature Communications* 9 (2018): 3497.

56. National Academies of Sciences, Engineering, and Medicine, *Human Genome Editing: Science, Ethics, and Governance* (Washington, DC: National Academies Press, 2017), doi. org/10.17226/24623.

57. H. Wang and H. Yang, "Gene-Edited Babies: What Went Wrong and What Could Go Wrong," PLOS Biology 17, no. 4(2019): e3000224, doi.org/10.1371/journal.pbio.3000224.

在我的領域中，這種精準的基因組編輯將會增進我們對基因作用的了解。我們的研究團隊運用這種方式來揭開活躍在小鼠胚胎中的基因所具有的發育功能。這種方式也已經應用在人類胚胎上，人類受精與胚胎學管理局已經發給我在倫敦弗朗西斯·克里克研究所（Francis Crick Institute）的同事凱西·尼亞坎（Kathy Niakan）第一份許可證。

凱西使用基因組編輯來去除OCT4的表現，我們之前有提到，OCT4對於細胞發展多能性至關重要，她就以這篇研究驗證了這項原理。這表示人類胚胎需要OCT4來正確形成囊胚，而在小鼠囊胚中要形成多能上胚層細胞世系，也特別需要OCT4。這不但強調了小鼠胚胎做為胚胎模型系統的價值，同時強調了要了解人類發育也必須去研究人類胚胎。

這篇發表在《自然》上的研究代表了一個里程碑，標記了基因組編輯首次使用於研究人類胚胎的基因功能。[59]若我們能夠知道哪些基因對於胚胎成功發育非常關鍵，我們就可以找出造成流產的某些原因。除了人類胚胎發育外，OCT4在幹細胞生物學中也很重要，因為它涉及到未分化胚胎幹細胞的自我更新。

---

58. JJ. B. Hurlbut, "Human Genome Editing: Ask Whether, Not How," *Nature* 565 (2019): 135, doi:10.1038/d41586-018-07881-1.

59. N. M. E. Fogarty, A. McCarthy, K. E. Snijders, B. E. Powell, N. Kubikova, P. Blakeley, R. Lea, K. Elder, S. E. Wamaitha, D. Kim, V. Maciulyte, J. Kleinjung, J. S. Kim, D. Wells, L. Vallier, A. Bertero, J. M. A. Turner, and K. K. Niakan, "Genome Editing Reveals a Role for *OCT4* in Human Embryogenesis," *Nature* 550 (2017): 67–73, doi:10.1038/nature24033.

另一半的創新

我們今日可以在實驗室中進行許多非凡的壯舉：胚胎的顯微手術、疾病基因的檢測、更換細胞電池（粒線體），甚至試圖將皮膚細胞轉變成精子、卵子或胚胎。如同我在上一章所提過的，我們甚至可以利用幹細胞創造出人工類胚胎結構，來了解胚胎如何自我建構。

但是很重要的是我們要了解科學的極限。雖然近數十年在降低孕產婦死亡率上出現了重大進展，但全球每天仍有大約八百名婦女死於懷孕或生產的相關併發症，例如嚴重出血與感染。[60]這大多發生在開發中國家，那裡的懷孕或生產相關併發症仍然是青春期少女主要的死亡原因。這些死亡大部分是可以避免的，但僅靠科學無法解決這個問題，這還需要政治與金錢的協助。

即使是在較為富足的國家，生殖科學目前實際能為多數女性所提供的幫助，說得委婉一點，就是令人失望。即使過了40年，試管嬰兒療程還是令人吃驚地沒有效率。愛德華茲與史特普托之前花了超過10年的時間，在250名患者身上嘗試進行了467次試管嬰兒療程，才誕生出路易絲。今日，35歲以下女性

60. "Maternal Mortality," World Health Organization, February 16, 2018, accessed April 5, 2019, www.who.int/mediacentre/factsheets/fs348/en/.

每次進行試管嬰兒療程的平均成功率仍然只有29%。[61]前面討論過，在所有關於篩選試管嬰兒胚胎以製造設計嬰兒的紛爭中，其實存在有許多強烈遏止其影響卻被輕輕帶過的重要限制。

女性的生育年齡一直以來都在逐年提高，我們之中有許多人到了接近40歲或40多歲時才開始懷孕。凍卵是保存女性生殖能力讓其可以在未來經營家庭的一個方式。凍卵的程序包括取出女性卵子、冷凍卵子，以及後續將卵子解凍以進行試管嬰兒療程。好消息是卵子經玻璃化冷凍（vitrification，類似於冷凍乾燥的過程）後，似乎還是會有與新鮮卵子差不多的成功率。[62]由於女性的生育能力在30歲後會下降，所以用這種方式儲存卵子的最佳時機是在35歲以前。然而根據數據顯示，女性接受凍卵程序最常見的年齡是38歲，許多女性進行凍卵時都已經40多歲了，這也表示未來可能懷孕的機率就會比較小。[63]

當然，帶來新希望的非凡技術也正在發展中，像是我們已經提到的粒線體置換與基因編輯。但很重要的是，不要忽視那

61. *Human Fertilisation & Embryology Authority, Fertility Treatment 2014–2016: Trends and Figures*, March 2018, www.hfea.gov.uk/media/2563/hfea-fertility-trends-and-figures-2017-v2.pdf.
62. Yuhua Shi, Yun Sun, Cuifang Hao, Heping Zhang, Daimin Wei, Yunshan Zhang, Yimin Zhu, Xiaohui Deng, Xiujuan Qi, Hong Li, Xiang Ma, Haiqin Ren, Yaqin Wang, Dan Zhang, Bo Wang, Fenghua Liu, Qiongfang Wu, Ze Wang, Haiyan Bai, and Zi-Jiang Chen, "Transfer of Fresh Versus Frozen Embryos in Ovulatory Women," *Obstetrical & Gynecological Survey* 73 (2018): 213–214, doi:10.1097/OGX.0000000000000546.
63. *Human Fertilisation & Embryology Authority, Egg Freezing in Fertility Treatment: Trends and Figures*, 2010–2016, n.d., www.hfea.gov.uk/media/2656/egg-freezing-in-fertility-treatmenttrends-and-figures-2010-2016-final.pdf.

些較不引人注目的研究所帶來的巨大影響。有些研究讓試管嬰兒技術更有效率也更可靠,有些研究著手處理流產所造成的災難,還有些研究在尋找對懷孕初始幾週時的胎兒進行準確檢測的方式。

改善試管嬰兒技術

　　試管嬰兒的臨床成功率取決於各種因素,但其失敗率仍然大於成功率。35歲以下接受試管嬰兒療程的女性,每10位中有4位會生下孩子,但超過40歲的女性,成功率會下降到每10位中只有一位,若是超過44歲的女性,成功率還會降至2%。[64]儘管在過去40年間出現了這些輔助生殖技術,但令人震驚的是,還是有三分之二接受試管嬰兒療程的夫婦在療程結束後仍然無法擁有小孩。[65]試管嬰兒療程依然昂貴、沒有效率且令人備感壓力。對許多女性而言,她們很難接受試管嬰兒療程再次失敗的情況。

　　撇開某些診所的試管嬰兒技術要比其他診所精湛的這件事不談,還有許多人士正努力從各方面去改善這項技術的成功率。有些來自接受療程的女性本身,她們會在網路社群中分享增加成功率的訣竅。許多訣竅就只是迷信,像是用上巴西堅

64. "In Vitro Fertilisation," *Human Fertilisation & Embryology Authority*, accessed April 5, 2019, www.hfea.gov.uk/treatments/explore-all-treatments/in-vitro-fertilisation-ivf/.
65. *Human Fertilisation & Embryology Authority, Fertility Treatment* 2014–2016.

果、石榴汁、薯條與鳳梨心，甚至是穿襪子。若這些事情不會造成傷害，我不認為醫生會花很大的力氣去阻止患者嘗試一些讓試管嬰兒療程不那麼有壓力的方法。有些女性會嘗試針灸，似乎也出現有效的跡象，不過儘管如此，根據研究報告顯示，針灸對此沒有作用。[66]另一篇研究發現，與不採行地中海式飲食的女性相比，多吃新鮮蔬菜水果、全穀類、魚類與橄欖油且少吃紅肉的女性，成功懷孕與生產的可能性高出三分之二。[67]

當然，醫師也是人，有時也會堅持進行他們自己特有的儀式。身為一個追求科學證據的人士，我很高興至少其中有一些被揭穿是迷信。舉例來說，有一種是「子宮內膜搔刮術」（endometrial scratch），這是在進行試管嬰兒療程前，先對子宮內膜進行搔刮或是組織切片。這是為試管嬰兒療程患者所提供的一種提高成功率的附加收費治療。不過一項大型的隨機實驗已經顯示這項治療方式沒有那個價值，不會改善懷孕或活

66. "Acupuncture and Success of IVF," NHS website, February 8, 2008, accessed April 5, 2019, www.nhs.uk/news/pregnancy-and-child/acupuncture-and-success-of-ivf/; C. A. Smith, S. de Lacey, M. Chapman, J. Ratcliffe, R. J. Norman, N. P. Johnson, C. Boothroyd, and P. Fahey, "Effect of Acupuncture vs Sham Acupuncture on Live Births Among Women Undergoing In Vitro Fertilization: A Randomized Clinical Trial," *Journal of the American Medical Association* 319, no. 19 (2018): 1990–1998, doi:10.1001/jama.2018.5336; T. El-Toukhy, Sesh Sunkara, Mahmoudkhair Khairy, R. Dyer, Yacoub Khalaf, and Arri Coomarasamy, "A Systematic Review and Meta-Analysis of Acupuncture in In Vitro Fertilization," *BJOG: An International Journal of Obstetrics and Gynaecology* 115 (2008): 1203–1213, doi:10.1111/j.1471-0528.2008.01838.x.
67. Dimitrios Karayiannis, Meropi Kontogianni, Minas Mastrominas, and Nikolaos Yiannakouris, "Adherence to the Mediterranean Diet and IVF Success Rate Among Non-Obese Women Attempting Fertility," *Human Reproduction* 33 (2018): 494-502, doi:10.1093/humrep/dey003.

產的機率。[68]

　　好幾年前我們就知道，影響試管嬰兒成功率的主要因子就是女性的年齡。醫師會建議想要一個孩子的夫婦，在太太35歲之前開始嘗試試管嬰兒療程。若想要兩個小孩，最晚到31歲就要開始，若要三個小孩，則是28歲要開始。[69]由於我們對於男性生殖能力的下降並沒有設下如此嚴格的規範，所以傳統上建議的重點仍是女性的年齡，而且女性生育小孩的最保險年齡是20至35歲。[70]

　　我們現在知道男性的年齡也會造成影響。波士頓地區的一家試管嬰兒中心在2000年至2014年間對7753對夫婦進行了一萬九千次療程，他們分析發現，隨著男性年齡的增加，累積的活產率是下降的。舉例來說，同樣是女性低於30歲的夫妻中，男性介於40到42歲的嬰兒出生率（46％）明顯低於男性介於30到35歲的嬰兒出生率（73％）。[71]男性也有自己的生物時鐘。

68. Sarah Lensen, "A Commonly Offered Add-On Treatment for IVF Fails to Provide Any Benefit in a Large Randomised Trial," *European Society of Human Reproduction and Embryology website*, July 3, 2018, accessed April 5, 2019, www.eshre.eu/Annual-Meeting/Barcelona-2018/ESHRE-2018-Press-releases/Lensen; Tracy Wing Yee Yeung, Joyce Chai, Raymond Hang Wun Li, Vivian Chi Yan Lee, Pak Chung Ho, and Ernest Hung Yu Ng, "The Effect of Endometrial Injury on Ongoing Pregnancy Rate in Unselected Subfertile Women Undergoing In Vitro Fertilization: A Randomized Controlled Trial," *Human Reproduction* 29, no. 11 (2014): 2474–2481, doi.org/10.1093/humrep/deu213.

69. J. Dik, F. Habbema, Marinus J. C. Eijkemans, Henri Leridon, and Egbert R. te Velde, "Realizing a Desired Family Size: When Should Couples Start?," *Human Reproduction* 30 (2015): 2215–2221, doi:10.1093/humrep/dev148.

70. Susan Bewley, "Which Career First?," *BMJ* 331 (2005): 588–589, doi.org/10.1136/bmj.331.7517.588

生命之舞

　　有些女性之所以不孕，是因為她們的卵子無法正常成熟，所以她們也無法因試管嬰兒技術而受惠。不過，我們對於卵子成熟的知識每年都會了解得愈來愈多。主要來自小鼠卵母細胞研究的這些知識，讓我們能夠深入了解非整倍體卵子與流產問題，而且我們對於人類卵子的研究也日益增加。[72]

　　卵子一旦受精，讓胚胎可以生長的培養基就很重要。培養基會影響胚胎發育的健康程度。當然，最關鍵的是，我們需要評估胚胎健康的方法，我們也很高興地看到我們發展出來拍攝小鼠胚胎發育的縮時攝影技術，現在也用於觀察人類胚胎的發育。我們所用設備的極簡化版本「EmbryoScope」，被一些試管嬰兒療程診所用來監測胚胎發育，這樣就無需為了觀察而把胚胎移出培養箱。雖然要發現細胞太少或細胞破碎的不健康胚胎向來就很容易，但要確認哪些外觀正常的胚胎移植到母體後發育的機會最大卻要困難許多。拍攝發育的影片讓我們可以在不干擾胚胎的情況下，監測胚胎在體外前六天中達到每個發育里程碑的時間點，以選擇出最有希望的胚胎移植到母體內。

　　即使如此，這個方法仍然很主觀。我認為，真正需要的是一種簡單快速且能夠客觀測量胚胎發育潛力的方法。我們的一

71. Laura Dodge, "Delivery Rates in IVF Are Affected by the Age of the Male Partner," *European Society of Human Reproduction and Embryology website*, July 3, 2017, accessed April 5, 2019, www.eshre.eu/Annual-Meeting/Geneva-2017/ESHRE-2017-Press-releases/Dodge.aspx.
72. Binyam Mogessie, Kathleen Scheffler, and Melina Schuh, "Assembly and Positioning of the Oocyte Meiotic Spindle," *Annual Review of Cell and Developmental Biology* 34 (2018): 381–403, doi: 10.1146/annurev-cellbio-100616-060553.

個研究案例顯示這種方法可能很快就會成真。

　　與許多科學研究的情況一樣，我們在這方面的研究可以追溯到一次偶然的發現，我們偶然觀察到受精不久後的卵細胞質運動情況。這讓我們研究室與我在牛津攻讀博士時的指導教授克里斯・格拉漢以及牛津動物學系的數學家團隊一起合作。

　　為了分析卵細胞質的運動，克里斯向我介紹了一種名為粒子影像測速法（particle image velocimetry）的新技術，這種技術是發展出來追蹤像雲掠過天空時的這類空氣流動。這種技術可以讓我們追蹤卵子中的粒子運動，於是我們發現到卵細胞質在精子進入卵子的位置會開始像涓涓細流般流動，然後持續波動好幾個小時。[73]我們後續發現到這些流動之所以會產生，是因為受精時釋放到卵細胞質中的鈣離子濃度出現波動所致。

　　我們都知道，適當的鈣離子濃度對於卵子的發育很重要，但是在新技術出現之前，我們無法以非侵入性的方式（不影響卵子發育的方式）來測量鈣離子的濃度。研究結果顯示，這些卵細胞質流動的模式（頻率與大小），可用來預測卵子是否可以發育成一隻健康的小鼠。[74]英國卡迪夫大學（Cardiff

73. A. Ajduk, T. Ilozue, S. Windsor, Y. Yu, K. B. Seres, R. J. Bomphrey, B. D. Tom, K. Swann, A. Thomas, C. Graham, and M. Zernicka-Goetz, "Rhythmic Actomyosin-Driven Contractions Induced by Sperm Entry Predict Mammalian Embryo Viability," *Nature Communications* 2 (2011): 417, doi:10.1038/ncomms1424.

74. K. Swann, S. Windsor, K. Campbell, K. Elgmati, M. Nomikos, M. Zernicka-Goetz, N. Amso, F. A. Lai, A. Thomas, and C. Graham, "Phospholipase C-ζ-induced Ca2+ Oscillations Cause Coincident Cytoplasmic Movements in Human Oocytes that Failed to Fertilize After Intracytoplasmic Sperm Injection," *Fertility and Sterility* 97, no. 3 (2012): 742–747.

University）卡爾‧史旺（Karl Swann）的團隊也應用此種方式來確認人類卵子是否也會出現相同的流動，結果是肯定的。這項研究結果極為振奮人心，因為這種完全非侵入性且客觀（可量化）的測量流動方式可用來預測體外受精卵的活力，所以應該可以大幅改善試管嬰兒療法的前景。

下個挑戰就是將這種方法引進試管嬰兒療程的診所中，因為這需要比現有試管嬰兒療程設備更好的顯微鏡檢查。這種技術將可與其他科技結合測量胚胎的健康情況（例如新陳代謝與化學組成），用以確認體外受精後哪一個胚胎應該移植到母體內，而這也將印證此技術無比的價值。[75]

然而，就算胚胎是健康的，也無法保證一定會懷孕。試管嬰兒成功率低的另一個原因是著床問題，也就是在胚胎接觸到子宮內膜以繼續發育時出現的問題。我們的方法可以協助評估胚胎健康的影響，這很重要，但是對於母體的細部生理狀態讓母體本身無法容忍植入胚胎的情況就愛莫能助了。

關於在體外受精第六天時達到囊胚階段的胚胎，是否與在第五天達到囊胚階段的胚胎發育情況類似，這目前還存在著爭議。我們現在可以檢測這些胚胎的發育能力。我的實驗室同

75. Tiffany C. Y. Tan, Lesley Ritter, Annie Whitty, Renae Fernandez, Lisa J. Moran, Sarah Robertson, Jeremy Thompson, and Hannah Brown, "Gray Level Co-occurrence Matrices(GLCM) to Assess Microstructural and Textural Changes in Pre-implant ation Embryos," *Molecular Reproduction and Development* 83 (2016): 701–713, doi.org/10.1002/mrd.22680.

事瑪爾塔・沙巴齊（Marta Shahbazi）與艾姆雷・薩利（Emre Sali）、理查・史考特（Richard Scott）及他在紐澤西 IVIRMA 診所的團隊一同合作進行胚胎檢測，他們的結果顯示在 5 天內達到囊胚階段的人類胚胎，會發育得比第六天才達到囊胚階段的胚胎要好。我們可以經由這種方式來弄清楚胚胎在不同階段所需的化學訊號（目前還未知），以改善體外受精的培養環境。

　　我們當然需要引進許多更新穎的技術來改善試管嬰兒療程的成功率，但即使已經開發出許多新興技術，我們還是需要建構更適當的臨床試驗程序，來確認哪些技術最有效用。[76]

染色體異常

　　造成試管嬰兒療程失敗的另一個原因是植入了異常的胚胎，出現異常的普遍原因是胚胎帶有染色體數目異常的細胞，這些異常是因為減數分裂或有絲分裂出了問題所致。[77]在賽門出生後，我的實驗室發現了一種在小鼠胚胎中可以代償染色體異常的機制，只要胚胎中還有足量的正常細胞即可，這種自我修復機制會對臨床造成什麼影響讓我十分好奇。

　　對於進行試管嬰兒療程的許多女性而言，經基因檢測確認

---

76. Peter Braude, "The Emperor Still Looks Naked," *Reproductive BioMedicine Online* 37, no. 2 (2018): 133–135, doi.org/10.1016/j.rbmo.2018.06.018.

77. Clare O'Connor, "Chromosomal Abnormalities: Aneuploidies," *Nature Education* 1 (2008): 172, www.nature.com/scitable/topicpage/chromosomal-abnormalities-aneuploidies-290.

自己無法產生完全正常的胚胎，通常也就意味著生育孩子的人生終結了。光是在美國，據說就有上萬個含有部分而非全部細胞異常的胚胎，被認定為異常胚胎並被標記要處理掉，這還只是一年的數據而已。[78]

許多研究顯示，含有異常細胞的人類胚胎在數量比例上大得驚人。根據研究報告顯示，這類由正常與異常細胞組成的鑲嵌型胚胎約佔了試管嬰兒胚胎的30％。[79]此外，這些研究也發現到，接受試管嬰兒療程的女性，在植入鑲嵌型胚胎（經基因檢測認定）上所面臨的風險比通常認為的還要低。[80]

若我們在小鼠胚胎上發現的自我修復也可以套用到人類胚胎上的話，那麼成千上萬個被丟棄的人類胚胎中有一小部分（可能是很小的一部分，但對於接受療程的夫婦仍然很重要）或許可能發育成正常的嬰兒。對於那些因為只能產生非整倍體胚胎而放棄的夫婦而言，這可能會讓他們感到心痛。

進行非整倍體的基因檢測需要從胚胎中取出一個或數個

78. Stephen S. Hall, "A New Last Chance: There Could Soon Be a Baby-Boom Among Women Who Thought They'd Hit an IVF Dead End," *The Cut*, September 18, 2017, accessed April 5, 2019, www.thecut.com/2017/09/ivf-abnormal-embryos-new-last-chance.html.

79. Santiago Munné and Dagan Wells, "Detection of Mosaicism at Blastocyst Stage with the Use of High-Resolution Next- Generation Sequencing," *Fertility and Sterility* 107, no. 5(2017): 1085–1091, doi:10.1016/j.fertnstert.2017.03.024.

80. Norbert Gleicher, "Preimplantation Genetic Screening: Unvalidated Methods Discard Healthy Embryos," *BioNews*, December 11, 2017, accessed April 5, 2019, www.bionews.org.uk/page_96294; N. Gleicher, A. Vidali, J. Braverman, V. A. Kushnir, D. F. Albertini, and D. H. Barad, "Further Evidence Against Use of PGS in Poor Prognosis Patients: Report of Normal Births After Transfer of Embryos Reported as Aneuploid," *Fertility and Sterility* 104, no. 3 (2015): e9, doi.org/10.1016/j.fertnstert.2015.07.180.

細胞。然而，就像我們在小鼠胚胎實驗中所見，若人類胚胎中的細胞也不是全都一模一樣，有些細胞可能比其他細胞更具有發育潛力，那麼被取出進行檢測的是哪些細胞就會有關係。的確，根據研究顯示，進行早期胚胎切片會降低年紀較大女性的試管嬰兒成功率。[81]

但是在較後期的囊胚階段所進行的切片，若是取到的是滋養層細胞，還會有其他的問題。因為滋養層細胞通常無法反映出在胚胎中發育的那些內部細胞群的染色體組成。[82]我們的小鼠胚胎研究顯示，雖然異常細胞會因內部細胞群的程序性細胞死亡而被清除，但是這種清除不會發生在滋養層，這裡的異常細胞會減緩分裂的速度但不會死亡。

讓情況更為複雜的是，胚胎著床前染色體篩檢的結果可能不一致。有篇報告指出：在某一實驗室發現具有非整倍體的 11 個胚胎，經另一實驗室檢測卻發現大約只有五分之一的胚胎符合原實驗室的染色體評估結果，而且即使在同一間實驗室裡，也只有一半的胚胎在重覆檢測中表現出同樣的染色體特性。[83]換句話說，許多被認為是異常的胚胎實際上是鑲嵌型胚胎。

81. S. Mastenbroek, M. Twisk, J. van Echten-Arends, B. Sikkema-Raddatz, J. C. Korevaar, H. R. Verhoeve, N. E. A. Vogel, E. G. J. M. Arts, J. W. A. de Vries, P. M. Bossuyt, C. H. C. M. Buys, M. J. Heineman, S. Repping, and F. van der Veen, "In Vitro Fertilization with Preimplantation Genetic Screening," *New England Journal of Medicine* 357, no. 1 (2007): 9–17, doi:10.1056/NEJMoa067744.
82. R. Orvieto, Y. Shuly, M. Brengauz, and B. Feldman, "Should Pre-implantation Genetic Screening Be Implemented to Routine Clinical Practice?" *Gynecological Endocrinology* 32(2016): 506–508, doi:10.3109/09513590.2016.1142962.

由於這些新的見解，臨床上的作法正在改變中，至少在一些試管嬰兒診所是這樣。現在有些診所會植入外觀正常的鑲嵌型胚胎，因為他們認為胚胎有機會進行自我矯正且正常發育。2017年，某個義大利團隊的研究顯示，植入染色體「異常」胚胎仍有機會正常懷孕，這都取決於鑲嵌現象與非整倍體的嚴重程度。[84]

進行胚胎檢測時常常可以發現到鑲嵌型胚胎，在沒有其他選擇的情況下考慮使用這些胚胎可以讓更多進行試管嬰兒療程的夫婦受惠。[85]我認為我們團隊受到我與賽門人生故事啟發所進行的小鼠胚胎研究很有意義，對於了解某些鑲嵌型胚胎為何可以正常發育具有貢獻。

更好的產前檢查

絨毛膜取樣檢查與羊膜穿刺檢查都是侵入性的檢查，而且在懷孕中期才能知道結果，舉例來說，根據英國國民保健

---

83. Norbert Gleicher, Andrea Vidali, Jeffrey Braverman, Vitaly Kushnir, David Barad, Cynthia Hudson, Yang-Guan Wu, Qi Wang, Lin Zhang, David Albertini, and the International PGS Consortium Study Group, "Accuracy of Preimplantation Genetic Screening (PGS) Is Compromised by Degree of Mosaicism of Human Embryos," *Reproductive Biology and Endocrinology* 14 (2016): 54, doi:10.1186/s12958-016-0193-6.

84. E. Greco, M. G. Minasi, and F. Fiorentino, "Healthy Babies After Intrauterine Transfer of Mosaic Aneuploid Blastocysts," *New England Journal of Medicine* 373 (2015): 2089–2090, doi:10.1056/NEJMc1500421.

85. Munné and Wells, "Detection of Mosaicism at Blastocyst Stage," 1085–1091.

署（United Kingdom's National Health Service），這些檢查晚至懷孕18到21週才進行。若是檢查發現問題，女性就要面對困難的選擇。[86]在懷孕初期有更多更安全的終止懷孕選項，因此為了在懷孕初期就能順利取得檢測結果，研究人員正在開發具有前景的替代檢測。

1959年就有研究報告表示在母體的循環系統中發現胎兒的紅血球，但是直到數十年後，也就是1990年，胎兒的紅血球才被分離出來，而這些紅血球具有應用到非侵入性產前檢查的潛力。[87]無論如何，最近由於我們已經能夠讀取單一細胞的整個基因密碼，所以經由取樣母體血液來進行產前檢查的巨大機會已經出現，這有可能會取代絨毛膜取樣檢查與羊膜穿刺檢查這類侵入性檢查。

在懷孕女性血流中循環的mRNA，已經用於在懷孕前、中、後期間追蹤胎兒特定組織的發育。[88]幸好這些可以更早進行的產前血液檢查，正往更為可靠與普及的方向發展。相信在母體血液中循環的胚胎基因物質，有一天會成為發現早期懷孕問

---

86. "Your Pregnancy and Baby Guide," NHS website, updated February 15, 2018, accessed April 5, 2019, www.nhs.uk/conditions/pregnancy-and-baby/screening-tests-abnormalitypregnant/.

87. A. Zipursky, A. Hull, F. D. White, and L. G. Israels, "Foetal Erythrocytes in the Maternal Circulation," *Lancet* 1, no. 7070 (1959): 451–452; D. W. Bianchi, A. F. Flint, M. F. Pizzimenti, J. H. M. Knoll, S. A. Latt, "Isolation of Fetal DNA from Nucleated Erythrocytes in Maternal Blood," *Proceedings of the National Academy of Sciences* 87 (1990): 3279–3283.

88. W. Koh, W. Pan, Charles Gawad, H. C. Fan, G. A. Kerch ner, T. Wyss-Coray, Y. J. Blumenfeld, Y. Y. El-Sayed, and S. R. Quake, "Noninvasive In Vivo Monitoring of Tissue-Specific Global Gene Expression in Humans," *Proceedings of the National Academy of Sciences* 111 (2014): 7361–7366, doi:10.1073/pnas.1405528111.

題的例行檢查項目。

平衡生殖科學

我們都背負著可能會影響自身作為的視角與觀點。幾個世紀以來，身體健全人士所設計出的建築，造成殘障人士在生活與工作上的不方便。幾個世紀以來，男性也認為他們無法生育是伴侶的問題，所以這些女性常常因此受到侮辱。

當社會中有些人因為自己所帶有的 X 染色體數目而受到不公平對待時，也有人因為膚色而受到歧視。1932 年，美國公共衛生服務部（US Public Health Service）與塔斯基吉研究所（Tuskegee Institute）合作進行了「塔斯基吉地區未經治療的男性黑人梅毒患者研究」，這之中有 399 位患有梅毒的人士沒有獲得適當治療，這個研究反映出當時的種族偏見。即使到了盤尼西林已經成為治療選項的 1947 年，研究人員仍然沒有提供這種藥物給參與塔斯基吉研究的人士。[89]對此我仍難以置信。

這不是科學的問題，而是文化的問題。迄今尚未有任何大型國際當代藝術展覽達成性別平等，這表示縱觀西方歷史，很少有女性被認為是偉大的藝術家。

人類社會很多元，我們應該要頌揚與珍惜這種特質的力

---

89. U.S. Public Health Service Syphilis Study at Tuskegee," *Centers for Disease Control and Prevention website*, accessed April 5, 2019, www.cdc.gov/tuskegee/timeline.htm.

量。當你在創作過程中沒有多元性時，就無可避免會陷入狹隘扭曲的單一視角，這會阻礙進步。至少到目前為止，男人與女人必須同時存在才能生出寶寶，若我們想要將生殖科學提升至下個層級，讓更多樣的人士、更廣泛的範圍與更多元的思想來豐富這門科學，我們就必須在研究事務上取得平衡。我們必須平等對待從事研究的人員。

誰知道若希爾達・曼戈爾德（Hilde Mangold）與羅莎琳・富蘭克林這些先驅者沒有英年早逝的話，我們的世界會有什麼不同？人們很容易會認為，生殖學會更加關注於如何讓女性更容易且更舒適地生育上。

但我們都知道，就算希爾達・曼戈爾德、羅莎琳・富蘭克林與其他像她們那般卓越的女性都十分長壽，風向是否會從男性掌控一切轉變成為賦與女性權利，還是很令人懷疑。事實上，在談到圖靈、斯里尼瓦瑟・拉馬努金（Srinivasa Ramanujan）、布萊茲・帕斯卡（Blaise Pascal）這些男性時，科學家英年早逝的英雄故事已經不知道被提過多少次了。但是直到最近幾年，許多有才華且在大放異彩之前就去世的女性，才開始從歷史中的暗處被挖掘出來。自古以來，社會就一直抗拒於承認女性的貢獻與尊重她們的意願。女性為獲得應有的尊重與掌控自己的生殖命運所做的努力，可以追溯到兩千年前胚胎學誕生那時。

11

生命之舞

　　希臘為建造一座位於雅典市中心的新當代藝術美術館進行挖掘清理地基時，工人偶然發現了可能是胚胎學發源地的遺址。施工團隊在1996年進行挖掘時發現了一處遺跡，這被認為是呂克昂（Lyceum）這間開創性大學的遺址。西元前四世紀，亞里斯多德曾在這裡講授生命偉大循環的課程，從子宮內的發育成長至成人再回到孕育下一代。[1]

　　亞里斯多德對於萬物皆感到好奇，他寫下了關於物理、宇宙學與化學等等的文章。但最重要的是，他熱愛生物學。有些人相信亞里斯多德大約解剖與比對了35種動物，其中也包括了一個40天大的人類胚胎。[2] 當他在研究胚胎發育也就是他所謂的「生成」時，他會用上「靈魂」一詞，不過以更為現代的意義來解讀的話，這是指經由建構物質或為胚胎配備一組功能性

1. Armand Marie Leroi, *The Lagoon: How Aristotle Invented Science* (London: Bloomsbury Circus, 2014), 7.
2. Leroi, *Lagoon*, 181.

器官來賦予生命活力。[3]

亞里斯多德在他的《動物的生成》(*On the Generation of Animals*)一書中,描述了一個人如何生成另外一個人。有鑑於他的思想古老,能有這樣的理解真是不同凡響。李約瑟(Joseph Needham)在著作《胚胎學的歷史》(*A History of Embryology*)中列出了亞里斯多德對於胚胎學的十一項見解,包括他反對先成論(preformationism)並支持漸成論(epigenesis)。先成論認為一開始存在的就是一個迷你版的完整嬰兒,之後只是會成長得更大而已;漸成論則認為存在有讓器官逐漸成形的一系列步驟。我個人熱愛對稱性,所以我也熱愛亞里斯多德在當時就偏好使用六極與三軸將動物幾何化的方式。[4]

演化發育生物學家阿曼德・勒羅伊(Armand Leroi)寫了一本有關亞里斯多德對於科學非凡貢獻的書籍,他在書中提到:「對於『我們在生物中所見的結構設計,其直接源頭是什麼?』這個問題,亞里斯多德不但予以回答,而且還回答得很正確,答案就是從父母遺傳而來的資訊。」[5]亞里斯多德在二千多年前那個處於被神話與教條所掌控的黑暗時代中,能有這樣正確的思維真是相當驚人。

不過,當然,還有諸多事情亞里斯多德根本不了解。[6]在

---

3. Leroi, *Lagoon*, 162.
4. Leroi, *Lagoon*, 108.
5. Leroi, *Lagoon*, 39.

亞里斯多德的所有錯誤想法中，有一個是他在注意到去勢男性出現女性化特質後所產生的觀念，他說女性具有「缺陷」並偏離成為男性的基準。[7] 他也相信，女性的牙齒數目要比男性來得少，這很令人費解，因為確認一下應該不困難。

　　從亞里斯多德在呂克昂綠樹成蔭的樹林中漫步那時迄今，人們對於女性的態度有了極大轉變。但是即使在今日，社會對女性看法的改變程度還是相當不足。在科學界，有許多女性長期以來一直在努力爭取她們應得的認可，也因此，康乃爾大學科學歷史學家瑪格麗特・羅西特（Margaret Rossiter）創造了一個術語「瑪蒂爾達效應」（Matilda effect）來表達那些反對認可女性科學家成就的偏見，這些女性科學家的成就常被歸功於男性同事。這個術語之所以會命名為「瑪蒂爾達效應」，是因為最先提出這樣想法的是 19 世紀的女性參政運動者與廢除奴隸者瑪蒂爾達・喬斯林・蓋奇（Matilda Joslyn Gage）。[8] 這樣的例子在整個科學界中比比皆是，在發育生物學界也不例外。

　　我們之中有多少人知道，賓州布林茅爾學院（Bryn Mawr College）的內蒂・瑪麗亞・史蒂文斯（Nettie Maria Stevens）因證明性別是 X 與 Y 染色體所決定而推翻了環境是決定性別的

6. Armand Marie Leroi, "6 Things Aristotle Got Wrong," *HuffPost*, October 2, 2014, accessed April 5, 2019, www.huffpost.com/entry/6-things-aristotle-got-wr_b_5920840.
7. Aristotle, *Generation of Animals*, trans. A. L. Peck, Internet Archive, accessed April 5, 2019, https://archive.org/stream/generationofanim00arisuoft#page/174/mode/2up/search/deformed.
8. Margaret W. Rossiter, "The Matthew Matilda Effect in Science," *Social Studies of Science* 23, no. 2 (1993): 325–341, doi.org/10.1177/030631293023002004.

關鍵這個想法呢？[9]（亞里斯多德對男人提過這樣的建議，若希望擁有男性繼承人，那麼就應該在夏天懷孕。）即使史蒂文斯在1912年因乳癌而去世時，《科學》提到她應擁有享譽全球的名聲，然而人們更常認為史蒂文斯的同事兼導師艾蒙德・威爾遜（Edmund Wilson）是性染色體的發現者。[10]

　　許多深具影響的女性所作出的貢獻被邊緣化或是最小化。在法國，瑪爾特・戈蒂埃（Marthe Gautier）就眼睜睜地看著她在1950年代末期對於唐氏症致病原因的發現，被歸功到一位男性同事傑羅姆・勒瓊（Jérôme Lejeune）身上。出身波蘭的瑪麗・居里（Marie Sklodowska Curie）當年在巴黎進行她的研究，她在1903年成為諾貝爾獎的第一位女性得主（物理獎），而當她在1910年被提名為法國科學院院士時，卻以一票之差落選。[11]隔年她又贏得了諾貝爾化學獎，成為諾貝爾獎史上第一位贏得兩座不同科學獎項的人士。但法國科學院直到70年後，也就是在1979年才選出了第一位正式的女性院士數學家伊馮娜・喬克特－布魯哈（Yvonne Choquet-Bruhat）。[12]在美國，埃絲特・萊德

9. Scott F. Gilbert, *Developmental Biology*, 6th ed. (Sunderland, MA: Sinauer Associates, 2000); Stephen G. Brush, "Nettie M. Stevens and the Discovery of Sex Determination by Chromosomes," *Isis* 69, no. 2 (1978): 162–172, doi.org/10.1086/352001.

10. Brush, "Nettie M. Stevens," 162–172; "The Death of Nettie Maria Stevens," *Science* 35, no. 907 (1912): 771, doi:10.1126/science.35.907.771.

11. Monica Grady, "Is Marie Sk odowska Curie Still a Good Role Model for Female Scientists at 150?," *The Conversation*, November 7, 2017, accessed April 15, 2019, https://theconversation.com/is-marie-sklodowska-curie-still-a-good-role-model-for-female-scientists-at-150-87025.

12. Vesna Petrovich, "Women and the Paris Academy of Sciences," *Eighteenth-Century Studies* 32, no. 3, *Constructions of Femininity* (1999): 383–390.

伯格（Esther Lederberg）因細菌遺傳學研究（包括發現一種能夠感染細菌的病毒）與丈夫約書亞（Joshua）共享1958年的諾貝爾獎，但她值得更多的讚揚。[13]坎迪斯・珀特（Candace Pert）在巴爾的摩約翰霍普金斯大學攻讀碩士期間，協助發現了鴉片受體（人體大腦中自有的止痛劑「腦內啡」〔endorphins〕的分子結合點），但1978年為表揚受體與腦內啡及其他結合此受體之止痛劑的研究而頒發的拉斯克獎（Lasker Award），卻只授予男性，珀特對此也提出了著名的抗議（拉斯克獎通常被視為諾貝爾獎的前哨戰）。[14]諸如此類，還有更多的例子，當然我們根本不知道的例子還會更多。

賽跑

　　早上慢跑時，我的思緒會回溯。這些思緒常會在我整個人生中賽跑，讓我了解到我最看重的是什麼、我忽略了什麼，以及我現在錯過了多少事情。

　　發現之前無人知曉的重要之事所獲得的那份愉悅感、在遊歷全世界參加科學會議或發表講座時遇到許多很棒的人、與優

---

13. Luigi Luca Cavalli-Sforza, "Testimonial Noting Some of Esther Lederberg's Achievements (Insufficiently Accredited to Her)," October 1974, accessed April 5, 2019, www.estherlederberg.com/LLCS%20Cavalli%20testimonials.html.

14. John Schwartz, "Candace Pert, 67, Explorer of the Brain, Dies," *New York Times*, September 19, 2013, accessed April 5, 2019, www.nytimes.com/2013/09/20/science/candace-pert-67-explorer-of-the-brain-dies.html.

秀團隊一同工作的那份樂趣,以及我們研究有一天所可能產生的影響,都是強大的動力。

我喜歡科學,但這份工作有它的壓力。人們一直認為科學家必須要能夠一個接著一個地提出驚人的新想法——科學很有趣,但是當你無法按時產出新想法時會出現什麼情況呢?解決科學問題、在整個實驗過程中反覆挑戰自己的發現,都是極大的壓力,而其中最大的壓力就是得要一直擁有足夠的熱情來激勵你的團隊以及資助者,因為研究很花錢,這樣才籌措得到資金進行研究。

大多數的科學家必須在緊迫的期限內準備大量的經費補助申請計畫書,才有辦法進行研究與支撐團隊的薪水,這通常也包括科學家自己的薪水。每份申請計畫書都需要花費大量精力,去解釋你希望推動科學進步的這個夢想實驗細節,而這往往都需要先進行初步實驗來證實你的夢想確實有機會實現。你必須想出最好的主意來解釋你認為研究會成功的作法、你如何會有這個研究想法,還有你接下來要如何實現。當然首先是你要如何找到合適進行研究的人選,再來就是設備、試劑與分析方法等等,接著還有大量的表格要填寫。所以我們得要日以繼夜不停工作,有時這樣的負擔讓我們幾乎沒有時間從事其他事情。

若你發現幾個月後補助款就會進帳,那麼這一切努力都值得。但若是被拒絕了,就很令人心碎,而且當你發現有四位審查者對於你的計畫書給予高度評價,但因為還有另一位審查者明褒暗貶，造成你無法得到補助，就會讓你感到崩潰，而這也是我最近的寫照。

科學充滿競爭，若你想要持續下去就別無選擇，只能投入更多的時間與精力去撰寫更多的申請計畫書，並構思出更漂亮的計畫與研究。

所有一切都必須要付出代價。

我在晨跑時，記起了自己在懷娜塔莎時是如何日以繼夜地準備一項重大的補助申請計畫書。就算她出生了，我還是專注在工作上，因為我的團隊那時正在探索一條新的科學路徑。當我抱著娜塔莎，享受著從餵母乳到夜晚無法入睡的這些身為母親的愉悅負擔時，我的母性本能並沒有完全專注在她身上。然而我很感激在那個令人難受的日子裡有小娜塔莎陪在我身旁，那天我正在美國進行講座，我接到了一個令人心痛的消息，娜塔莎的外公，也就是我的父親與人生導師，剛剛過世了。

我很愛娜塔莎，但是當她說出第一句話時，我不確定我是第一個聽到這句話的人。我幾乎不記她何時從嬰兒變成學步的幼兒。當她試著站起來然後試著走路時，我正因為關於細胞如何變得彼此不同的研究而受到同領域人士的攻擊以及公開的質疑。我當時承受了巨大的壓力，得要提供更多的證據來證明我的研究是正確的，這不僅是為了我自己的名聲，也是為了我團隊的聲譽。

雖然賽門排除萬難地留在我身旁，但我還是錯過了他學會走路的那一刻。我盡可能都會帶著賽門、娜塔莎與大衛一起到世界各地參與科學會議，這樣我們就不用分開，不過一旦我們回到家，大衛與我就會專注在實驗室的計畫上，讓計畫保持正常運作。

我有時會覺得自己錯過了孩子各個年齡階段的多項里程碑。兩個孩子都曾問過我，其他媽媽每天都會到學校接孩子，早上會與別的媽媽一起喝杯咖啡，而且總是會在家，為什麼我就不行。我有時也會問自己同樣的問題。其實我本身也很想這麼做。

我試著將研究的美好及需求與我愛之人共同生活的強大愉悅感結合在一起，包括了鋪床、做飯、家庭晚餐、準備隔天上學的衣服、在賽門睡覺前與他一同讀書或談天等等的所有例行瑣事。

為了應付壓力，我每天早上都會例行晨跑，先是和娜塔莎、後來賽門也加入一起跑。不過現在他們都跑得太快，不會跟我並肩跑步，其實我很早就跑不過他們了。

我懷念與他們共度的那些轉眼即逝的時光，但我也很慶幸自己能擁有兩種豐富的人生，彼此相互交織的家庭人生與實驗室人生。

平衡與多元

在過去30年間，我努力平衡身為科學家與老師以及身為母親、朋友與妻子的人生。對我這樣的女性而言,要達到平衡可能更為困難,因為我們仍然還要面對亞里斯多德所遺留下來的一切。是的,科學立基於懷疑並且尋求客觀性,是的,男性也努力地在工作與人生中取得平衡。但是即使是在大幅進步的今日,在某些情況下,仍然有一些男性同事會對女性同事更加挑剔,他們對男性同事就不會如此。這還算是好的情況,在最糟糕的情況下,這些男性同事似乎會努力顛覆女性同儕正嘗試要做的事情。我接受了一項事實,那就是我可能會被這些男性同事列為「難搞的女人」之一,因為我們認為自己的主意與想法,跟那些與我們一起工作的男性一樣重要。

2000 年我開始運作我的研究團隊時,我需要知道的不光只是如何做實驗或發表演講的基礎知識。即使我已經擁有數十年的經驗,我仍在學習中。人不可能從未犯過錯誤,但堅持從事與我們信念一致的事情,就意味著這些錯誤不會轉變成遺憾。目前我在選擇加入團隊的成員時,不只會考慮到我們要一起研究的科學,還會考慮到要創造出能強烈感受到真誠支持與友誼的環境,這些感受跟進行研究發現一樣重要。我希望加入我團隊的成員要有好奇心、思想要放得開,不但要能勇敢提出困難的問題,還要友善並坦誠相待。

對我而言,跟著我的直覺進行研究一直以來都很重要。你可能以為科學是嚴謹客觀的,但科學終究是由人所完成的。科學從個人層級開始,選擇要提出的問題、構思要回答問題的方法以及發展自己獨特的「科學聲音」。我決定要研究那些真正激勵我的問題，而且我希望這些問題能讓我做出獨一無二的貢獻，而不是單純追求最新的潮流而已。我的家人在幫助我走上這條不因循守舊的道路上發揮了重要的作用，我所指的不僅是我的直系親屬，還有在我羽翼之下的那些年輕人。

就這方面來說，我開始明白指導科學新秀（其中有許多女性）對我而言有多重要。我試著對「我在實驗室中的這些孩子們」因材施教。雖然我認為要公平對待每個人，但我並不認為要用同樣的方式對待每一個人。每個人都不一樣。有的人喜歡獨來獨往，只有在實驗出現問題時才會來找我；有的人只報喜不報憂；還有的人喜歡定期討論。無論他們是什麼樣的人，當我們的想法有了互動，能夠融合並擴展彼此的想法時，我們就能共同推進科學的發展。

至於我自己的那兩個孩子，我毫無疑問地非常愛他們，我對待他們倆的方式不同，但他們都是我「最愛的孩子」。雖然賽門的人生開始得並不順利（或者正因如此），但是對於我過去所犯過的錯誤與我在他出生前後所取得的研究發現而言，他就是寶貴的見證。

在我們的黑貓失蹤時，賽門是那個勇敢在暗夜陪著我去找貓的人。當我下班回家時，他會跑來開門並問我當天過得如何。他在意我的回答，他對於諸多其他人會忽略的感受具有敏感度，也願意接納這些感受。我若是在傍晚7點還未到家吃晚

餐，賽門就會打電話給我，叫我要馬上離開實驗室。他畫得一
手好圖，什麼東西都畫，但最擅長的是女性肖像。他告訴我
說，眼睛非常重要，你可以從他人的眼睛看到一切。

　　我的女兒年紀比賽門大一點，她是個討人喜愛、充滿活力
且精神奕奕的孩子，我還珍藏著她年幼時所寫的詩。在我撰寫
這本書的當下，她正在努力學習課業，不過每天仍然會寫一首
詩。她很害羞，但對表演具有熱忱，當她站在舞台上時就像是
燈塔那般耀眼。她非常有條理，有時也會幫我把生活管理得井
井有條。（我跟我父親一樣都不太有條理。）她就是我夢想中
孩子的理想模樣。她剛剛宣布她想要學醫，也許她最終會成為
一名科學家。

　　無論是在家中還是實驗室中，我都試著因材施教，而他們
也都是我的家人。當我們的一些研究結果違背主流思維且受到
該領域權威人士的公開攻擊時，我也會依靠家人。我不知道若
是沒有大衛的支持，我要如何做到這一點。有大衛做為我的靠
山，我才能成為別人的靠山。

　　為了克服這些質疑，我們在許多不同科學家的幫忙下，於
實驗室中反覆不斷地一個接著一個進行獨立實驗。我們花費多
年時間進行實驗，這很辛苦，也讓人心情無法放鬆，但每次實
驗無可抗拒地必會讓我們得出同樣的結論。雖然這是我人生
中最艱苦的時刻之一，但回想起來，我相信這段傷痛經歷是
值得的。

我很幸運地有家人的支持，不論是在實驗室還是在家，也無論是男是女，他們都信任我。也因為有他們做為後盾，我才得以度過這個充滿挑戰的10年，今日仍然是位科學家。這就是科學之所以這麼與眾不同的原因：用理由、證據與足夠的時間，就有可能贏得一場爭論。當然，只要你是對的。

由質疑、驗證與形成臨時共識所組成的科學文化，無疑是我們人類最重要的成就之一。這也是為什麼在人類付出的所有努力中，科學對日常生活產生了最非凡的影響，從再生醫學到人類生育都是。我們還沒有充分感受到再生醫學所帶來的好處，不過繼首位試管嬰兒路易絲・布朗出生後，已經有數百萬位試管嬰兒誕生，而且現在的夫妻對於自身的命運都擁有著比人類歷史上任何時候更多的選擇與掌控力。

但科學應該要讓女性跟男性一同參與。我們應該要建立出在安琪拉・賽尼（Angela Saini）出色著作《劣種：科學如何錯待女人以及重寫故事的新研究》（*Inferior: How Science Got Women Wrong— and the New Research That's Rewriting the Story*）所勾勒的那種更為平衡、積極的景象。[15]儘管我們說盡了也做盡了一切，但性別差距仍然存在。2018年一項針對超過一千萬篇論文所進行的研究顯示，女性較少出現在重要作者的序位上。[16]近來的研究也顯示，研究經費的審查者對於女性所提出的研究計

---

15. Angela Saini, *Inferior: How Science Got Women Wrong—and the New Research That's Rewriting the Story* (London: 4th Estate, 2017), 13.

畫會給予較低的分數。也有研究顯示，男性更有可能在演講後提問，[17] 但我不太相信男性比女性更具有好奇心。不過我確實認為女性更害怕公開演講，我就花了好幾年的時間去克服害羞，才有辦法上台講述我的科學研究。

　　科學是集體研究與理解的產物。面對英國脫歐、排外以及極右派政黨的崛起，科學成了能帶來多元、合作以及人們自由行動與想法不受拘束的燈塔。相似的東西讓人感到無聊，而不一樣的東西則會讓人感到興奮。我的實驗室就是多元文化環境的最佳案例，我團隊目前的成員來自西班牙、塞浦路斯、加拿大、中國、印度、義大利、德國、土耳其、美國和英國，當然還有波蘭。我相信這種多元性對於我團隊的成功具有貢獻。早期胚胎細胞中的某些多元性，可能就是胚胎更能成功自我建構的原因。這是我長期研究的東西，也讓我吃了不少苦頭。

　　我們在共同努力下，揭開了生命如何開始以及如何在胚胎發育不同時期以不同方式打破對稱性等等的許多餘留下來的謎團。經由學習發育的基本原則以及最重要細節，我們更能避免

16. L. Holman, D. Stuart-Fox, and C. E. Hauser, "The Gender Gap in Science: How Long Until Women Are Equally Represented?," *PLOS Biology* 16, no. 4 (2018): e2004956, doi. org/10.1371/journal.pbio.2004956.

17. J. Kolev, Y. Fuentes-Medel, and F. Murray, "Is Blinded Review Enough? How Gendered Outcomes Arise Even Under Anonymous Evaluation," *National Bureau of Economic Research Working Paper* No. 25759, April 2019, www.nber.org/papers/w25759; Alecia J. Carter, Alyssa Croft, Dieter Lukas, and Gillian M. Sandstrom, "Women's Visibility in Academic Seminars: Women Ask Fewer Questions Than Men," *PLOS ONE* 13, no. 9 (2018): e0202743, doi: 10.1371/journal.pone.0202743.

懷孕的併發症、制定更好的檢測方法與試管嬰兒療程，讓夫婦們能比過往更有機會擁有健康的孩子。

　　將研究帶往男性與女性能夠攜手合作、編排精良實驗並輕柔協調兩性對於理解智慧提升的方向，生命之舞的許多微妙且重要的動態細節就會顯現出來。

向前邁進

　　我的研究故事聽起來像是一場永無止境的奮鬥。這是因為它經常這樣，但更為常見的是它那豐富且迷人的巨大樂趣。科學既強大又美麗。不過若你是女性，科學似乎往往會更有挑戰性，特別是要承擔的家庭義務不只有懷孕九個月而已，還有我已經解釋過的偏見原因。

　　我在過去幾年中面臨到一個嚴峻的選擇。有個資助我研究多年的機構，將我團隊中的資助名額減半，也將我的研究經費削減三分之一，並要求我要將研究焦點放在人類胚胎而不是小鼠胚胎上。我要嘛就是縮編我的團隊並砍掉在過去30年中推動我們科學研究的大部分小鼠胚胎實驗，要嘛就是撰寫更多的經費申請計畫以達到我的目標。這個消息令人震驚，不過常常都是這樣，生命中的一扇門關起後還會有另一扇門打開。在面對這些困難時，我有幸可以去探索過去幾年中所獲得的機會，將實驗室從劍橋搬遷到另一個國家。

　　我的家庭與家人一直都是我的優先選項。但我的想法在幾年前參訪加州史丹福大學時開始有了改變，那是靠近矽谷的夢想之地，有許多出色的科學家都落腳在矽谷。我參觀陽光普照的廣闊校園時，看到的自行車比學生還多，這讓我開始有自在的感覺。當我與神經生物學系主任本・巴雷斯（Ben Barres）相處一段時間後，更有這種感覺。本是很棒的朋友，同時具有溫柔與堅強的特質。他說服我去認真考慮將我的團隊從劍橋搬遷到美國，當然他覺得我應該要到史丹福來，這裡有著更為開放與包容的文化。

　　本的故事很精采。但我當時並不知道，不過在幾年前，也就是2006年，羅傑・海菲爾德因為本評論了勞倫斯・薩默斯（Lawrence Summers）引發憤怒的言論而與本有段對談。薩默斯是哈佛大學的前校長，他曾提出科學界缺乏女性高階人士的起因可能源自生物學，無論是由於缺乏動機或是大腦連線的根本差異，雖然他也承認這之中或許也有社會與文化的因素。[18]

　　本在史丹福大學主持了一項了解神經膠質細胞在大腦中作用的研究。他對於男性主導的科學體制如何對待女性的爭論（對比男性的情況下），有自己獨特的見解。1997年之前他

---

18. Roger Highfield, "Studies Showing Sex Bias Are Ignored, Says Transsexual Professor," *Daily Telegraph*, July 13, 2006, accessed April 5, 2019, www.telegraph.co.uk/news/worldnews/northamerica/usa/1523820/Studies-showing-sexbias-are-ignored-says-transsexual-professor.html; Emily Singer, "Speech Transcript Stokes Opposition to Harvard Head," *Nature* 433 (2005): 790, doi: 10.1038/433790a; Larry Summers, speech transcript, accessed December 15, 2018, www.harvard.edu/president/speeches/summers_2005/nber.php.

都名為芭芭拉（Barbara），他在這一年也就是43歲時變性為男性。

本整理了科學中存有性別偏見的研究，也藉鏡了本身的個人經驗，他認為科學界之所以缺乏女性高階人士，不是因為能力而是與偏見有關。當本還是名年輕的女性時，他在自己立志就讀的麻省理工學院（他在那裡取得了學士學位）遭受到令人洩氣的情況。甚至在本於該學院就讀的期間，還有人說本回答過的某個數學難題必定是靠男朋友解答的。

本告訴羅傑，在他1997年開始以男人的身份生活後，他無意間聽到一位科學家說：「本今天的專題演講很出色，他的研究比他妹妹的好得多了。」*然而，從他自己的角度來看，他的科學與興趣都跟以前身為女性時沒什麼兩樣，他也覺得自己的研究品質並沒有改變。有些科學家認為男女之間有先天差異，但本只看到了歧視。本說：「說到偏見，事實是什麼似乎不是那麼重要了，許多男性就是認為女性天生就是不擅長這個或那個，數據所提供的不同意見並不一定能讓他們改變想法。」

他說，有些女性沒有意識到自己受到差別待遇，因為她們不像他那樣親身體驗過。這千真萬確。那麼本是迫於局勢，為了成就才要變性的嗎？「當然不是，」他對羅傑說：「變性之前，我已經取得終身職，所以不會因為變性而取得任何工作上的好處。」

---

*譯注：那人誤以為芭芭拉是本・巴雷斯的妹妹，但其實是同一人。

　　在我寫下這段文章的時候，我即將要到加州理工學院就職，這是一間位於美國加州洛杉磯帕薩迪納的研究重鎮。要將我真正的與實驗室中的家人搬到將近九千公里遠的地方重新開始新生活，對於所有因此受到影響的人而言都是一件艱鉅的任務，但我們都希望這次搬遷是值得的。與在英國爭取資源以及英國脫歐的不確定性相比，我認為這是一個振奮人心的大好機會。

　　我渴望抓住精子與卵子相遇那一刻之後的發育奇蹟。受精卵是生物形態的基石。有什麼比看到對稱性如何融入早期胚胎發育中並創造出我們人類的這件事更迷人的呢？有什麼比揭開你如何成為你的詳細故事更重要的呢？

　　我們都會經歷從單一受精卵成長到 37 兆個細胞的過程，對於這段隱秘的旅程，我渴望了解更多；我也渴望找到許多細胞編舞的未解之謎。還有，我也仍然熱衷於發現建構我們人類的那些隱藏語言、細胞編舞的古老奧秘，以及構成生命之舞的細胞、基因、卵子與精子所經歷的非凡旅程。

生命之舞

致謝

　　這本書已經構思了有十多年之久。最初可以追溯到2005年，那時諾貝爾獎得主約翰‧格登讓我們搭上線。那次接觸的成果就是羅傑刊登在《每日電訊報》上的一篇報導，這篇報導首次公開發表了瑪格達萊娜當時對於早期胚胎細胞差異來源的非傳統想法。她與她的許多同事之後盡心從事研究（主要是小鼠的研究），讓我們對於胚胎自我建構與自我修復能有更深入的了解。他們也完成了許多技術上的創舉，像是從培養的幹細胞中創造出類胚胎結構，還有讓胚胎可以在實驗室中成長得比過往都要久等等。當然還有一個關於她兒子賽門的非凡故事，就是這個故事激勵她走上新的研究道路。

　　我們非常謝謝我們的經紀人德國漢堡市科學工廠（The Science Factory）的彼得‧塔拉克（Peter Tallack）對這本書的支持。來自倫敦企鵝藍燈書屋（Penguin Random House）的傑米‧約瑟夫（Jamie Joseph）與紐約基本圖書（Basic Books）的艾瑞克‧亨尼（Eric Henney）擔任我們的編輯，他們與同事梅麗莎‧韋羅內西（Melissa Veronesi）及蘇珊‧凡赫克（Susan VanHecke）給予我們的堅定忠告與良好建議也讓我們受益匪淺。

　　我們經由電子郵件、研究會、會談與論文，直接與間接地受惠於許多人的幫助。羅傑也動用了他幾年來訪談各界人士的資料,這些人士包括:羅伯特‧愛德華茲、本‧巴雷斯、詹姆斯‧華生、道格‧梅爾頓、山中伸彌、安‧麥克拉倫、路易絲‧布朗與伊恩‧威爾穆特。我們對於列名其下的所有人士不勝感激,也要特別強調,本書中若有任何錯誤都是我們自己的責任,與他人無關。

　　發育與幹細胞生物學是個內容極其豐富的領域,若我們有遺漏任何科學家的貢獻或是著墨得太過簡略,還請海涵。

　　對於閱讀本書草稿並提供回饋與忠告的幾位人士,我們在此列名感謝:Peter Braude、Agatha Dominik、Matthew Freeman、David Glover、John Gurdon、Julian Hitchcock、Martin Johnson、Yacoub Khalaf、Brian Millar、Peter Mombaerts、Kathy Niakan、Jon Pines、Lee Sacks、以及 Marta Shahbazi。

　　以下人士慷慨地投入時間與我們一同檢查特定段落與重點並提供回饋,在此列名感謝:Bernadette S. de Bakker、Harry Cliff、Peter Coveney、Martin Evans、Ben Hurlbut、Armand Leroi、Karolina Piotrowska-Nitsche、Martin Rees、Angela Saini、Doug Turnbull、已故的 Mary Warnock,以及 John Webster。

　　本書是建立在科學研究的基礎上,所以瑪格達萊娜想要特別感謝幾位對她思維有特別重大且寶貴影響的人士,包括:

John Gurdon、Martin Evans、Richard Gardner、Jon Pines，和Andrzej Tarkowski。

瑪格達萊娜之所以能夠在英國發展自己的職業生涯，都要感謝約翰・格登、馬丁・埃文斯、加百列・霍恩、安・麥克拉倫與比爾・哈里斯對她堅定不移的支持與信任。她還要感謝歐洲分子生物學組織、李斯特預防醫學研究所、歐洲研究理事會與惠康基金會對她研究的所有支持。她的研究最終想要回答的就是一個最基本的問題：我們如何長成這個模樣？

多年以來，有許多充滿活力與十分努力的女性與男性研究人員與瑪格達萊娜一同工作，他們不同的背景、個性與技能也影響了這個故事的發展。這些研究人員包括了：Anna Ajduk、Gian Amadei、Fran Antonica、Ivan Bedzhov、Monika Bialecka、Alex Bruce、Lee Carpenter、Neophytos Christodoulou、Paula Coelho、Andy Cox、Stephen Frankenberg、Mubeen Goolam、Joanna Grabarek、Sarah Graham、Dionne Gray、Seema Grewal、Charlotte Handford、Seiki Haraguchi、Sarah Harrison、Anna Hupalowska、Agnieszka Jedrusik、Christos Kyprianou、Rosie Larter、梁傳昕、Karin Lykke-Andersen、Kirsty Mackinlay、Rui Martins、Sigolene Meilhac、Daniel Mesnard、Matteo Mole、Catherine Moore、Samantha Morris、Jie Na、Lorenzo Orietti、Maryna Panamarova、Emlyn Parfitt、Karolina Piotrowska-Nitsche、Berenika Plusa、Gaelle Recher、Lucy Richardson、

Marta Shahbazi、Hannah Sharplin、Shruti Singla、Maria Skamagki、Miguel Soares、Berna Sozen、Bernhard Strauss、Roy Teo、Maria-Elena Torres-Padilla、Juliet Tyndall、Sanna Vuoristo、Roberta Weber、Antonia Weberling、Florence Wianny、Krzysztof Wicher、Qiang Wu，以及 Meng Zhu。

若是沒有大家的通力合作，科學就不會趣味盎然，也不會對社會群體有益，甚至不可能存在。瑪格達萊娜想要感謝多年來與她共同合作的人士。雖然這份清單可能會很長，但由於本書的背景環境，我們還是想要特別提到幾家對她研究有所貢獻的試管嬰兒診所以表達謝意。我們特別要感謝關心不孕症診所的賽門・費希爾、艾莉森・坎貝爾與他們的同事，以及 IVI-RMA 診所的卡洛斯・賽門（Carlos Simon）、埃姆雷・薩利、理查・史考特與他們的同事，還要感謝所有決定將自己的胚胎捐贈給這項研究使用的父母。我們與未來的世代都對你們感激不盡。

我們也要感謝孕育出創造性與支持性環境的各個機構。瑪格達萊娜對於她任教的大學與同事深表感謝，在此列名如下：劍橋大學生理學、發育與神經科學系的 Bill Harris、Graham Burton、Sarah Bray 和 Bill College；加州理工學院的 Stephen Mayo、Marianne Bronner 和 Carlos Lois。瑪格達萊娜也要感謝授予她院士的劍橋大學西德尼・蘇塞克斯學院。羅傑則要感謝科學博物館集團的 Ian Blatchford、Jonathan Newby、Pete

Dickinson 和 Jessica Lloyd-Wright，以及科學博物館〈試管嬰兒：六百萬嬰兒後期展覽〉的策展人 Connie Orbach 與 Ling Lee。他也要謝謝曾讓自己擔任客座教授的牛津大學威廉·鄧恩爵士病理學院與倫敦大學學院化學系。

我們的朋友提供了從建議、撥空傾聽到非正式治療等等的眾多支持。瑪格達萊娜在此列名感謝：Dorota Berent、Ewa Borsuk、Marianne Bronner、Jude Browne and Umar Salam、Qi Chen、Ania Ciemerych-Litwinienko、Marie-Laure and Jean Francois de Clermont-Tonnerre、Jerry Crabtree、Agnieszka de Roulhac、Maciek Dunajski、Tony Kouzarides、Jacek Kubiak、Ron Lasky、Peter Lawrence、Ewa Lewanowicz、Brenda Mayo、Alan Middlebrook、Ginny Papaioannou and Simon Schama、Dominika Pszczolkowska and Tadeusz Moscicki、Beata Romaszko、Hanna Sidorowicz、Lila Solnica-Krezel、Phil and Waldo Soriano、Olga Tokarczuk、Piotr Weglenski、Liz Winter、Ewa Zaniewska，以及 Teresa and Jola Zernickie。羅傑則想要感謝：Samira Ahmed、Anne、Jane and George Blumberg、Richard and Lea Brookes、Neil Buckley、Fran Cordeiro、Evan Davis、Christine Derrett、Jonathan Dorfman、Graham Farmelo、Paul Franklin、Carole Gannon、Heather Gething、Margaret Gilmore、Mark Glanville、Martin Godfrey、Phil Kilroe、Jim Lawrie、James Lyle、Michael Mahony、Eamonn Matthews、Kristin McKee、Raj

Persaud、David and Fiona Sanderson、Mark Sedler、Tom Standage、Liz Tanner、Mark Thompson，以及 Martin and Caroline Winn。

　　撰寫這本書雖然可以激勵人心，但也意味著從一早開始工作到深夜。所以最後，我們要感謝我們的家人在此漫長的寫作過程中，對我們極其有耐心也極其包容。瑪格達萊娜由衷感謝親愛的大衛、娜塔莎與賽門，羅傑也由衷感謝親愛的茱莉亞（Julia）、霍利（Holly）與羅里（Rory）。

　　我們向我們生命之舞中的所有這些夥伴們致敬。

國家圖書館出版品預行編目資料

生命之舞：頂尖發育生物學家論對稱性、細胞，以及單一細胞如何變成一個
人／瑪格達萊娜‧澤尼克-格茨 (Magdalena Zernicka-Goetz), 羅傑‧海菲爾德
(Roger Highfield) 著；蕭秀姍譯. -- 初版. -- 臺北市：商周出版：英屬蓋曼群島商
家庭傳媒股份有限公司城邦分公司發行, 2023.09
　面；　公分. -- (莫若以明書房 ; 40)
譯自：The dance of life : Symmetry, Cells and How We Become Human
ISBN 978-626-318-798-6 (平裝)

1.CST: 澤尼克 - 格茨 (Zernicka-Goetz, Magdalena.) 2.CST: 人體胚胎學 3.CST:
胚胎發生

396　　　　　　　　　　　　　　　　　　　112011727

莫若以明書房 40

生命之舞：頂尖發育生物學家論對稱性、細胞，以及單一細胞如何變成一個人

作　　　者／瑪格達萊娜‧澤尼克－格茨(Magdalena Zernicka-Goetz)、羅傑‧海菲爾德（Roger
　　　　　　Highfield）
譯　　　者／蕭秀姍
審　　　定／曹順成 博士
責 任 編 輯／黃靖卉

版　　　權／吳亭儀、江欣瑜
行 銷 業 務／周佑潔、賴正祐、賴玉嵐
總　編　輯／黃靖卉
總　經　理／彭之琬
事業群總經理／黃淑貞
發　行　人／何飛鵬
法 律 顧 問／元禾法律事務所王子文律師
出　　　版／商周出版
　　　　　　台北市 104 民生東路二段 141 號 9 樓
　　　　　　電話：(02) 25007008　傳真：(02)25007759
　　　　　　E-mail：bwp.service@cite.com.tw
　　　　　　Blog：http://bwp25007008.pixnet.net/blog
發　　　行／英屬蓋曼群島商家庭傳媒股份有限公司 城邦分公司
　　　　　　台北市中山區民生東路二段 141 號 2 樓
　　　　　　書虫客服服務專線：02-25007718；25007719
　　　　　　服務時間：週一至週五上午 09:30-12:00；下午 13:30-17:00
　　　　　　24 小時傳真專線：02-25001990；25001991
　　　　　　劃撥帳號：19863813；戶名：書虫股份有限公司
　　　　　　讀者服務信箱：service@readingclub.com.tw
　　　　　　城邦讀書花園：www.cite.com.tw
香港發行所／城邦（香港）出版集團有限公司
　　　　　　香港灣仔軒尼詩道 235 號 3 樓；E-mail：hkcite@biznetvigator.com
　　　　　　電話：(852) 25086231　　傳真：(852) 25789337
馬新發行所／城邦（馬新）出版集團 Cite (M) Sdn Bhd
　　　　　　41, Jalan Radin Anum, Bandar Baru Sri Petaling, 57000 Kuala Lumpur, Malaysia.
　　　　　　Tel：(603)90563833　Fax：(603)90576622 Email：services@cite.my

封 面 設 計／日央設計工作室
排　　　版／芯澤有限公司
印　　　刷／中原造像股份有限公司
總　經　銷／聯合發行股份有限公司
　　　　　　新北市 231 新店區寶橋路 235 巷 6 弄 6 號 2 樓
　　　　　　電話：(02) 29178022　傳真：(02) 29110053

■ 2023 年 9 月 5 日初版一刷　　　　　　　　　　　　Printed in Taiwan

定價 450 元

城邦讀書花園
www.cite.com.tw

商周出版

廣　告　回　函
北區郵政管理登記證
北臺字第000791號
郵資已付，免貼郵票

104　台北市民生東路二段141號2樓

英屬蓋曼群島商家庭傳媒股份有限公司城邦分公司　收

請沿虛線對摺，謝謝！

書號：BA8040　　　書名：生命之舞

讀者回函卡

感謝您購買我們出版的書籍！請費心填寫此回函卡，我們將不定期寄上城邦集團最新的出版訊息。

不定期好禮相贈！
立即加入：商周出版
Facebook 粉絲團

姓名：＿＿＿＿＿＿＿＿＿＿＿＿＿＿＿＿＿＿ 性別：□男 □女

生日：西元＿＿＿＿＿＿年＿＿＿＿＿月＿＿＿＿＿日

地址：＿＿＿＿＿＿＿＿＿＿＿＿＿＿＿＿＿＿＿＿＿＿

聯絡電話：＿＿＿＿＿＿＿＿＿＿ 傳真：＿＿＿＿＿＿＿＿

E-mail：

學歷：□ 1. 小學 □ 2. 國中 □ 3. 高中 □ 4. 大學 □ 5. 研究所以上

職業：□ 1. 學生 □ 2. 軍公教 □ 3. 服務 □ 4. 金融 □ 5. 製造 □ 6. 資訊

　　　□ 7. 傳播 □ 8. 自由業 □ 9. 農漁牧 □ 10. 家管 □ 11. 退休

　　　□ 12. 其他＿＿＿＿＿＿＿＿＿＿＿＿＿＿＿＿＿＿

您從何種方式得知本書消息？

　　　□ 1. 書店 □ 2. 網路 □ 3. 報紙 □ 4. 雜誌 □ 5. 廣播 □ 6. 電視

　　　□ 7. 親友推薦 □ 8. 其他＿＿＿＿＿＿＿＿＿＿＿＿

您通常以何種方式購書？

　　　□ 1. 書店 □ 2. 網路 □ 3. 傳真訂購 □ 4. 郵局劃撥 □ 5. 其他＿＿＿＿

您喜歡閱讀那些類別的書籍？

　　　□ 1. 財經商業 □ 2. 自然科學 □ 3. 歷史 □ 4. 法律 □ 5. 文學

　　　□ 6. 休閒旅遊 □ 7. 小說 □ 8. 人物傳記 □ 9. 生活、勵志 □ 10. 其他

對我們的建議：＿＿＿＿＿＿＿＿＿＿＿＿＿＿＿＿＿＿＿＿

　　　＿＿＿＿＿＿＿＿＿＿＿＿＿＿＿＿＿＿＿＿＿＿＿＿＿＿＿

　　　＿＿＿＿＿＿＿＿＿＿＿＿＿＿＿＿＿＿＿＿＿＿＿＿＿＿＿